Geophysik und Geologie

Geophysikalische Veröffentlichungen der Karl-Marx-Universität Leipzig

Herausgegeben von Prof. Dr. sc. nat. R. Lauterbach

Dritte Serie

Band IV, Heft 1

Mit 73 Abbildungen und 13 Tabellen

AKADEMIE-VERLAG BERLIN

Geophys. Veröff. KMU · Leipzig	Bd. IV	H. 1	S. 1—172	1988

Die Geophysikalischen Veröffentlichungen der Karl-Marx-Universität sind die Fortsetzung zweier Schriftenreihen

1. Veröffentlichungen des Geophysikalischen Instituts, gegründet 1913 von V. Bjerknes

2. Geophysik und Geologie, gegründet 1959 von R. Lauterbach

Sie bringen Beiträge und Berichte aus dem Bereich Physik der Erde, die mit einschlägigen Arbeiten der Karl-Marx-Universität in Zusammenhang stehen

Anschrift des Herausgebers und der Redaktion:
Karl-Marx-Universität, Wissenschaftsbereich Geophysik,
Talstraße 35, Leipzig, DDR-7010
Redaktion: Dr. sc. F. Jacobs

ISBN 3-05-500449-3
ISSN 0138-2357

Erschienen im Akademie-Verlag Berlin, Leipziger Straße 3—4, Berlin, DDR-1086

Lizenznummer: 202 · 100/455/88
Printed in the German Democratic Republic
Gesamtherstellung: VEB Druckhaus „Maxim Gorki“, Altenburg, 7400
Lektor: Dipl.-Met. Heide Deutscher
LSV 1435
Bestellnummer: 763 789 3 (2018/IV/1)
03500

Inhalt

Contents

Tektonomagmatische und minerogenetische Prozesse der paläozoischen Krustenaktivierung in Mitteleuropa[1]

L. BAUMANN, O. LEEDER und W. WEBER[2]

Zusammenfassung: In den letzten Jahrzehnten wurden in Mitteleuropa die „klassischen" Theorien der Geosynklinal-Orogen-Entwicklung nach STILLE, KOSSMAT u. a. durch neue geotektonische (plattentektonische) Modelle ersetzt. Für das Paläozoikum wird die minerogenetische Rolle der tektonomagmatischen Krustenaktivierung aufgezeigt.

Die Theorie der Krustenaktivierung geht davon aus, daß in diesem Zeitraum eine Eugeosynklinal-Entwicklung (= spreading-Prozeß und ozeanische Krustenbildung) in Mitteleuropa nicht erfolgt ist, sondern daß alle minerogenetischen Vorgänge durch Mantelaktivierung und deren thermische, mechanische und stoffliche Einwirkungen auf den kontinentalen (sialischen) Krustenbereich verursacht worden sind (Minerogenie intrakontinentaler Rift-Graben-Entwicklungen).

Im Phanerozoikum können für Mitteleuropa insgesamt vier Aktivierungsetappen ausgehalten werden (altpaläozoisch, mittelpaläozoisch, jungpaläozoisch-frühmesozoisch, spätmesozoisch-känozoisch; Tab. 1). Jede dieser Etappen wird mit Hebungsbewegungen und Trogbildungen eröffnet und klingt mit einer Nachfolgetektonik aus. Die „variszischen Geosynklinaltröge" (saxothuringisch/lugisch) können dabei auf eine Lausitzer Dreispaltenstruktur bezogen werden (Abb. 4 und 5). Diese Strukturanlage widerspiegelt sich auch in einer entsprechenden metallogenetischen Zonalität (Abb. 7).

Im Bereich der Schwellenhebungen treten mantelaktivierte Metamorphose, Anatexis und Granitoidbildungen auf. Metallogenetisch entsprechen den submarinen (stratiformen) Trogvererzungen immer intrakrustale (strukturgebundene) Schwellenvererzungen (Fe-Mn, Polymetalle, F-Ba), die auf eine analoge Herkunft zurückzuführen sind. Eine einseitige Ableitung der Mineralisationen aus einem ensialischen (anatektischen) Granitmagmatismus ist auf Grund der geotektonischen, petrochemisch-geochemischen und metallogenetischen Gegebenheiten nicht möglich.

Summary: During the last decades the "classic" theories of geosyncline-orogen-development in Central Europe after STILLE, KOSSMAT et al. were substituted by new geotectonic (plate tectonic) models. The minerogenic role of tectonomagmatic crustal activation during the Palaeozoic is made evident.

According to the theory of crustal activation an eugeosynclinal development (spreading process and oceanic crustal formation) had not taken place in Central Europe in that time; on the contrary all minerogenic events were caused by mantle activation and its geothermic, mechanic and substantial influences on the continental (sialic) crust (Metallogeny of intracontinental rift-graben-developments).

In Central Europe there can be distinguished four activation periods for the Phanerozoic (early Palaeozoic, middle Palaeozoic, late Palaeozoic-early Mesozoic, late Mesozoic-Caenozoic; tab. 1).

[1] Vortrag, gehalten im Weiterbildungszentrum Geologische Wissenschaften des Wissenschaftsbereiches Geophysik der Sektion Physik der KMU Leipzig am 27. 5. 1986. Veröffentlichungs-Nr. 2074 der Bergakademie Freiberg.

[2] Anschriften der Verfasser:
Prof. Dr. habil. L. BAUMANN, Dr. sc. O. LEEDER, Dr. sc. W. WEBER,
Bergakademie Freiberg, Sektion Geowissenschaften, 9200 Freiberg.

Each period is opened by doming/elevation and formation of troughs and is followed by a different subsequent tectonics. The "Variscan geosynclinal troughs" in the Saxothuringikum/Lugikum can be caused by a triple junction structure with its very centre in the Lausitz area (fig. 4 and 5). This structure is also reflected by a related metallogenic zonality (fig. 7).

In the areas of doming/elevation there appear mantle activated metamorphosis, anatexis and granitoid-formation. The submarine (stratiform) ore formations in the troughs correspond to intracrustal (structure related) ore formations in the elevations (Fe-Mn, polymetallic ores, F-Ba). They are of the same origin. Because of the geotectonic, petrochemic-geochemic and metallogenic facts a one-sided derivation of the mineralisation from an ensialic (anatectic) granite magmatism is impossible.

Содержание: В течение последных десятилетий в средней Европе ,,классические" теории геосинклинально-орогенной эволюции по Штилле и Коссмату и др. были заменены новыми геотектоническими моделлами. Для Палеозоя показана минерогеническая роль тектоно-магматической активизации земной коры.

Теория активизации земной коры исходит из представления, что евгеозинклинальное развитие (spreading — образование океанической коры) отсутствовало в Палеозое средней Европы, и что все минерогенические процессы вызваны активизацией мантии и её термического, механического и вещественного воздействия на континентальную (сиалическую) кору.

В Фанерозое можно различать для средней Европы 4 этапа активизации (ранно — Палеозойский, средно-Палеозойский, поздно-Палеозойский/ранно-Мезозойский, поздно-Мезозойский/ранне-Кайнозойский; табл. I).

Каждый этап начинается с движений поднятия и образования прогибов и кончается последующей тектоникой. Герцинские геосинклинальные прогибы (Саксо-Тюрингский, Лугский) можно отнести при этом к triple junction в Lausitz (рис. 4, 5). Эта структура отражается также в соответствующей минерогенической зональности (рис. 7).

В областях поднятии при этом встречаются метаморфоз, за счёт активизации мантии, анатекзис и образования гранитоидов. Минерогеническо субморским (стратиформным) орудинениям прогибов всегда соответствуют внутрикореные (приурроченные к структурам) оруденения поднятий (Fe—Ma, полиметаллы, F—Ba), которых можно свести к аналогическому источнику. Однобокое толкование минерализации как результат энсиального (анатектического) гранитного магматисма считается невозможным за счёт установленных геотектонических, петрохимических, геохимических и минерогенических условий.

1. Einführung

In Mitteleuropa wurden in den letzten Jahrzehnten die klassischen Theorien der Geosynklinal-Orogen-Entwicklung nach Stille, Kossmat u. a. durch verschiedene neue geotektonische Modelle modifiziert bzw. ersetzt. Insbesondere durch die Übertragung und Anwendung der Gesetzmäßigkeiten der Plattentektonik erhielten die bisherigen geotektonischen Vorstellungen neue Impulse.

Wichtig für das Verständnis des plattentektonischen Prozesses in Mitteleuropa ist die Erkenntnis, daß in einem plattentektonischen Zyklus der *ozeanischen* Krustenentwicklung (mit bevorzugt ,,horizontalem" spreading und closing) gleichberechtigt eine *kontinentale* Krustenentwicklung (mit bevorzugt ,,vertikalen" doming- und rifting-Prozessen) zur Seite steht und daß die mitteleuropäische Geotektonik dabei bevorzugt im Rahmen der letzteren, d. h. der kontinentalen Plattenentwicklungsetappe zu interpretieren ist (i. S. einer Intraplattentektonik). Auf der Basis der Plattentektonik sind daher für Mitteleuropa nicht — wie bisher angenommen — die Etappen II und III

(= Geosynklinal-Orogen-Entwicklung), sondern im wesentlichen die Etappe I (= Plattenaktivierung mit Aufwölbung und Riftung) bestimmend gewesen (BAUMANN, 1984).

Die Theorie der tektonomagmatischen Krustenaktivierung in Mitteleuropa geht davon aus, daß eine *Eu*geosynklinal-Orogen-Entwicklung im „klassischen" Sinne nicht erfolgt sein kann. Die bisher geläufigen Geosynklinal-Orogen-Vorgänge (i. S. STILLES, KOSSMATS u. a.) einschließlich ihrer petrologischen und minerogenetischen Prozesse müssen daher unter den plattentektonischen Gesichtspunkten überprüft und neu interpretiert werden.

Für die in Mitteleuropa und insbesondere auf dem Territorium der DDR konzentrierten postmagmatischen Mineralisationen gibt es z. Zt. verschiedene genetische Auffassungen. Sie sind im wesentlichen durch Modelle vertreten mit

a) amagmatischer Provenienz (exogene und metamorphogene Mobilisationen; BELEVCEV, MEINEL u. a.);
b) Ableitung aus einem ensialischen Granitmagmatismus (TISCHENDORF u. a.);
c) Ableitung aus subkrustalen Mantelbereichen (Prozesse der Mantelentgasung und -differentiation).

Allen diesen Modellen ist gemeinsam

— die Notwendigkeit der Beteiligung einer Wärmequelle im tieferen Untergrund,
— die Bildung von tiefreichenden stoffverteilenden und -fixierenden Strukturen sowie
— die Bereitstellung, Bewegung und Differentiation stoffkonzentrierender (lagerstättenbildender) Medien.

Im folgenden soll versucht werden, die verschiedenen Meinungen zugunsten einer synthetischen Zusammenführung abzubauen und konstruktiv zu verarbeiten. Unser Ziel sind dabei nicht endgültige Auffassungen und Lösungen, sondern es geht uns darum, Standpunkte logisch zu begründen und vor allem den Blick für künftig wichtige Fragestellungen und Entwicklungen zu schärfen, woraus dann effektive Forschungsaufgaben ableitbar sind. Die daraus sich ergebenden Konsequenzen für die Lagerstättenprognose, -suche und -erkundung verleihen diesen Aspekten eine große ökonomische Bedeutung.

2. Zur strukturellen Entwicklung

Die Ursachen der tektonomagmatischen Krustenaktivierung Mitteleuropas liegen nach neueren Untersuchungen (BAUMANN, LEEDER und WEBER, 1975; WEBER, 1977; WEBER, BAUMANN und LEEDER, 1980; LEEDER, 1981, 1983; LEEDER und WEBER, 1984; BAUMANN, LEEDER und WEBER, 1984, 1985; BAUMANN, 1984, 1985; u. a.) in geotektonisch-magmatischen Vorgängen, die bevorzugt im Oberen Mantel ablaufen und durch Konvektionsströmungen, Mantelaktivierung und Mantel-Kruste-Aufwölbungen zu großräumigen und betont vertikal gerichteten Einwirkungen in den kontinentalen Krustenbereichen führen. Die Reaktion der kontinentalen Kruste (Platte) auf diese thermischen, mechanischen und stofflichen Beanspruchungen kann in drei Entwicklungsformen erfolgen:

1) Aufwölbung und *einfache* Taphrogenentwicklung unter weitgehend „fixistischen" Bedingungen ohne wesentliche Weitung (Intraplattentektonik mit Scheiteleinbruchsenken und zunehmender Schollenfelderung: „basin and range"- und Horst-Graben-

Strukturen); nur geringer Magmatismus (ultrabasische „Grenzkissen"; Keratophyr-Diabas-Effusionen);

2) *Komplexe* Taphrogenentwicklung mit Riftung (Plattentrennung) und geringer Driftung (Ausbau der Intraplattentektonik mit intrusivem und effusivem Magmatismus);
3) Aulakogenentwicklung mit Übergang der Riftung in ein Driftstadium (beginnende ozeanische Krustenbildung und Tektogenese, zum Teil in mehrfachem Wechsel).

Für die *jungpräkambrisch-phanerozoische* Krustenentwicklung Mitteleuropas sind im wesentlichen die Aktivierungsformen (1) und (2) bestimmend gewesen, d. h. aus globaltektonischen Gründen — auf die hier nicht näher eingegangen werden kann — und dadurch bedingten mangelnden Weitungsmöglichkeiten ist der mitteleuropäische Krustenbereich in seiner Entwicklung über die Aktivierungsetappe des plattentektonischen Zyklus nie wesentlich hinausgekommen.

Die charakteristischen Mineralisationen dieser Entwicklungsetappen sind

— endogen: Ni—Fe—Cu, Ti, Cr—Pt, Apatit; Karbonatite, SE, Nb—Ta, Cu—Pb—Zn, U—Th, Sn—Li—Be, F—Ba, Co—Ni—Bi—Ag, Sb—Hg;

— exogen: red bed- und Sapropelitformationen (mit U, Cu—Zn—Pb—Ag = Kupferschiefertyp), Salinarformationen; Verwitterungsformationen (Kaolin, Ni—Mg—Si, Fe u. a.).

Im Rahmen der Krustenaktivierung kam es somit in Mitteleuropa vorwiegend nur zu intrakontinentalen Rift-Grabenentwicklungen, die zu Taphrogen- bis embryonalen Aulakogenbildungen führten (intrakontinentale „Geosynklinaltröge" Mitteleuropas; z. B. Thuringischer und Rhenischer Trog). Durch diese spezifische tektonische Entwicklung wurden die nachfolgenden petrologischen und minerogenetischen Prozesse programmiert.

3. *Zur stofflichen Entwicklung*

3.1. Zum Ursprung der Prozesse

Im Bereich der magmatisch-postmagmatischen Modelle ergeben sich anscheinende Widersprüche, die sich aus unterschiedlichen Anschauungen zu geotektonischen, geothermischen, geochemischen, petrogenetischen und minerogenetischen Prozessen ableiten lassen. So stehen sich Orogenentwicklung und tektonomagmatische Aktivierung, Kollisions- und Friktions- bzw. Mantelwärme, bimodale Krusten- oder Granitoiddifferentiation und Mantelentgasung sowie Restdifferentiate granitoider Magmen und transkrustal-transmagmatische Fluidamigration anscheinend unvereinbar gegenüber. Sie berufen sich auf theoretische und phänomenologische Erklärungen ähnlicher Erscheinungen in anderen Teilen der Welt, die sich ebenfalls auf unterschiedliche Verkettung von Ursachen und Wirkungen von Prioritäten und Hierarchien zurückführen lassen.

Die kontinentale (ensialische) Entwicklung der mitteleuropäischen Kruste im Zeitraum Kambrium—Tertiär mit periodischen Aktivierungs- und Entspannungsphasen schließt den Zusammenhang mit globalen geotektonischen Ereignissen im Rahmen der Plattentektonik ein, die zweifelsfrei auf Bewegungen im Mantel zurückgeführt werden können. Konvektive Strömungen im Erdmantel sind aber zwangsläufig mit stofflichen und thermischen Veränderungen der Mantelsubstanz, insbesondere in Aufstromberei-

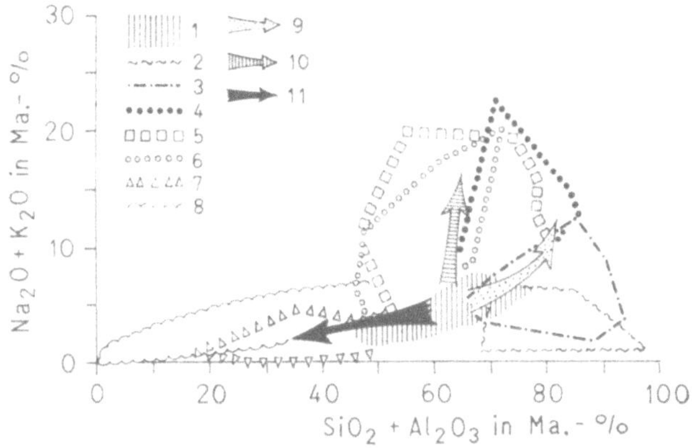

Abb. 1. Differentiation von Mantelmagmen und ihr Einfluß auf Krustengesteine, dargestellt im Korrelationsdiagramm $SiO_2 + Al_2O_3$ (Gerüstbildner)/$Na_2O + K_2O$ (Gerüstwandler)

1 — nicht oder wenig differenzierte Mantelgesteine (Gabbroide, Basaltoide); *2* — Parametamorphite; *3* — Granitoide (Krustenanatexite, Palingenite); *4* — Syenitoide (stärker alkali- und fluidabeeinflußte Palingenite); *5* — Foyaite (stärker alkali- und fluidabeeinflußte Palingenite); *6* — Foidolithe — alkalibetonte leukokrate Manteldifferentiate; *7* — melanokrate Manteldifferentiate (Peridotite, Pyroxenite, Ultramafitite); *8* — Karbonatite; *9* — Einfluß von transmagmatischen Mantelfluida; *10* — leukokrate Manteldifferentiation; *11* — melanokrate Manteldifferentiation

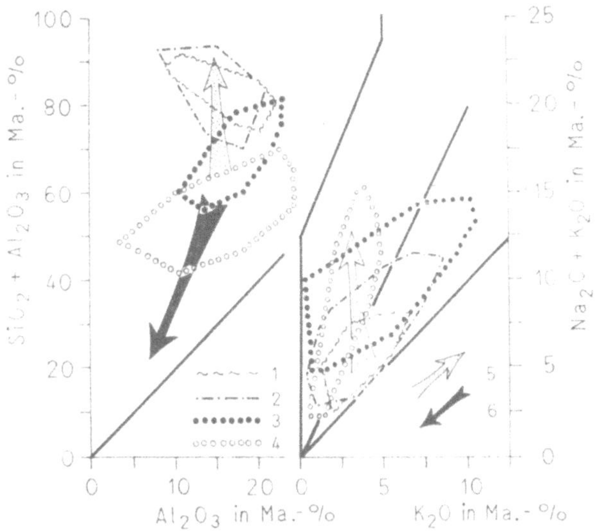

Abb. 2. Differentiationstendenzen von Mantelmagmen und ihr Einfluß auf Krustengesteine, dargestellt in den Teildiagrammen $(SiO_2 + Al_2O_3)/Al_2O_3$ (links) und $(Na_2O + K_2O)/K_2O$ (rechts)

1 — Paragneise; *2* — Granitoide; *3* — Nephelinsyenite; *4* — Foyaite; *5* — Einflußtendenz differenzierender Mantelmagmen auf Krustengesteine; *6* — petrochemischer Zusammenhang mit undifferenzierter Mantelmaterie sowie Alkali-Ultrabasiten und Karbonatiten

chen, verbunden. Die Manteldifferentiation im konvektiv-dissipativen Aufstrom ist im eigentlichen Sinne bimodal und führt grundsätzlich zu stärker melanokraten (ultrabasischen) Gliedern und zu leukokraten (fluidareichen) Produkten als Folge einer partiellen Anatexis. Diese Differentiation kann nicht mehr mit rein gravitativen Trennungen von sich bildenden Kristallphasen erklärt werden, sondern ist auf fluida- und schmelzendynamische kompliziertere Vorgänge der Heterogenisierung und Liquation von Schmelz- und Fluidaphasen zurückzuführen. Diese ermöglichen transmagmatische Stofftransporte unter ständiger Veränderung der durchströmten Magmenteile (Abb. 1 und 2).

In Abhängigkeit von der strukturellen, räumlichen und zeitlichen Entwicklung bilden sich Effusionen geringdifferenzierter Mantelmagmen (Rift-, Rücken- und Trappvulkanismus), höherdifferenzierte Intrusionen mit Ultrabasiten, Basiten, Anorthositen u. a. Mantelprodukten sowie hochdifferenzierte intrakrustale Komplexe mit Alkaliultrabasiten, Alkalibasiten, Foyaiten, Foidolithen und Karbonatiten. Die letztgenannten Komplexe sind charakteristisch für die Zentren der Krustenaufwölbung im Zuge der tektonomagmatischen Aktivierung, während erstere mehr an Riftungs- und Driftungsstrukturen gebunden sind.

3.2. Der „paläozoische" Magmatismus (Granitproblematik)

Bei Annahme einer mantelgetriebenen Bewegung von Krustenplatten lassen sich Konsequenzen für die Verhältnisse zwischen Mantelaktivität, Wärmestrom, Krustenmobilität und -beeinflussung sowie Magmen- und Lagerstättenbildung ableiten. Die Zerspaltung und Zerdriftung von Krustenplatten und die Durchdringung mit Mantelwärme und -fluida stehen in umgekehrtem Verhältnis zueinander. Drift führt zu effusivem Mantelmagmatismus, der sich am Plattenrand anbaut und Volatile einschließlich der durch sie transportierten Inkompatiblen undifferenziert dispergiert. Unter den Bedingungen des *Mantelaufstiegs* unter einem intakten, jedoch gut strukturierten Krustenabschnitt — analog dem von Mitteleuropa — kann es zur vollen Entfaltung der oben angeführten dissipativen Wärme- und Stoff-Entwicklungen kommen, die sich in einer Magmenvielfalt der Manteldifferentiation, einer Hochdruck-Hochtemperatur-Belastung der Krustengesteine, einer Fluidadurchflutung und -heterogenisierung, Anatexis und Palingenese stark betroffener Krustenabschnitte sowie vielfältiger Lagerstättenbildungen äußern. Zwischen beiden Extremen sind Übergangsformen (differentiell, sukzessiv) möglich (Leeder, 1981, 1983, 1985).

Diese Zusammenhänge sind für den mitteleuropäischen Krustenabschnitt von Bedeutung und erreichen ihren Höhepunkt im Zeitraum Oberkarbon-Rotliegendes. Die Koinzidenz von Kollisions-Friktions-Energie, die in der Strukturbildung (Tektogenese) weitgehend verbraucht wurde, sowie Wärme-Fluida-Aufstrom aus dem aktiven Mantel (plume, hot spot i.w.S.) führen zu einem Komplexbild von Metamorphose, Metablastesis, Metatexis, Anatexis, Palingenese, Mantel- und Krusten-Effusiva sowie Lagerstättenbildung. Die als „thermisches Ereignis" (Thomas und Leeder, 1986) anzusehende Kulmination der Prozesse klingt nicht passiv — einem harmonischen mathematischen Gesetz folgend — aus, sondern setzt sich den Ursachen entsprechend fort, wobei die Intensitäten der tektonomagmatischen Vorgänge insgesamt abnehmen. Sie finden in thermischen und paragenetischen „Rejuvenationen" ihren Ausdruck.

Ein besonderes Interesse gebührt den *petrogenetischen Prozessen*, die sowohl Produkte der Manteldifferentiation als auch vielfältige Formen der Anatexis/Palingenese von Krustengesteinen erzeugen. Eine gemeinsame Grundvoraussetzung für alle magmatischen und postmagmatischen Erscheinungen ist die Wärme. Die Ursache für eine hochgradige Durchwärmung eines großen Krustenabschnittes wurde bereits in Form der konvektiv bedingten Mantelaufwölbung vorgestellt. Die Oberfläche derartiger „Mantelkissen" wird durch die strukturbedingte Morphologie der tieferen Kruste bestimmt, so daß Gebiete mit höherer Mobilität (von Strukturen, Wärme, Volatilen, Magmen und postmagmatischen Produkten) mit solchen geringerer Aktivität abwechseln.

Der thermische Einfluß des Mantels ist nicht in einer passiven Wärmeabgabe über petrophysikalische Leitungsprozesse in den Krustengesteinen zu sehen, sondern vorrangig in den dynamischen Vorgängen der Schmelzen- und Fluidamigration, die von radiogenen Anteilen der mehr oder minder hoch angereicherten radioaktiven Inkompatiblen (U, Th, K u. a.) überlagert werden.[3]

Aus diesem Zusammenhang erklärt sich die petrochemische Folge von Anatexiten in metamorph beanspruchten Krustenabschnitten. Die aufsteigende Wärmefront der progressiven Phase der tektonomagmatischen Aktivierung führt — gemeinsam mit leicht beweglichen Anteilen aus dem Stoffbestand der Krustengesteine (Wasser, CO_2, Alkalien) — zur Auslösung bzw. Verstärkung der regionalen Gesteinsmetamorphose. Lokal, in der Regel bedingt durch strukturgebundene Zonen erhöhter Transparenz für mobile Phasen, können *in-situ-Anatexite* mit granodioritischem, dem Krustendurchschnitt entsprechenden Chemismus auftreten (z. B. Lausitzer Granodiorite). Sie sind bezüglich Lagerstättenbildung weitgehend steril, stellen aber aufgrund ihrer strukturellen Position und Bedingtheit sowie ihres Gefüges (Kompetenz, Tenazität) und ihrer stofflichen Besonderheit Inhomogenitäten in der Kruste dar, die bevorzugte Orte für weitere Fluida und fluidabedingte Wärme-Bewegungen in der erwärmten Kruste darstellen. Entsprechende Impulse lösen erneut Anatexis aus, jedoch auf hohem thermischen Niveau, so daß höhere Intrusionsneigung und veränderter Chemismus die Folge sind. Die entstehenden *„Granitbatholithe"* sind normalgranitisch (Biotit-, Zweiglimmergranite) und intrusiv, jedoch räumlich kleiner und stärker strukturgebunden sowie in der Regel auch noch steril (z. B. „älterer" erzgebirgischer Intrusivkomplex). Die folgenden granitischen *„Intrusivphasen"* verstärken die angedeuteten Tendenzen (z. B. „jüngerer" erzgebirgischer Intrusivkomplex):

- eindeutige Bindung an Störungen und Störungskreuze,
- höhere „Intrusion" (mit Übergängen zu Effusiva) und „Differentiation" zu Apliten und Pegmatiten,
- stark veränderter Chemismus mit Alkalitendenz sowie hohen Fluida- und Inkompatiblengehalten,
- perigranitische Metasomatite,
- Erzführung, i. d. R. Sn—W—Mo—Nb—Ta-Mineralisationen mit hohen Li- und Be-Gehalten (Kumann und Leeder, im Druck).

Diese petrochemische Reihung erklärt sich aus dem zunehmenden Einfluß an Mantelfluida — die sowohl krustenfremde Anionen (z. B. F, P) als auch inkompatible Kationen

[3] Demgegenüber ist der gespeicherte oder radiogene Wärmeanteil der Kruste als klein anzusehen, obwohl er ausreichen mag, die Kruste auf thermische, mit Volatilenbewegungen verbundene Impulse aus dem Mantel reaktionsfähig zu erhalten.

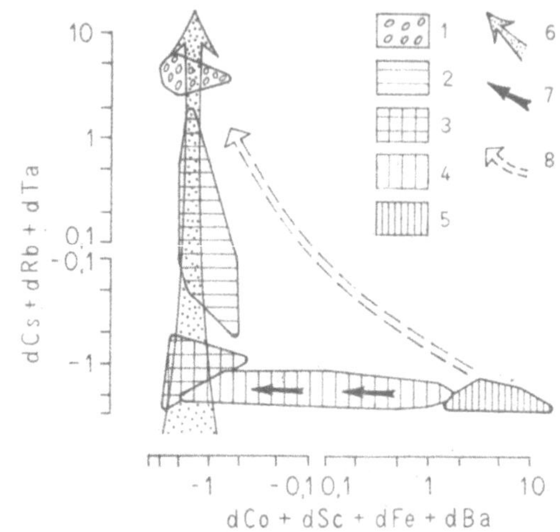

Abb. 3. „Differentiations"-trends granitoider Magmen im Korrelationsdiagramm „granitophiler" (Cs, Rb, Ta) zu „granitophober" bzw. „basaltophiler" Elemente (Co, Sc, Fe, Ba)

(*1–5*) Verteilungsfelder der Granitoidtypen (nach Kaemmel und Just, 1985, Fig. 3): *1* — hochdifferenzierte erzführende Granite; *2* — differenzierte Übergangsgranite; *3* — differenzierte Normalgranite; *4* — Normalgranite; *5* — mafitreiche Granitoide; *6* — Einflußbereich transmagmatischer Mantelfluida, erzbringend; *7* — Bereich und Tendenz der Veränderung von Krustenmagmen (Palingeniten); *8* — zu erwartender Veränderungsbereich bei weitspanniger Differentiation von palingenen Magmen ohne endogenen Einfluß

mit sich führen (z. B. SE, Nb—Ta, Sc, U—Th, Be—Li, Rb—Cs u. a.) —, nicht aber aus einer bimodalen Differentiation von alleiniger Krustenmaterie oder anatektischer Granitsubstanz (Abb. 3).

Als Argumente gegen eine Bildung aus „reiner" Granitdifferentiation seien angeführt:

- Granitschmelzen sind unter vergleichbaren Bedingungen höherviskos als hochdifferenzierte Mantelmagmen, weniger „transparent" für Fluida und nicht geeignet für eine „Kristallisationsdifferentiation";
- die Veränderung des Chemismus erfolgt nicht auf „subtraktivem" Wege, sondern „additiv" unter Zufuhr von Alkalien, Volatilen und Inkompatiblen;
- Granite entstehen in einem flachen Krustenniveau und erhalten ihren „Differentiations"- und „Mantel"-Charakter durch Zufuhr von Indikatorelementen und -isotopen aus Mantelderivaten im Zuge der Volatilen- und Inkompatiblenmigration über tiefreichende Störungssysteme;
- lagerstättenbegleitende Granite erlangen ihre „Spezialisierung" vorwiegend nicht durch regionalgeochemische oder granitgenetische „Ererbung", sondern durch Mantelfluida im Rahmen der Lagerstättenbildung;
- die zur Beweisführung für die Granitdifferentiation entwickelten petrochemischen und geochemischen Diagramme lassen sich unter dem Aspekt der Zufuhr granitführender Elemente zwangloser erklären; als Beispiel dafür soll das Korrelationsdiagramm der „granitophilen" und „granitophoben" Elemente dienen, das eher

die Überschneidung von zwei genetisch unabhängigen Entwicklungen zeigt als eine „Differentiation" granitischer Schmelzen (Abb. 3; KAEMMEL und JUST, 1985);
— die sog. basischen (mafischen) Differentiationsprodukte, insbesondere die „diaschisten basischen Ganggesteine" (Lamprophyre) sind nach Makro-, Mikro- und Isotopenchemismus Mantelmagmen, die auf Störungen aufsteigen (RÖSLER und WERNER, 1979; KRAMER, 1976a).

Schlußfolgernd kann speziell zur Granit- und Lagerstättenbildung ausgeführt werden:
— Granite und Lagerstätten der Sn—W—Mo-Assoziation sind bevorzugte Erscheinungen von Gebieten tektonomagmatischer Aktivierung und an die gleichen Migrationsbahnen für Mantelfluida gebunden;
— die genetische Beziehung zwischen Graniten und Lagerstätten ergibt sich aus einer übergeordneten Kausalität, so daß Granite als genetisch bedingte Begleiterscheinungen der Sn—W-Formation anzusehen sind; minerogenetisch stellen sie wichtige Indikatoren dar, sofern sie den entsprechenden Chemismus aufweisen;
— die genetischen Beziehungen zu kogenetischen Formationen (Polymetall-, Fluorit-Formation) lassen sich durch Liquations- und Heterogenisierungsprozesse während der transmagmatischen bzw. transkrustalen Aufstiegswege erklären, wobei den anionischen Komplexbildern (F-, CO_2-, Cl-Komplexe u. a. m.) und den jeweiligen p-t-Bedingungen die entscheidende Rolle zufällt.

Es ist bemerkenswert, daß sich unter diesen Aspekten alle bedeutenden europäischen Sn—W-Lagerstättengebiete parallelisieren lassen (LEEDER, KUMANN, SELTMANN u. a., 1987).

4. Zur paläozoischen Krustenaktivierung und minerogenetischen Entwicklung

Die tektonomagmatische Aktivierung der mitteleuropäischen Kruste beginnt bereits im Präkambrium. *Phanerozoisch* lassen sich nach neueren Untersuchungen vier *Aktivierungsmaxima* unterscheiden (Tab. 1):
— im Altpaläozoikum (Kambroordoviz),
— im Mittelpaläozoikum (Silur-Karbon),
— im Jungpaläozoikum-Frühmesozoikum (Perm—Trias—Jura) und
— im Spätmesozoikum-Känozoikum (Kreide—Tertiär).

4.1. Im Altpaläozoikum (Kambroordoviz) erfolgte eine Aktivierung der kontinentalen mitteleuropäischen Kruste größeren Ausmaßes. Diese Vorgänge sind vorwiegend auf die Moldanubische und Saxothuringische Zone konzentriert und äußern sich heute innerhalb des kristallinen Grundgebirges in mehreren lithofaziell besonders heterogen zusammengesetzten (bunten) Gesteinsserien (Klinovec-, Jáchymov-, Thumer- und Schwarzburger Serie). Diese Serien sind zum Teil durch Lithofolgen „geosynklinalen" Typs charakterisiert (Psammite-Pelite mit konglomeratischen, karbonatischen und lyditisch-sapropelitischen Einlagerungen, in Assoziation mit basischen und sauren Effusivmagmatiten). In einigen dieser Serien treten „schichtgebundene" Vererzungen auf, die in zwei genetische Subtypen unterschieden werden können (LEGLER, 1985):
— syngenetische Erzlager (z. B. Kraslice-Tisova/ČSSR; Elterlein, Jahnsbach und Johanngeorgenstadt/DDR; Sparneck und Waldsassen/BRD);
— epigenetische Fe-Skarnvererzungen (z. B. Měděnec/ČSSR; Niederschmiedeberg, Großrückerswalde, Sayda/DDR).

Tabelle 1. Minerogenetische Charakterisierung der paläozoischen und mesozoisch-känozoischen Krustenaktivierung in Mitteleuropa

	Zeitepochen		A.E.	Charakterisierung: strukturell		stofflich: endogen	exogen	Aktiv. etappen
0			Spätmes.-Känozoikum			endogen	exogen	
				Basaltvulk. (Karbonatite, Kimberlite)		Fe—Mn	Seifen	
	TT			**Rifttröge** (NNE, NE)	(→)	Ba (—F; ± Polymet.)	**Brk.**	
	65					(t-pol)	Kaolin	
		K_2				Sb—Hg	Tone	
100	K			Differenzierung (NW, N—S, NE)		**Co—Ni—Bi—Ag—As**, (U)	Ni—Fe—Mg	
		K_1		„saxonische Tektonik i. e. S.“			Fe,U	
	136		Jungpal.-Frühmesozoikum			**F—Ba** (± Polymet.)		
	J					(fba)	**Fe** (Oolithe)	
						Fe—Mn (eba)		
						Pb—Zn—Ba—F (p-pol)[3]		
	190							
200	T			**Grabentektonik** (NNE)	→	**Pb—Zn—Ba—F**[4]	**Evaporate**	
						Fe (?)	**Cu—Zn—Pb—V**	
	225			Spätvarisz. Magmat.[2]		U, F, Sb—Ag (eb)	(Cu—V)	
	P	P_2		„Subsequenztektonik“ (N—S, NW)		**Zn—Cu—Pb** (kb, k-pol)[3]	Stk.	
		P_1				**Sn—W** (Li—Be)		
	280			Orog. Magmatismus[1]		W—Mo, Au, Sb	**Stk.**	
300	C	C_2		Heraushebung der Schwellen				
				„Orog.“ Eineng., Metam., Granitis.		Fe—Mn (± Polymet.)		
		C_1	Mittelpaläozoikum	„Deckdiabas“-Tholeiite		(Typ Siegerl.)		
	345							
	D			Rifttholeiite				
				(Kerat.-Diabas-Magmatism.)		**Zn—Pb—Cu—Ba** (Sn)		
400	395			**„Varisz. Geosynklinaltröge“** (NE, NW)	→	**Fe—Mn**		

	S					V–Mo–U
	435	Altpaläozoikum	Lausitzer „triple junction“ (Mafite)	Ni–Fe–Cu (PT)		
	O					
500	500		„Rotgneis“-Magmatite	Fe	(Fe)	
			Metamorphose, Anatexis	Sb–W, Sn		
	E		Riftmagmatite (bimodal)	Zn–Cu–Pb		
	570		**Rifttröge** (NE, NW)	→ **Fe**		

[1] „Älterer“ erzgebirgischer Intrusivkomplex; Harzburg, Oker-Brocken, Ramberg

[2] „Jüngerer“ erzgebirgischer Intrusivkomplex; Rhyolith-Andesit-Basalt-Vulkanismus

[3] Kurzbezeichnung der Gangformationen im Erzgebirge (kb, eb; eba, fba) und im Böhmischen Massiv (k-pol, p-pol; nach Bernard); p-pol = Typ Stříbro, Schauinsland

[4] Schichtgebundene Vererzungen im (a) Buntsandstein: z. B. Maubach (Pb– Zn), Brahmscher Massiv (Pb–Zn); (b) Muschelkalk: Gorny Ślask (Zn–Pb), Wiesloch? (Zn–Pb), „Bleiglanzbänke“ (Pb–Zn, Cu) im SW der BRD, bei Rüdersdorf u. a.; (c) Keuper: Freihung (Pb), Hildburghausen (Pb), „Bleiglanzbänke“ (Pb–Zn)

Abkürzungen: A.E. – Altersepoche; Brk. – Braunkohle; Stk. – Steinkohle

Im S-Teil des Lausitzer Blocks entwickelten sich gleichfalls im Zeitraum Kambro-ordoviz-Silur zahlreiche *Mafit-Intrusionen* (540 bis 400 Ma; OELSNER, 1954; PESCHEL u. a., 1973; KRAMER, 1976a, b; LÖFFLER, 1973, 1980; u. a.). Diese zum Teil erzführenden Intrusionen sind an große Tiefenstörungen gebunden und aufgrund neuerer Untersuchungen (KRESTIN, 1986) als Apophysen eines größeren magmatischen Zwischenherdes ultrabasischer Provenienz anzusehen. Durch eine bedeutende positive Schwereanomalie (LINDNER, 1972), die im S noch von einer positiven Magnetanomalie überlagert

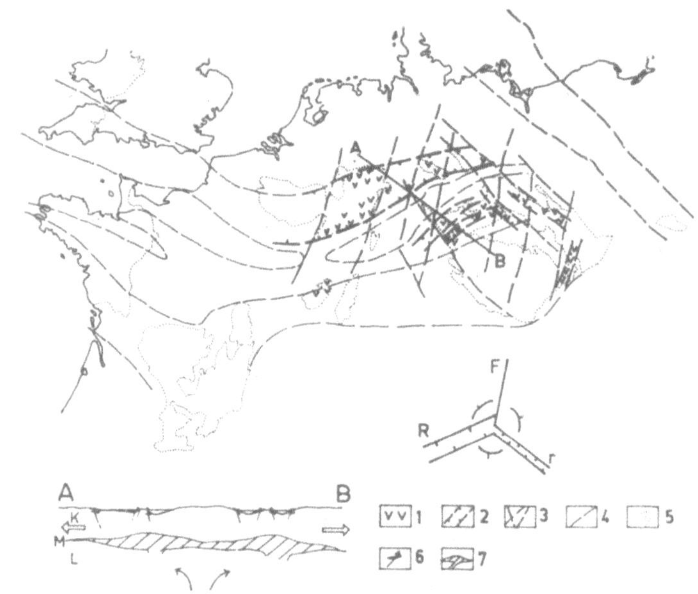

Abb. 4. Mittelpaläozoische Tektonik in Mittel-/West-Europa

1 — Zentren des tholeiitischen Riftmagmatismus; *2* — Begrenzungen intrakontinentaler Rifttröge; *3* — Bruchstörungen, Blockgrenzen; *4* — Konturen paläogeographischer Einheiten (variszische Zonengliederung); *5* — Rezente Verbreitung des metamorphen Grundgebirges

A—B Schematisches Krustenprofil durch den Rhenoherzynischen und Saxothuringischen Krustenabschnitt:

6 — Riftvulkanismus; *7* — tiefkrustaler Magmatismus („Grenzkissen“, Differentiationsherde)

K — Kruste; *L* — lithosphärischer Mantel; *M* — Moho-Diskontinuität

R/F/r — kinematische Deutungsvariante der Saxothuringisch/Rhenoherzynisch/Lugisch/Sudetischen Rifttröge als Dreispaltenstruktur im Bereich Lausitz-Nordböhmen (*R* — Riftstruktur; *F* — Bruch = „failed arm“; *r* — schwächer entwickelte Riftstruktur)

ist (MERBT, 1940), wird der in einem Gebiet hoher thermischer Aktivität (Lausitzer Anatexite) liegende Zwischenherd zum Teil näher lokalisiert. Die geotektonische Situation läßt hier eine bereits oberproterozoisch angelegte Dreispaltenstruktur („triple-junction-point“) vermuten, deren aktive Arme die Richtung der späteren „variszischen Geosynklinaltröge“ (NE—SW) sowie des Lugikums und der Zapadné-Sudety-Zone (NW—SE) einnehmen und dessen „failed“ Arm (N—S) mit der Gotland-Depression korrespondiert (Abb. 4). Der Bereich repräsentiert langzeitig eine Zone hoher Wärmeaktivität (Anatexis der Lausitzer Granodiorite; Bankwitz und Bankwitz, 1982) und intensiver Intrusionstätigkeit (Rumburker Granit bis tertiäre Vulkanite).

Bei den Apophysengesteinen handelt es sich bevorzugt um Gabbros, Gabbro-Dolerite sowie Mg-reiche Olivin- und Pikrit-Gabbro-Diorite. Die Ni—Fe—Cu-Sulfidvererzungen sind primär Liquationsdifferentiate (Vorkommen: Sohland-Rožany, Angstberg, Kunratice/ČSSR u. a.). Nach Krestin (1986) folgt das Ausgangsmagma der Mafitite dem Schema der Kalkalkali(-Norilsk)-Differentiation.

4.2. Im Mittleren Paläozoikum (Silur/Devon-Unterkarbon) kommt es zur Bildung von Rifttrögen in der Saxothuringischen und in der Rhenoherzynischen Zone (Thuringischer Trog, Rhenischer Trog; Tab. 1, Abb. 5). Innerhalb kohlig-kieseliger (Silur) bis kalkig-toniger Sedimente (Devon) tritt der tholeiitische Riftmagmatismus submarin in Form eines kontinentaltypischen Keratophyr-Spilit-Diabas-Vulkanismus in Erscheinung (Werner und Rösler, 1979; Rösler und Werner, 1979; Werner, 1981). Dabei zeigen die Magmatite im Rhenischen Trog bevorzugt Alkalicharakter (K-Betonung, hohe Gehalte an P sowie Rb, Nb und Zr) und die im Thuringischen Trog mehr Kalkalkalicharakter. Die Weitung der kontinentalen Kruste endete mit der Ausgestaltung einer intrakontinentalen Mobilzone (Taphrogenentwicklung). Hinweise auf ozeanische Kruste (Ophiolithformation) fehlen in dieser Zeit für den gesamten mittel-

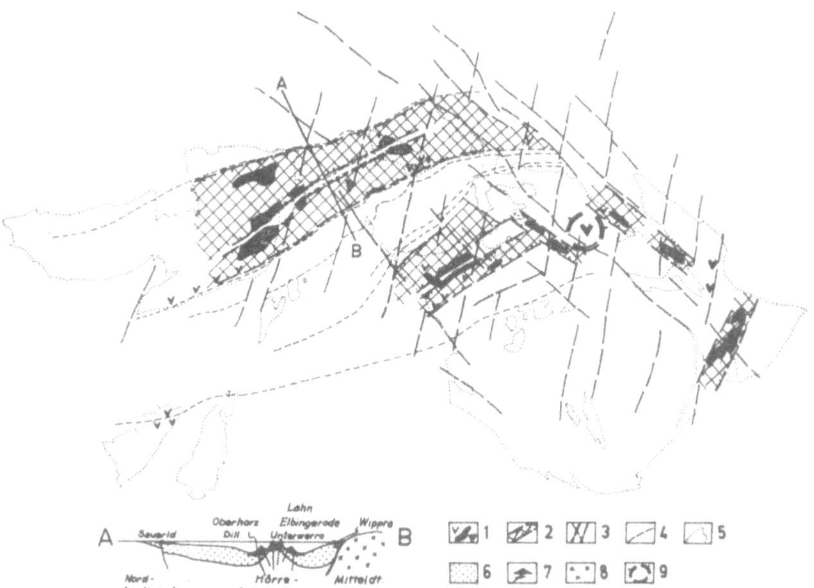

Abb. 5. Paläotektonische Skizze für das mittelpaläozoische Mitteleuropa

1 — Zentren des tholeiitischen Riftmagmatismus (effusiv/intrusiv); *2* — intrakontinentale Rifttröge (Thuringischer und Rhenischer Trog); *3* — Bruchstörungen, Blockgrenzen; *4* — Konturen paläogeographischer Einheiten; *5* — Rezente Verbreitung des metamorphen Grundgebirges

A—B Schematisches Profil durch den rhenoherzynischen Rifttrog (nach Werner, 1981):

6 — Trogsedimente; *7* — Riftvulkanite; *8* — Kristallin der Mitteldeutschen Schwelle; *9* — Lage des Zentrums der Dreispaltenstruktur *R/F/r* (siehe Abb. 4)

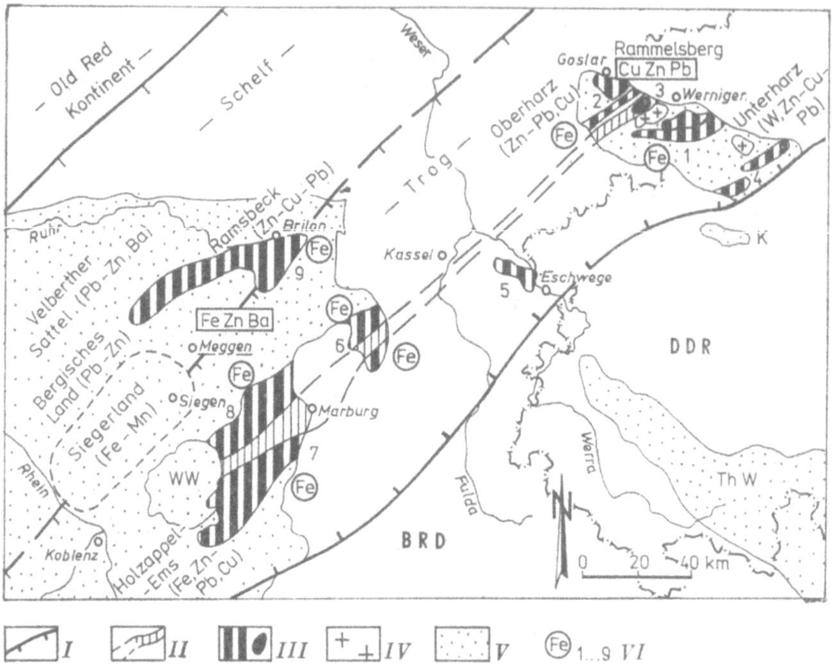

Abb. 6. „Variszischer Geosynklinalmagmatismus“ und Erzlagerstättendistrikte im Rheinischen Trog (NW–SE-Profil, siehe Abb. 5)

I – Trogbegrenzungen; *II* – Hörre-Acker-Zone; *III* – Basische Vulkanite/Intrusiva; *IV* – Granite; *V* – Rezente Verbreitung des metamorphen Grundgebirges; *VI* – Vulkanit- und submarin-exhalative Lagerstättendistrikte: *1* – Elbingeröder Komplex; *2* – Oberharz; *3* – Harzburger Gabbro-Norit-Komplex; *4* – Wippraer Zone; *5* – Unterwerra-Sattel; *6* – nördlicher und südlicher Kellerwald; *7* – Lahn-Mulde; *8* – Dill-Mulde; *9* – Sauerland (Briloner Mulde); *WW* – Westerwald; *K* – Kyffhäuser; *ThW* – Thüringer Wald

europäischen Bereich, d. h., es kam weder zu einer echten Eugeosynklinalbildung noch zu Erscheinungen einer echten Subduktionszone.

Gegenüber einer geringen Ausbildung im Saxothuringikum (Schleizer Trog, Vogtländische Mulde) zeigt der Keratophyr-Spilit-Diabas-Magmatismus im Rhenoherzynikum eine relativ weite Verbreitung (Elbingeröder Komplex, Oberharz, Kellerwald, Lahn-Dill-Mulde, Sauerland u. a.; Abb. 6). Während des Devons ist der Rhenische Trog in eine rheinische Flachwasserfazies im NW und eine herzynische Tiefwasserfazies im SE gegliedert, wobei beide Teiltröge durch die Schwelle der Hörre-Acker-Zone getrennt sind. An die Flanken dieser Schwelle ist das Maximum der Magmenförderung gebunden (Abb. 5). Im Top der Schwelle dominieren die unterkarbonischen „Deckdiabase“ vom intrakontinentalen Tholeiittyp (Werner, 1981). Metallogenetisch ist der sog. „Geosynklinal“-Magmatismus im Rhenoherzynikum einmal durch oxydische Fe(-Mn)-Erze vom Lahn-Dill-Typ ausgezeichnet, die fast ausschließlich an die steilen Flanken der Zentralschwelle gebunden sind; die monomineralische Pyrit-Lagerstätte „Einheit“ bei Elbingerode ist als sulfidische Fe-Bildung hier mit dazu zu rechnen. Zum anderen sind die hydrothermal-sedimentären Polymetall-Großlagerstätten Rammelsberg und Meggen zu nennen, die beide im Bereich der NW-Flanke auftreten.

Eine gewisse Analogisierung mit der Saxothuringischen Zone ist naheliegend, obwohl entsprechend dem schwächeren Keratophyr-Spilit-Diabas-Magmatismus auch die zugehörige Vererzung nur sehr schwach entwickelt und fast ausschließlich auf Fe-Mineralisationen beschränkt ist (Silur: Thuringitlager/Vogtland; Devon: „Anna" bei Plauen, „Burgk Fdgr." bei Gersdorf, Berggießhübel/Osterzgebirge). Die neuerdings teilweise als epigenetische, störungsgebundene Mylonitmineralisation anzusehende Vererzung des „Felsithorizontes" bei Halsbrücke (Richter, 1986) gewinnt als lineamentgebundene Trogvererzung (vorwiegend Fe, sowie wenig Polymetalle + Sn) eine neue metallogenetische Dimension und könnte hier mit eingeordnet werden (= Vererzung im Bereich des Zentralsächsischen Lineaments als Teil des Thuringischen Troges).

4.3. Im Jungpaläozoikum-Frühmesozoikum (Perm-Trias-Jura) erfolgte die verstärkte Heraushebung der Schwellenbereiche (Mitteldeutsche Kristallinzone, Hörre-Acker-Schwelle, Fichtelgebirgs-Erzgebirgs-Antiklinale u. a.) mit verstärkten Aktivierungsprozessen (Metamorphose, Anatexis, Bruchstörungen, zum Teil basischer und zunehmend saurer Magmatismus von kontinentaler Riftprovenienz; Tab. 1). Die variszische Kompression und Einengung der Kruste führte zu keiner ausgeprägten Orogenese (-Morphogenese; i. S. von Stille und Kossmat), sondern lediglich zu größeren Verschuppungen und zur Krustenstapelung (i. S. einer A-Subduktion). Bereits während der Kompression setzt die Aktivierung ein (auf bevorzugt submeridionalen und herzynen Strukturen), in deren Verlauf der spätvariszische Magmatismus (intrusive und effusive Schmelzen subkrustaler und krustaler Herkunft) mit umfangreichen Lagerstättenbildungen in Erscheinung tritt (bisher als „Subsequenzphase" der variszischen Orogenese eingeordnet).

Im *Rhenoherzynikum* sind zunächst der Gabbro-Norit-Komplex von Harzburg und der Oker-Brocken-Pluton im Top der Zentralschwelle des Rhenischen Troges intrudiert; der Ramberg-Granit liegt dazu in Flankenposition (mit W, Pb—Zn—Cu). Die Altersdatierungen ergaben für alle drei Plutonite übereinstimmend ca. 295 Ma = Unterkarbon (Rb/Sr, K/Ar; Schoell, 1970; Benek und Chrobok, 1965). Während der Gabbro-Norit-Komplex mit Sicherheit Oberes Mantelmaterial darstellt (mit ultrabasischen Xenolithen als Hinweis auf die ursprüngliche Mantelschmelze, aus der auch die Keratophyr-Spilit-Diabas-Magmatite stammten), sind die benachbarten Granite wahrscheinlich nur zum Teil noch mantelaktiviert. Im Spätstadium des Rhenischen Trogs mit dem Aufstieg der Mitteldeutschen Kristallinzone wird die Flysch- und Olisthostrom-Sedimentation ausgelöst; die Wanderung der Sedimentationströge von SE nach NW bis zur Überdeckung der Hörre-Acker-Schwelle mit Flysch kann zum Teil durch eine allmähliche Einengung der „Grabenzone" erklärt werden.

Die in die taphrogenen Hochgebiete des *Saxothuringikums* intrudierten Granite (Syeno- bis Monzogranite, Albitgranite) sind zum Teil mit Alkalien und Fluidanteilen überdurchschnittlich angereichert (Inkompatible, Volatile). Dabei sind die *Sn—W-Lagerstätten* besonders im Bereich der Fichtelgebirgs-Erzgebirgs-Antiklinalzone konzentriert. Für die Lokalisierung sowohl der Granite (sog. „älterer und jüngerer Intrusivkomplex") einschließlich ihrer Ganggefolgschaft und Eruptivschlote als auch der Sn-W-Lagerstätten sind tiefreichende, meist NE-, N- und NW-streichende Störungssysteme von wesentlicher Bedeutung. Dabei sind für die jüngeren Granitintrusionen („Zinngranite") sowie für den Aufstieg der lagerstättenbildenden Lösungen besonders die Kreuzungsbereiche dieser Strukturelemente prädestiniert. Bezüglich der regionalen Verbreitung dieser Sn-Granite und Sn-Mineralisationen lassen sich mehrere „ringförmige“ Bereiche rekonstruieren, die entlang der sog. erzgebirgischen „Zinnachse“ angeordnet sind. Alle endogenen Aktivitäten dieser Teiletappe (Magmatite, „Kleinintrusionen“, Schlotbrekzien, Gesteinsgänge, Sn—W- und Polymetall-Mineralisationen) lassen sich zu diesen Bereichen in Beziehung setzen.

An die Sn—W-Mineralisationen schließen die umfangreichen sulfidischen *Polymetallerzformationen* an, die in der Vergangenheit als Buntmetall- und Edelmetallproduzenten eine große wirtschaftliche Bedeutung besaßen (kb: Fe—Zn—Cu—Pb; uqk; U—Fe—Se; eb; Ca—F—Sb—Ag). Sie unterlagen veränderten strukturellen Bedingungen (NE-, N-, NNW-Strukturen) und bilden hinsichtlich der Intensität unterschiedliche regionale Schwerpunktbereiche (Osterzgebirge: Pb—Zn—Ag; Mittelerzgebirge: Cu—Sb—Ag; Westerzgebirge: U—Fe; Vogtland: Ca—F). Pb-Modellalter sowie Pb- und S-Isotopenverhältnisse erlauben es, sie als tiefe Aktivierungsbildungen mit Manteleinfluß anzusehen (BAUMANN und PILOT, 1976, u. a.). Neuere Untersuchungen ergaben, daß Fluorit bereits in dieser Etappe zwei Ausscheidungsmaxima erreichte (Sn—W-Formation: Topas-Fluorit; eb-Formation im Vogtland: als flq-Formation entwickelt, KÄMPF, 1982[4]).

Strukturell treten diese Mineralisationen vorwiegend als Ganglagerstätten auf (Gangdistrikte von Freiberg, Marienberg, Annaberg u. a.). Dabei konnten bisher keine direkten Beziehungen der Gänge zu den Graniten nachgewiesen werden.

Für die *absolute Alterseinstufung* dieser Mineralisationen lieferten vor allem Pb, U, Fluorit und Fe (Paläomagnetik) wichtige Datierungen. Die Altersmaxima der Gesteins- und Lagerstättenbildungen markieren die Zeiträume Oberkarbon—Perm (= „variszische“ Mineralisationen), Trias—Jura, Kreide und Tertiär (= „postvariszische“ Mineralisationen; Tab. 1).

Bezüglich der *metallogenetischen Zonalität* ergibt sich — im Gegensatz zur bisherigen

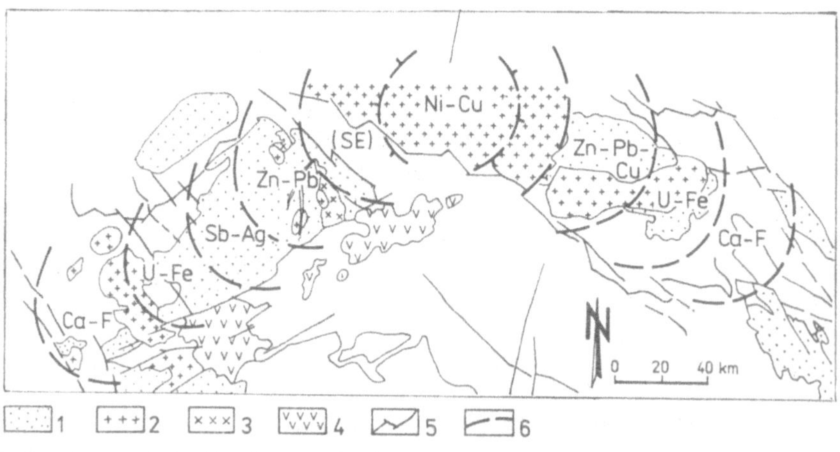

Abb. 7. Metallogenetische Zonalitäten der jungpaläozoischen Aktivierungsetappe in den saxothuringischen und lugischen Schwellenbereichen

1 — Kristallines Grundgebirge; *2* — Granitoide verschiedenen Alters; *3* — Rhyolithoide; *4* — Basaltoide Neovulkanite; *5* — Störungen; *6* — Metallogenetische Zonen

[4] Mündl. Mitteilung.

variszischen „Orogen"-Konzeption mit seinen Lagerstättengürteln — auf der Basis des neuen tektonischen Modells für die Saxothuringische sowie Lugikum-Sudety-Zone eine konzentrische Anordnung der Hauptelemente (Abb. 7). Um den vermutlichen „triple junction point" der Lausitz mit seinen intra- bzw. perimagmatischen Vererzungstypen (Ni—Fe—Cu, SE) sind metallogenetische Zonen mit charakteristischer Elementführung entwickelt, die zum Teil durch die großen Bruchzonen stimuliert werden (sowohl in saxothuringischer als auch in lugischer Richtung Bereiche mit bestimmter Elementvormacht: Fe—Cu—Zn—Pb, Sb—Ag, U—Fe—Se, Ca—F).

An die paläozoische Aktivierung schließen sich dann die mesozoischen-känozoischen Aktivierungen mit erneuter Graben- und Rifttektonik an („postvariszisches Tafelstadium"; BAUMANN, LEEDER und WEBER, 1984).

Zusammenfassend ergeben sich hinsichtlich der tektonomagmatischen und metallogenetischen Entwicklung Mitteleuropas folgende Schlußfolgerungen:

1. Im Zeitraum Paläozoikum und Mesozoikum-Känozoikum können in Mitteleuropa vier Aktivierungsetappen ausgehalten werden.
2. Jede Aktivierungsetappe wird mit Hebungsbewegungen und Einbruch von Trögen (= Rifttröge, „Geosynklinaltröge", Grabenbildungen) eröffnet und klingt mit einer Nachfolgetektonik aus (variszische „Subsequenztektonik", „saxonische Tektonik" u. a.).
3. Die Aktivierungsetappen überlappen sich (strukturell und stofflich); dies ist wesentlich regional bedingt (SE → NW-Entwicklung!).
4. Die sog. „variszischen Geosynklinaltröge" (saxothuringisch/lugisch, rhenoherzynisch) können auf eine Lausitzer „Dreispaltenstruktur" bezogen werden (Ultrabasitkörper mit Mafiten).
5. In den Rifttrögen erfolgte kein spreading (= ozeanische Krustenbildung → Eugeosynklinalbildung mit Ophiolithformation).
6. Innerhalb der taphrogenen Schwellenhebungen (Antiklinalen, „ranges", Horste) treten verstärkt mantelaktivierte Metamorphose, Anatexis und Granitoidbildungen auf („Rotgneis"-Magmatite, "variszische" Intrusivkomplexe).
7. Metallogenetisch folgt den *submarinen* exhalativ-sedimentären Rifttrogvererzungen (Fe—Mn, Zn—Pb—Cu, Ba—F) meist eine analoge *intrakrustale* Schwellenvererzung (Fe—Mn, Polymetalle, F—Ba, Co—Ni—Ag, Sb—Hg).
8. Graben- und Schwellenvererzungen (submarin-hydrothermal und intrakrustal) sind von weitgehend gleicher metallogenetischer Provenienz und auf eine analoge Herkunft zurückzuführen.
9. Wirtschaftlich am bedeutendsten sind die
   - mittelpaläozoische („variszische") Trog- und Subsequenzvererzung (Fe—Mn, Zn—Pb—Cu—Ba/Sn—W, Zn—Cu—Pb, U, F, Sb—Ag) und die
   - jungpaläozoisch-frühmesozoische („postvariszische") Graben- und Nachfolgevererzung (Pb—Zn—Ba—F/Pb—Zn—Ba—F, Fe—Mn, F—Ba, Co—Ni—Bi—As—Ag).
10. Innerhalb einer Aktivierungsetappe ist eine gewisse temporale und laterale Zonalität festzustellen und zwar sowohl submarin-sedimentär als auch intrakrustal (Fe—Mn → Polymetalle → F—Ba); laterale metallogenetische zonings sind auch innerhalb der einzelnen Aktivierungs-Baueinheiten (Tröge, Schwellen) nachzuweisen.

Literaturverzeichnis

BANKWITZ, P. und E. BANKWITZ: Zur Entwicklung der Erzgebirgischen und der Lausitzer Antiklinalzone. — Z. angew. Geol., Berlin, **28** (1982) 11, 511—524.

BAUMANN, L.: Die Zyklizität in der Plattentektonik und in den zugehörigen metallogenetischen Prozessen. — Z. geol. Wiss., Berlin, **12** (1984) 141—173.

BAUMANN, L.: Zur Charakterisierung der Arkogenese und ihre Stellung innerhalb der Plattentektonik. — Freib. Forsch.-H. C 398. Leipzig: VEB Deutscher Verlag für Grundstoffindustrie, 1985, 8—29.

BAUMANN, L., O. LEEDER und W. WEBER: Beziehungen zwischen regionalen Bruchstrukturen und lagerstättenbildenden Prozessen und ihre Bedeutung für die Suche und Erkundung von Spatlagerstätten. — Z. angew. Geol., Berlin, **21** (1975) 5—17.

BAUMANN, L., O. LEEDER und W. WEBER: Zur Metallogenie-Minerogenie des postvariszischen Tafelstadiums in Mitteleuropa. — Z. geol. Wiss., Berlin, **12** (1984) 3, 279—303 (Widmungsheft zum XXVII. Internationalen Geologenkongreß, Moskau 1984).

BAUMANN, L., O. LEEDER und W. WEBER: The position of Platform Activation (Arcogenesis) in Plate Tectonics and its metallogenetic importance (exemplified by the North Atlantic — West-European Lithospheric Area). — In: Handbook of Strata-Bound and Stratiform Ore Deposits (Edit. K. H. WOLF). Amsterdam—Oxford—New York—Tokyo: Elsevier Sc. Publ., Vol. 12 (1985) p. 409—459.

BAUMANN, L. und J. PILOT: Isotopengeochemische Untersuchungsergebnisse an Mineralparagenesen zur Klärung der Genese von Lagerstätten. — Freib. Forsch.-H. C 321. Leipzig: VEB Deutscher Verlag für Grundstoffindustrie, 1976, 83—115.

BENEK, R. und S. M. CHROBOK: Bau und Bildung der Granite des Harzes. — Ber. geol. Ges. DDR, Berlin, **10** (1965) 279—283.

JUBITZ, K.-B., G. SCHWAB und H.-J. TESCHKE: Geologische Entwicklungstrends am SW-Rand der Osteuropäischen Tafel — ein Überblick. — Z. geol. Wiss., Berlin, **9** (1981) 10, 1113—1137.

KAEMMEL, Th. und G. JUST: Geochemical Differentiation of Granitoids in the G.D.R. Using Normalized Trace Element Differences. — Gerlands Beitr. Geophysik, Leipzig, **94** (1985) 4—6, 351—369.

KRAMER, W.: Genese der Lamprophyre im Bereich der Fichtelgebirgisch-Erzgebirgischen Antiklinalzone. — Chem. Erde, Jena, **35** (1976) 1—49.

KRAMER, W.: Zur Petrologie und metallogenetischen Bedeutung der Dolerite (Lamprophyre) des Lausitzer Massivs. — Z. geol. Wiss., Berlin, **7** (1976) 975—994.

KRAMER, W.: Vergleichende geochemisch-petrologische Untersuchungen an permosilesischen basischen Magmatiten der Norddeutsch-Polnischen Senke und ihre geotektonische Bedeutung. — Z. geol. Wiss., Berlin, **5** (1977) 1, 7—20.

KRESTIN, E. M.: Classification of Copper—Nickel Deposits and examples in Central Europe. — Freib. Forsch.-H. C 425. Leipzig: VEB Deutscher Verlag für Grundstoffindustrie, 1987, 78—92.

KUMANN, R. und O. LEEDER: Zur Schmelzendynamik granitoider Gesteine in Ehrenfriedersdorf. — Z. geol. Wiss., Berlin (im Druck).

LEEDER, O.: Fluoritlagerstätten und Mantelprozesse. — Freib. Forsch.-H. C 365. Leipzig: VEB Deutscher Verlag für Grundstoffindustrie, 1981.

LEEDER, O.: Einflüsse von Mantelprozessen auf Paragenesen in Gesteinen und Lagerstätten. — Freib. Forsch.-H. C 384. Leipzig: VEB Deutscher Verlag für Grundstoffindustrie, 1983.

LEEDER, O.: Gesteins- und lagerstättenbildende Vorgänge im Rahmen der mitteleuropäischen Arkogenese. — Z. geol. Wiss., Berlin, **13** (1985) 5, 597—600.

LEEDER, O.: Zur Bedeutung der Liquation für Gesteins- und Lagerstättenbildung. — Z. geol. Wiss., Berlin, **13** (1985) 5, 601—612.

LEEDER, O., R. KUMANN, G. BINDE, R. SELTMANN und C. WIRTH: Zur formationellen und paragenetischen Charakterisierung von Zinnlagerstätten unter besonderer Berücksichtigung von Einschlüssen. — Freib. Forsch.-H. C 423. Leipzig: VEB Deutscher Verlag für Grundstoffindustrie, 1987, 35—61.

LEEDER, O., W. WEBER und L. BAUMANN: Kontinentale Riftprozesse und ihre minerogenetische Bedeutung im postvariszischen Mitteleuropa. — Z. geol. Wiss., Berlin, **10** (1982) 501—510.

LEEDER, O. und W. WEBER: Arkogene und minerogenetische zyklische Prozesse im nachvariszischen Europa. — Z. geol. Wiss., Berlin, **12** (1984) 1, 65—82.

LEGLER, C.: Die schichtgebundenen Mineralisationen des Erzgebirges. — Freib. Forsch.-H. C 401. Leipzig: VEB Deutscher Verlag für Grundstoffindustrie, 1985, 93 S.

LINDNER, H.: Ergebnisse der Gravimetermessungen im Bereich des Lausitzer Massivs und seiner Randgebiete. — Geologie, Berlin, **8** (1972) 927—942.

LÖFFLER, H. K.: Einige Erkenntnisse zur Deutung der Pyrrhotin-Pentlandit-Vorkommen vom Typ Sohland an der Spree (Oberlausitz). — Z. geol. Wiss., Berlin, **1** (1973) 12, 1619—1631.

LÖFFLER, H. K.: Die eruptiven und metamorphen Gesteine des Lausitzer Blocks. — Z. geol. Wiss., Berlin, **8** (1980) 11, 1421—1448.

MEBBT, H.: Erdmagnetische Untersuchungen der westlichen Lausitz und des Elbsandsteingebirges in ihrer Beziehung zum Gesteinsuntergrund. — Leipzig, 1940, 40 S.

OELSNER, O. W.: Bemerkungen zur Genese der Magnetkies-Pentlandit-Lagerstätte Sohland/Spree. — Freib. Forsch.-H. C 10. Berlin: Akademie-Verlag, 1954, 33—45.

PESCHEL, A., B. MÜLLER und W. KRAMER: Die basischen Instrusivgesteine der Lausitz und ihre industrielle Nutzung. — Freib. Forsch.-H. C 283. Leipzig: VEB Deutscher Verlag für Grundstoffindustrie, 1973.

RICHTER, H.: Zur geologischen Forschung, Suche und Erkundung auf feste mineralische Rohstoffe in der Deutschen Demokratischen Republik. — BHT-Vortrag, Kolloquium 2, Freiberg 1986.

RÖSLER, H. J. und C.-D. WERNER: Petrogenetische Entwicklung des initialen Magmatismus im mitteleuropäischen Variszikum in Abhängigkeit vom Strukturbau. — Z. geol. Wiss., Berlin, **7** (1979) 9, 1107—1112.

SCHOELL, M.: Untersuchungen zur Altersstellung des Brocken-Instrusiv-Komplexes im Harz. — Clausthal-Zellerfeld, Technische Universität, Diss., 1970.

SCHWAB, G., R. BENEK, K.-B. JUBITZ und H.-J. TESCHKE: Intraplattentektonik und Bildungsprozeß der Mitteleuropäischen Senke. — Z. geol. Wiss., Berlin, **10** (1982) 3, 397—413.

THOMAS, R. und O. LEEDER: Zur physikochemischen Evolution mineralbildender Lösungen an Hand thermobarometrischer Untersuchungen. — Z. geol. Wiss., Berlin, **14** (1986) 1, 51—60.

TISCHENDORF, G.: Variscan Ensialic Magmatism and Metallogenesis in the Ore Mountains. — Chem. Erde, Jena, **45** (1986) 75—104.

TISCHENDORF, G. und W. PÄLCHEN: Zur Klassifikation von Granitoiden. — Z. geol. Wiss., Berlin, **13** (1985) 5, 615—627.

WEBER, W.: Tiefe Bruchstrukturen der postvariszischen Tafelentwicklung Mitteleuropas und ihre Bedeutung für Magmatismus und postmagmatogene Fluorit-Baryt-Mineralisationen. — Freib. Forsch.-H. C 329. Leipzig: VEB Deutscher Verlag für Grundstoffindustrie, 1977, 53—67.

WEBER, W., L. BAUMANN und O. LEEDER: Zur minerogenetischen Bedeutung der Krustenbewegungen im Vorfeld der Osteuropäischen Tafel. — Z. geol. Wiss., Berlin, **8** (1980) 5, 577—591.

WERNER, C.-D.: Grabenbildung, Magmatismus, Metallogenese und Metamorphose im Rhenoherzynikum — zur Dynamik einer Geosynklinalzone. — Z. geol. Wiss., Berlin, **9** (1981) 11, 1315—1318.

WERNER, C.-D. und H. J. RÖSLER: Aussagemöglichkeiten der initialen Magmatite für die Klärung struktureller Verhältnisse am Beispiel des mitteleuropäischen Variszikums. — Z. geol. Wiss., Berlin, **7** (1979) 3, 353—366.

Zur Intraplattentektonik in Mitteleuropa[1]

H. Brause[2]

Zusammenfassung: Die Intraplattentektonik ist von alten Anlagen abhängig. Nomenklatur des Unterbaumosaiks. Die Bewegungen der Subplatten können nur im Rahmen der globalen Bewegungen verstanden werden. Analyse eines Regionalschnittes für die Zeiten D, C, P. Regionale Kompression behindert isostatische Bewegungen von Krustenabschnitten und Einzelschollen. Der kompressionsbedingte Wärmeaufbau ist an zeitlich und räumlich gestaffelten Granitalterswerten rekonstruierbar. Schmelze und Erweichung im Untergrund sind Voraussetzung für erhöhte Faltbarkeit. Regionale und lokale Weitung bei der Taphrogenese führen zu erhöhter isostatischer Beweglichkeit und zur Ingression in absinkende Krustenbereiche. Weitung provoziert durch Druckentlastung den Aufstieg von Schmelzen, mineralisierten Lösungen und gleichzeitig von Volatilen aus dem Mantel. Gedanken zur Modifikation der Zechstein-Barrentheorie. — Regionale Schollenkippungen setzen raumschaffende Weitung voraus. Regionaler Druckaufbau im Alpen-Karpaten-Raum mußte im mitteleuropäischen Vorland zu Gewölbespannung, Hebungs- und Regressionstendenz führen. Druckentlastung bei den Deckenüberschiebungen führte dagegen zu erhöhter isostatischer Bewegungsfreiheit von Schollen, zu Senkungs- und Überflutungstendenz. In regional verbreiteten Braunkohleflözen paust sich das Untergrundmuster durch.

Summary: The paper gives a nomenclature of the bloc pattern of fundament in southern Middle Europe. Remarks to regional compression and dilatation are illustrated with contributions to the Paläozoic and Tertiary. Regional compression lead to a maximum of heat flow, a reduction of isostatic mobility, a regional doming and to regression. Regional dilatation provocated intrusion of melts and mantle volatiles in faults, a greater isostatic mobility of individual blocs, regional synclines and ingression. Is giving a modification to "Barrentheorie" of Upper Permain.

Seit den ersten Konzeptionen plattentektonischer Modelle gab es mehrfach Überlegungen zu deren Anwendung innerhalb von Mitteleuropa (vgl. Lit. in Olszak und Thierbach 1973, Striegler und Striegler 1979, G. Schwab u. a. 1982). Kölbel (1983) konnte trotzdem feststellen: „Zum gegenwärtigen Zeitpunkt sind wesentliche Fragen der tektonischen und magmatischen Aktivitäten im Inneren der Lithosphäreplatten noch nicht ausreichend geklärt."

[1] Vortrag, gehalten im Weiterbildungszentrum Geologische Wissenschaften des Wissenschaftsbereiches Geophysik der Sektion Physik der KMU Leipzig am 2. 4. 1986.

[2] Anschrift des Verfassers:
Dr. H. Brause, VEB Geologische Forschung und Erkundung Freiberg, 9200 Freiberg, Halsbrücker Str. 31a.

Alte Anlagen/Internbau

Während die plattentektonischen Grundkonzeptionen für die *junge* bis gegenwärtige, vorwiegend für die ozeanische geologische Situation entwickelt wurde, konzentrierten sich die Fragen und Beiträge zur Anwendung in Mitteleuropa auf das *Paläozoikum*. Hauptfragen betrafen Existenz und Größe paläoozeanischer Bereiche, die Suche nach einem Riftvulkanismus und nach Strukturen einer eventuell älteren ozeanischen Kruste. Viele der geäußerten Vorstellungen zur Lage und Größe paläozoischer Ozeanbereiche blieben problematisch.

Jaeger (1976) nahm für das silurische Mitteleuropa eine ozeanische Situation an. Trotz weitgehender Überflutung kann aber auch für diese Zeit die Existenz alter Schwellen und Kerne nicht geleugnet werden. Das gilt besonders für die klastischen Schüttungen des obersten Ordoviziums und dann wieder für das buntere Faziesmuster vom höheren Silur an. Bei allen Einwänden bleibt die Tatsache einer relativ kurzzeitigen, kontinentweiten Transgression bzw. großflächiger Absenkung bestehen.

Spezialuntersuchungen basischer Vulkanite des Paläozoikums (zahlreiche Arbeiten von Rösler, Werner, Kramer ab etwa 1972, zuletzt Werner 1984) zeigten, daß die Mehrzahl dieser Basite keine ozeanischen Riftbasalte sind, sondern mehr oder weniger ensialische Tendenz besitzen (Schroeder 1977). Je nach Position nähern sich die chemischen und mikrochemischen Daten denen ozeanischer oder denen von Inselbogen-Bereichen. Es gibt auch lokale Förderspalten mit nur wenig verändertem Mantelmaterial (Kramer, zuletzt 1984; Mucke und Kramer 1972). In der Regel wurden aber in mehr oder weniger großem Umfang Elemente aus dem Förderweg durch eine bereits vorhandene sialische Kruste aufgenommen. — Eine gute Übersicht bietet Rast (1985).

Die in Mitteleuropa vorhandene alte Kruste ist ausgeprägt heterogen. Sie ist keinesfalls mit der kontinentalen Kruste alter Schilde verwechselbar. Die „*Schelfkruste*“ (Brause 1979) enthält höher mobile Teilbereiche mit im Paläozoikum siegenotyper Entwicklung (Brause 1970). Diesen stehen saxotype Teilgebiete mit einer „dichteren Packung“ stabiler Krustenbauschollen gegenüber. In den meisten Fällen erwiesen sich die Altbauschollen als vorpaläozoische oder voroberproterozoische Anlagen (Brause 1967/69, 1970a, b, Hoth u. a. 1985). Die Altbauteile beeinflussen die geologische Entwicklung nachweislich bis hin zu den rezenten Krustenbewegungen (Brause 1975, Bankwitz 1971, G. Schwab 1981). Die Altbauschollen sind für das vorvariszische Paläozoikum und Präkambrium als „Teilblöcke“ zu bezeichnen, die analogen postvariszischen Bruchschollen als „Schollen“. Nach komplexer geologisch-geophysikalischer Analyse schlägt Verf. die Abgrenzungen und Bezeichnungen der Abb. 1 vor.

Ein Argument für das höhere Alter der *Anlage* der Teilblöcke läßt sich aus ihrer Durchschnittsgröße ableiten. Die Teilblöcke haben oft nur 20...50 km Durchmesser. Diese Schollengröße kann nur einer geringmächtigeren, älteren Paläolithosphäre entsprechen. Während der *jüngeren* saxonischen Bruchtektonik wirkten dagegen oft Schollen*gruppen* gemeinsam. Die etwa 100 km großen Schollengruppen entsprechen der heute etwa 100...150 km mächtigen Lithosphäre.

Das ältere Mitteleuropa ist also keine festgefügte „Platte“, es ist Bestandteil einer „mobilen Zone“. In dieser mobilen Zone gibt es zahlreiche Altbauteile. Neben und zwischen diesen Altbauteilen blieb im Paläozoikum und teilweise noch länger eine mobile

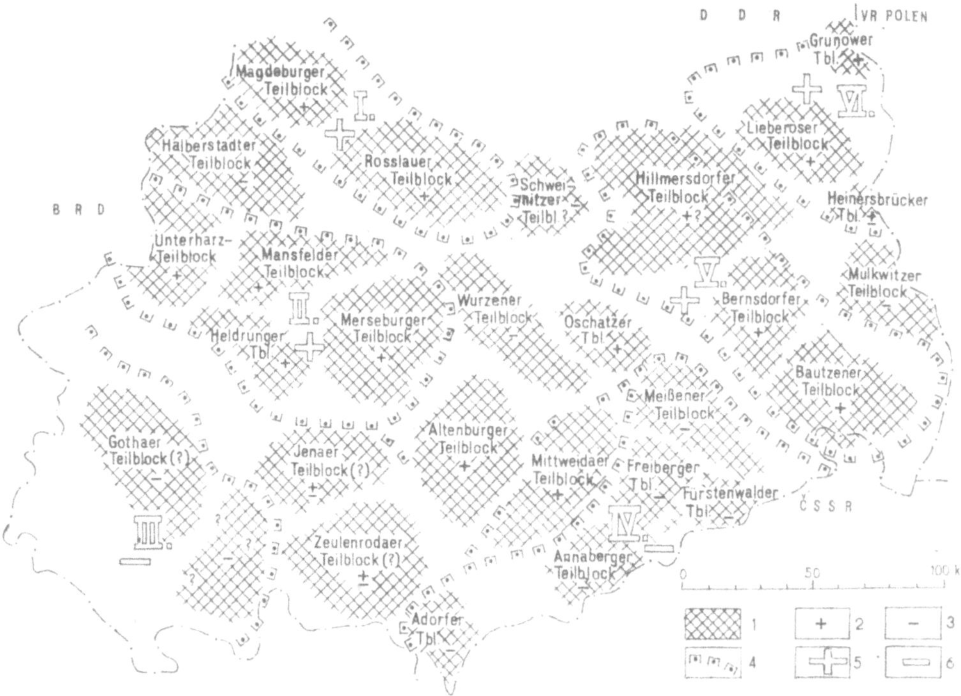

Abb. 1. Übersicht zur Blockgliederung im Süden der DDR.
1 — Teilblock des (älteren) Präkambriums, *2* — simatischer Teilblock (besonders in der Unterkruste basitbetont), *3* — sialischer Teilblock (insgesamt granitoidbetont), *4* — Teilblockgruppen der jüngeren Schollentektonik (I—VI), *5* — Teilblockgruppe mit vorwiegend positiver Bouguerschwere, *6* — Teilblockgruppe mit vorwiegend negativer Bouguerschwere

Entwicklung möglich. Die alten Mosaikbauteile der Schelfkruste sind nach dem Sprachgebrauch der Plattentektonik Sub- bzw. Mikroplatten. Separate Bewegungen solcher Subplatten werden inzwischen weitgehend akzeptiert (Kölbel 1983, S. 307). Das können auch Rotationsbewegungen sein (Brause und Beutler 1977, Brause 1979).

Plattenbewegungen innerhalb des globalen Feldes

Die Bewegungen der Subplatten können nur im Rahmen der *globalen* Bewegungen verstanden werden. Die großräumigen Bewegungen führten zu Reaktionen im Inneren des mitteleuropäischen Feldes. Nach gegenwärtigem Kenntnisstand, besonders unter Berücksichtigung der Kartenkonstruktionen von Zonenshain u. a. (1977a, b), befand sich das die Abb. 1 umfassende Gebiet des Südteils der DDR im Paläozoikum südlich des Äquators, im Oberkarbon etwa in Äquatorposition und dann nach relativ rascher Wanderung ab Perm auf nördlichen Breitengraden (Abb. 2).

Im Devon überwogen im Paläozoikum Dilatationsbedingungen, in deren Gefolge die variszischen Geosynklinalabsenkungen stattfinden konnten. Im Oberkarbon war mit dem Zusammendriften zur Pangea eine maximale Kompression und allgemeine Einspannung erreicht; es bildete sich das variszische Tektogen. Bereits während des Karbons setzte der taphrogene Zerfall der Pangea ein. Erneute Weitungsbewegungen waren die Voraussetzungen für die Beckenabsenkungen und den Vulkanismus des Molassestadiums. Die gleichzeitigen markanten Richtungswechsel der Polwanderungskurven zeigen die Umstellung des globalen Driftregimes.

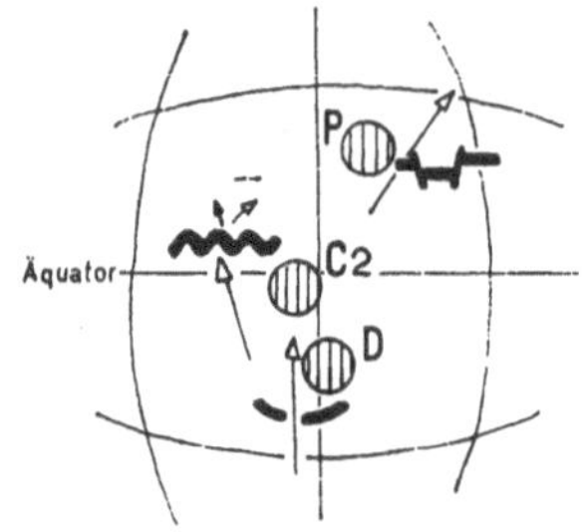

Abb. 2. Paläopositionen des Territoriums des Südteils der DDR in einem schematischen Koordinatennetz. *D* — Devon, *C2* — Siles, *P* — Perm.

Es gelten folgende allgemeine Aussagen:

- Die Horizontalkomponente der absoluten Ortsverlagerung ist wesentlich größer als die Vertikalkomponente. Die Verlagerung unseres Raumes ist differentiales Glied der Großplattenbewegungen der Erdkruste.
- Im lokalen Feld werden vorwiegend Relativbewegungen zwischen den Subplatten wirksam. Sie sind bruchteilhaft kleiner als die Absolutgröße der horizontalen Verlagerung.
- Relative Weitungen führten zu Becken- und Geosynklinaltrogbildung, zu Vulkanit- und Magmatitförderung. Relative Einengungen führten zu tektonischer Verkürzung, Faltung, Überschiebungen usw.
- Richtungswechsel der Bewegung sind nicht selten. Beispielsweise ist für die allgemeine N-/NE-Verlagerung des Untersuchungsgebietes im Permokarbon ein schrittweiser Wechsel von Bewegungen nach NW und nach NE belegt (Brause 1983).
- Bei der Großplattenbewegung werden vorwiegend die Plattenränder beansprucht. *In* der Schelfkruste pflanzt sich die Bewegung gestaffelt von Teilscholle zu Teilscholle fort. Solche *gerichteten Internbewegungen* sind nachgewiesen. So sind Beginn und Ende der geosynklinalen Hauptabsenkung, die Hauptzeiten des Geosynklinalvulkanismus und die Hauptzeiten der Faltung im Paläozoikum Mitteleuropas deutlich zeitlich und räumlich gestaffelt. Die Ortsveränderung setzt sich aus vielen differentialen Gliedern der Bewegung zusammen.

Für einen schematischen N—S-Schnitt durch Mitteleuropa (Abb. 3) ist ableitbar:

a) *Unter Dilationsbedingungen der vorkarbonischen Geosynklinalzeit* besitzen die Altbauschollen eine relativ hohe vertikale Eigenbeweglichkeit. Zwischen Altbauschollen und in Gebieten besonders instabiler, geringmächtiger Altbaukruste kam es zu stärkerer Absenkung. Größere geosynklinale Absenkungen mit Verlagerungen der Trogachsen gab es z. B. im Rheinischen Schiefergebirge, unter der Mitteleuropäischen Senke ganz allgemein, aber auch in Teilgebieten Thüringens.

Der basische Geosynklinalvulkanismus nahm im Bereich des stabileren Altunterbaues (Lausitz, Erzgebirge, Thüringen: *1* in Abb. 3) mehr Komponenten aus der sialischen Kruste auf als im freizügiger entwickelten Nordgebiet mit weniger entwickelter Altbaukruste. In letzterem Gebiet (*2* in Abb. 3) nähert sich der Spurenchemismus ozeanischen bzw. Inselbogenverhältnissen. KRAMER (1977) beschrieb auch lokale Fördergebiete mit nur gering beeinflußtem Mantelmaterial (*3* in Abb. 3).

b) In der *Kompressionsphase der Pangea-Bildung*, bzw. zur Zeit der variszischen Tektogenese werden die Teilschollen aneinandergepreßt. Die selbständige vertikale Beweglichkeit der *einzelnen* Teilschollen wird dabei zwangsläufig vermindert.

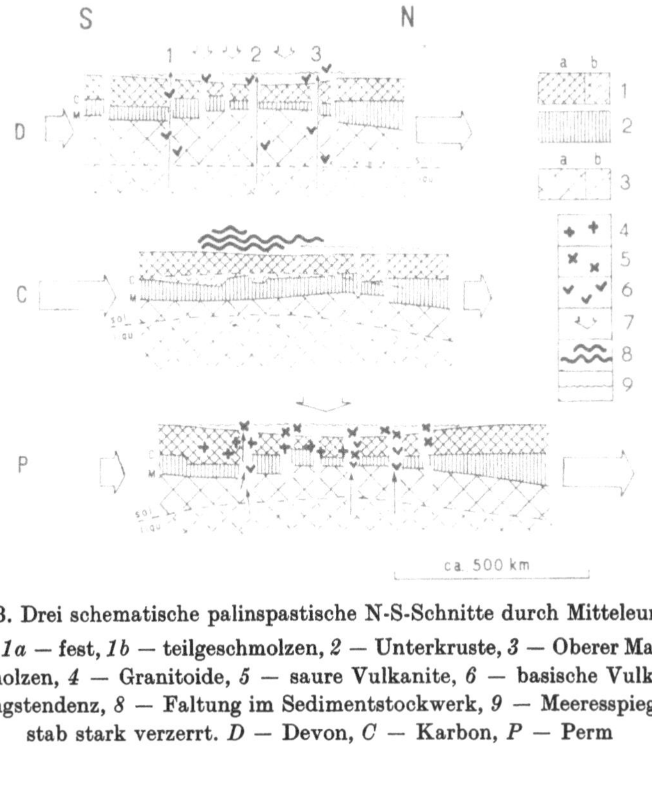

Abb. 3. Drei schematische palinspastische N-S-Schnitte durch Mitteleuropa.
1 — Oberkruste, *1a* — fest, *1b* — teilgeschmolzen, *2* — Unterkruste, *3* — Oberer Mantel, *3a* — fest, *3b* — teilgeschmolzen, *4* — Granitoide, *5* — saure Vulkanite, *6* — basische Vulkanite, *7* — isostatische Senkungstendenz, *8* — Faltung im Sedimentstockwerk, *9* — Meeresspiegel. Höhenmaßstab stark verzerrt. *D* — Devon, *C* — Karbon, *P* — Perm

Der kontinentweite starke Druckaufbau führt zum geothermischen Wärmemaximum des Karbons, zur „Closingwärme“ (BRAUSE 1979). Entsprechend tiefe Krustenbereiche geraten in Schmelzbedingungen.

c) Beim *taphrogenen Zerfall der Pangea* entstehen erneut Weitungen und damit Aufstiegswege für die im Untergrund entstandenen Schmelzen. Für den Chemismus gelten wieder ähnliche Bedingungen wie unter (a) beschrieben: im N treten gebietsweise größere Anteile an basischem Untergrundmaterial auf. Ansonsten überwiegen die sauren Schmelzprodukte besonders aus der tieferen Oberkruste. Die aus der regionalen Einspannung gelösten Teilschollen besitzen nun wieder eine höhere vertikale Beweglichkeit. Beispielsweise sinkt der Mittelteil des Krustenabschnittes der Abb. 3 isostatisch ab; es bildete sich die Mitteleuropäische Senke.

Kompression — Verspannung — Erwärmung

Wir leiten aus Vorstehendem ab:

- Großregionale Kompression führt zum Zusammenpressen älterer Teilschollen. Damit wird zwangsläufig die Eigenbeweglichkeit der Teilschollen eingeschränkt: *Kompression behindert die isostatischen Bewegungen der Einzelschollen.*
- Großregionale Kompression führt neben dem Druck- auch zum Wärmeaufbau.

Wir hatten oben beschrieben, daß die großregionale Einengung und damit auch der Wärmeaufbau im südlichen Mitteleuropa *gestaffelt* erfolgte. Das läßt sich u. a. durch radioaktive Alterswerte von Granitbiotiten bestätigen (HAAKE 1970, 1972, BRAUSE 1979). Die Granite im Süden der DDR besitzen bei statistischer Auswertung charakteristische Häufigkeitsdiagramme der K—Ar-Biotit-Alterswerte (Abb. 4):

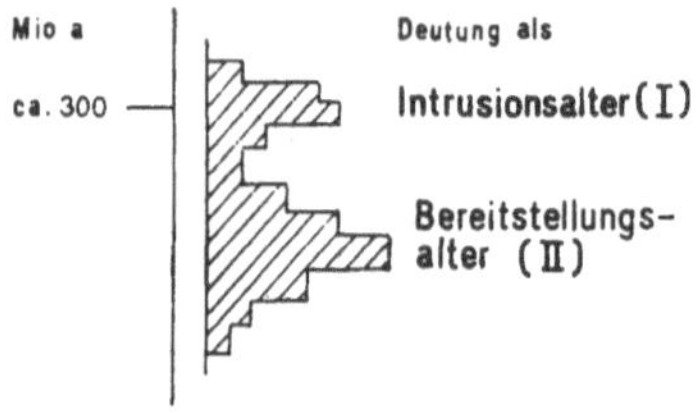

Abb. 4. Prinzipskizze zur Häufigkeitsverteilung radioaktiver K/Ar—Biotitalter in Granitoiden des Südteils der DDR

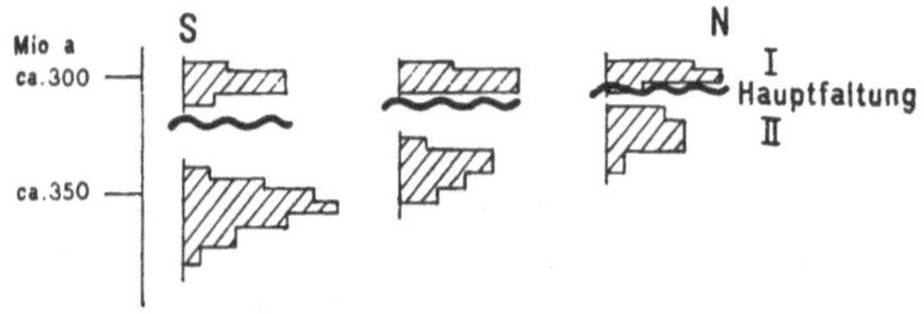

Abb. 5. Prinzipskizze zur räumlichen und zeitlichen Staffelung von Granitbiotitalterswerten

Ein *jüngeres* Maximum entspricht gut den geologisch bestätigten Intrusionszeiten. Das oft ausgeprägte *ältere* Maximum („Akzeß-Argon") entspricht nach der Interpretation des Verf. der *Granitbereitstellung* im Untergrund; es ist synchron zur Kompressionswelle zeitlich und räumlich gestaffelt (Abb. 5). Die Maxima der älteren *Bereitstellungsalter* liegen knapp vor dem örtlichen Höhepunkt der „Faltungswelle". Die *Erweichung des Untergrundes ist als Voraussetzung für die erhöhte Faltbarkeit* zu sehen. Die eigentliche Granitförderung erfolgte in der taphrogenen Phase bei Druckentlastung. Die Platznahmetemperaturen sind bekanntlich oft relativ niedrig. Dadurch erklärt sich die Tatsache, daß die älteren Alterswerte überhaupt meßbar sind. Offenbar wurde eine größere Anzahl von Biotiten als für Argon mehr oder weniger geschlossen bleibende Systeme nach oben gefördert.

Nach gleichen Gesichtspunkten läßt sich neben der S—N-Staffelung auch eine O—W-Staffelung für die Kompressions- und Wärmewelle ableiten. Im Interferenzbereich beider Druckaufbausysteme bildete sich die größte Wärme aus. Sie reichte zur Schmelze von Syeniten bzw. Syenodioriten, wie sie aus dem Meißener Massiv bekannt sind.

Wenn Weitungsprozesse und dadurch bedingter Schollenzerfall, bzw. das Aufreißen altangelegter Störungen, Motor zur Druckentlastung und dadurch provoziertem Granitaufstieg sind, gilt das natürlich nicht nur für Störungen der obersten Kruste. Bei der Taphrogenese bewegen sich Schollen der *Lithosphäre*. Es muß also zu gleicher Zeit und an gleichen Orten zu Wegsamkeiten aus den asthenosphärischen Bereichen des Oberen Mantels gekommen sein (Abb. 6). Aufsteigende „Volatile" können die Beweglichkeit der granitoiden Magmen fördern, in diese eingehen und bei der Erstarrung wieder abgegeben werden (LEEDER 1983, 1984). Trotz entsprechender, geochemisch meßbarer Spurenelementanteile muß so ein Granit keineswegs aus dem Mantel gekommen sein.

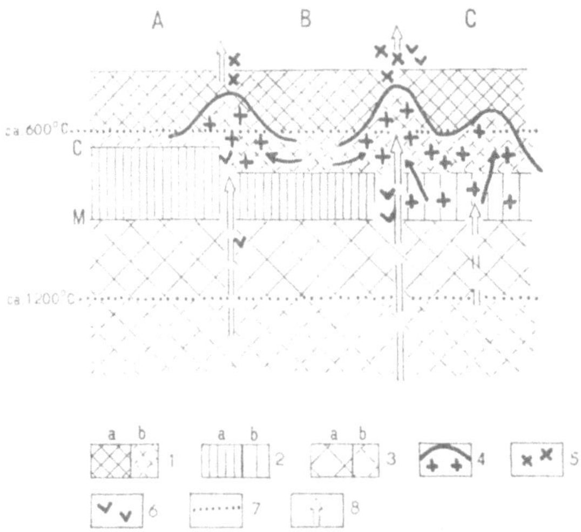

Abb. 6. Prinzipskizze zu Bildungs- und Aufstiegsvarianten krustaler und subkrustaler Magmen und Fluida

1 — sialische Oberkruste, *1a* — fest, *1b* — in geothermisch anomaler Zeit teilgeschmolzen, *2* — Unterkruste, *2a* — ausgeprägt intermediär bis basisch („simatisch"), *2b* — weniger basisch („sialisch"), *3* — Oberer Mantel, *3a* — fest, *3b* — asthenosphärisch, *4* — granitoide Intrusiva, *5* — saure Vulkanite, *6* — basische Vulkanite, *7* — Geoisotherme, *8* — bevorzugte Aufstiegsmöglichkeit für Mantelmaterial und -fluida.

A, *B*, *C* — Krustensegmente mit verschiedener Unterkruste; bei gleicher Temperaturverteilung bestehen unterschiedliche Bedinguungen für die Granitschmelze.

Dilatation und Taphrogenese — Isostasie — Ingressionen

Die mit der im Oberkarbon beginnenden Taphrogenese, dem Zerfall der Pangea, einsetzende großregionale Weitung führte im Schollenmosaik des südlichen Mitteleuropas zur Lösung der Teilschollen aus der Einspannung. Dadurch entwickelten sich folgende Merkmale:

— Bildung von *Vulkanitaufstiegswegen* an Weitungsfugen. BENEK u. a. (1973) analysierten, daß es dabei einen mehrmaligen *Wechsel der Vorzugsrichtung* gab (vgl. Wetzel 1983). Die paläomagnetischen Daten zeigen, daß sich unser Gebiet bis zum Perm sehr rasch nach NO verlagerte. Nach der Reaktion im Schollenmosaik zu urteilen, setzte sich diese NO-Bewegung aus mehr nach N/NW und mehr nach NO/O gerichteten Vektoren bzw. Bewegungsschritten zusammen.

- Verf. (Brause 1983) analysierte, daß ein analoger Wechsel der Vorzugsrichtungen auch für die Zonen stärkerer Absenkung in *Weitungsbecken* der Molasseentwicklung im S Mitteleuropas gilt.
- Die Weitungsbewegungen führten außerdem zum Aufstieg granitoider Schmelzen durch Druckentlastung (s. o.).
- Die *regionale Entspannung förderte isostatische Teilbewegungen.* An den aus der Einspannung geratenen Teilschollen können die von Scholle zu Scholle differenzierten isostatischen Kräfte wirksam werden. Schollenteilbewegungen führten lokal zu stärkerer Abtragung molassoider Massen.
- Die *regionale Entspannung* führte zum *isostatischen Absinken ganzer Krustenabschnitte,* z. B. im Bereich der sich bildenden Mitteleuropäischen Senke (vgl. Abb. 3—*P*). Eine bemerkenswerte Einsenkungsfuge bildete sich auch über der mitteldeutschen Scheitelungszone aus. In dieser Zone vormals maximaler Kompression kommt es jetzt zur Kombination:
  - markanter Weitungstrog der *Saar-Saale-Senke,* mit dem Haupteinbruch von W nach O fortschreitend;
  - kräftiger Vulkanismus und Maximum von Granitaufstieg durch die Druckentlastung. Wahrscheinlich war hier vorher bei maximaler Kompression relativ reichlich granitoide Schmelze bereitgestellt worden.
- Innerhalb der Mitteleuropäischen Senke erhielten auch die Teilschollen des Ostelbischen Massivs wieder mehr selbständige vertikale Beweglichkeit. Nachdem in diesem früher aufsteigenden Teilbereich Namur B bis Stefan abtragungsbedingt fehlten (Schmidt und Franke 1977, Matveevskaja und Möbus 1977, Schmidt, Katzung und Franke 1977) führte die postorogen wirksam werdende Isostasie dazu, daß sich hier im Perm die Zone stärkster Absenkung innerhalb der Senke bildete.
- In die durch regionale Weitung und zusätzlich durch isostatische Kräfte absinkenden Teilgebiete kam es zu *Ingressionen.* Im Oberkarbon des nördlichen Mitteleuropas sind viele, geringmächtige *marine Horizonte* Zeugen einer *phasenhaften Ingression.* Der Zufluß aus dem Reservoir der Weltozeane war über die sich bildende Skandik-Spalte (Beurlen 1974) offenbar nur zeitweilig möglich.

Wir hatten oben ausgeführt, daß die Analyse der Vorzugsrichtungen der permokarbonen Vulkanite und der permokarbonen Senken des südlichen Mitteleuropas wechselnde Bewegungsschritte bei der NO-Verlagerung der zerfallenden Pangea wahrscheinlich macht. Im größeren Rahmen führten Bewegungen nach O zur Öffnung der noch schmalen Skandikspalte. Bewegungsschritte nach N zogen statt dessen ein zeitweiliges Schließen des Skandik nach sich. Dieser Mechanismus konnte so lange funktionieren, bis fortschreitende Drift den entstehenden Nordatlantik dauerhaft offenhalten konnte (Abb. 7).

Für den Zechstein ist die geschilderte Ereigniskombination eine *Modifikation der Barrentheorie.* Für das Zechsteinbecken des nördlichen Mitteleuropa wirken folgende Faktoren zusammen:

- Weitungssenke beim taphrogenen Zerfall der Pangea;
- isostatisches Absinken nach dem Lösen aus der großräumigen tektogenen Einspannung;
- lokale isostatische Modifikationen durch die ebenfalls begünstigte Einzelbewegung von Teilschollenbereichen;

- Durchgang des Gebietes durch die die Verdunstung begünstigende Klimazone nördlich des Äquators;
- Zeitweilige Ingressionen in die Senke durch die sich schrittweise öffnende und zwischenzeitlich wieder schließende Skandikspalte;
- zusätzliche Lösungszufuhr im Inneren des Beckens über tiefreichende Spalten denkbar.

Das letztgenannte Problem wurde schon sehr häufig diskutiert. Zuletzt sprachen LEEDER und WEBER (1984) vom Mansfelder Kupferschiefer als einem möglichen „submarin-hydrothermal-sedimentären Äquivalent der permischen Pb—Zn—Ag-Gänge". Es gibt gute Argumente für eine solche Lösungszufuhr. Aber auch die allgemeine Eindunstung wird nach dem oben skizzierten Modell verständlicher als bisher.

Es ist allgemein bekannt, daß auch im Zeitraum der Trias wechselnde Vorzugsrichtungen für die Einsenkungsräume Mitteleuropas vorliegen. Ausführliche Analysen lieferte dazu in mehreren Arbeiten WEBER (z. B. 1979, 1980, 1981).

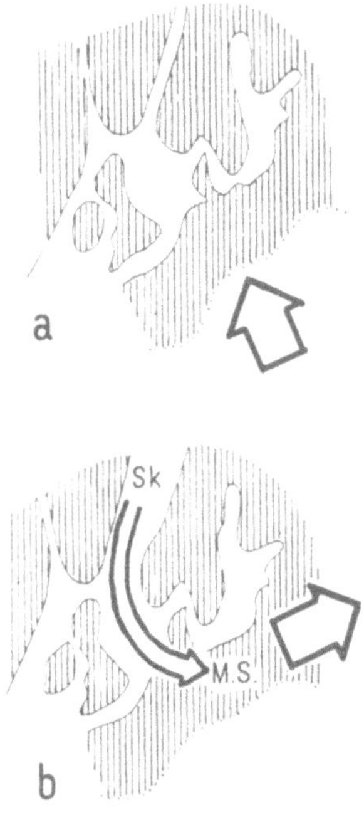

Abb. 7. Grobes Schema zur wechselnden Zuflußmöglichkeit in die Mitteleuropäische Senke (*M. S.*) über die Skandikspalte (*Sk*) im Permokarbon und im Perm

a) relatives Schließen bei N-Bewegungsschritten,

b) relatives Öffnen und Ingression bei E-Bewegungsschritten

Wenn wir für die Gesamtzeit des Permokarbons bis hin zum Zechstein und darüber hinaus mit richtungsmäßig wechselnden Schritten der regionalen Grundbewegung rechnen, ist das natürlich auch für die *Mineralisationsfragen* unseres Territoriums interessant. Über sich bildende Spalten konnten in der Gesamtzeit mineralisierte Lösungen aufsteigen oder auch austreten. Granitaufstieg, Vulkanitaufstieg und Erzmineralisation bekommen einen übergeordneten Zusammenhang. Driftbedingte, richtungsmäßig wechselnde Weitungsschritte provozieren den Aufstieg aller drei Komponenten. Für den Lösungsinhalt ist die allmähliche Abkühlung des bei der Pangea-Bildung aufgebauten Wärmereservoirs der Tiefe wesentlich. Mit Abb. 8 wird deutlich, daß die Mineralisationsalter des südlichen Mitteleuropas durchaus im Zusammenhang mit großräumigen Plattenbewegungen gesehen werden dürfen.

Bis zur endgültigen Abkühlung der bei der Pangea-Kompression gebildeten Schmelzen können in Weitungsbereichen magmatische Schmelzen, mineralisierte Hydrothermen und auch Volatile aus größerer Tiefe kombiniert auftreten. Jüngere Förderprodukte, z. B. im Zusammenhang mit den Öffnungsschritten des Atlantik, sind dann bevorzugt Vulkanite und z. B. auch Volatile aus dem Mantel (LEEDER 1983).

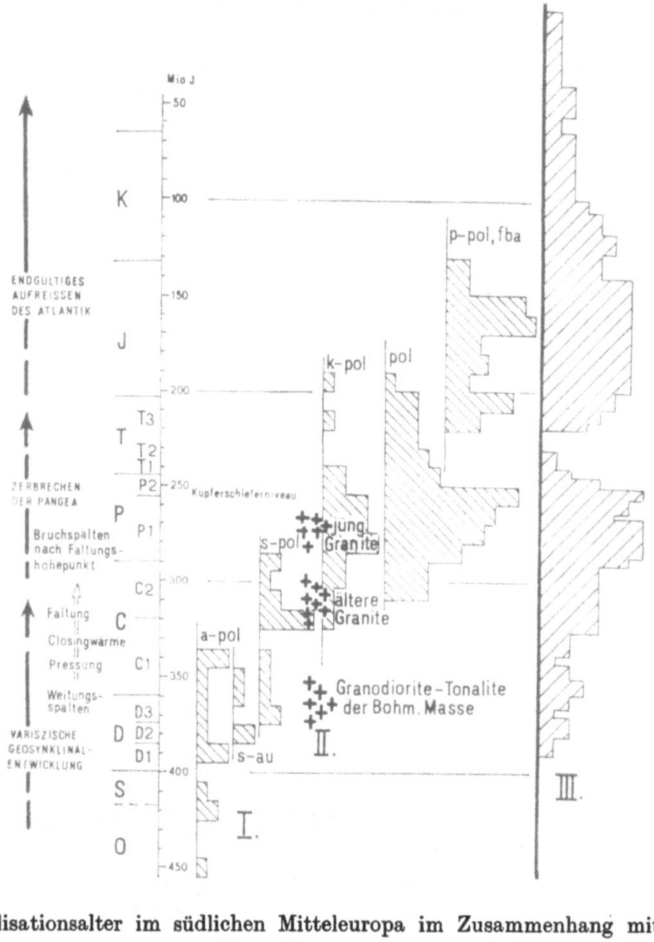

Abb. 8. Mineralisationsalter im südlichen Mitteleuropa im Zusammenhang mit großräumigen Plattenbewegungen.

I. — Bleiglanzalter der Böhmischen Masse (Pb^{208}/Pb^{207}) nach LEGIERSKI (1973/1979), II. — Granitoidalter, schematisch nach BERNHARD und BAUMANN (1979), III. — radiometrische (U—Pb, K—Ar) und geochemische ($Pb^{206/207}$, $^{32/34}S$, $^{18/16}O$) Alterskriterien mitteleuropäischer Mineralisationen nach BAUMANN & LEEDER (1979).

Die Geosynklinalentwicklung beginnt und endet im Barrandium früher als im Süden der DDR; es deutet sich an, daß auch Erzausscheidungen früher einsetzen. Das stark betonte Maximum bei etwa 250 Mio J. ist jünger als die variszische Tektogenese; es entspricht einer Hauptaktivität beim Auseinanderdriften der Pangea. Beim Aufreißen des Atlantiks bewegt sich die eurasiatische Großplatte nach O; dabei bildeten sich Spalten und Mineralisationen.

Dehnung — Kippung — Grabenbildung

Im Tafeldeckgebirge lassen sich häufig Schollenkippungen rekonstruieren. Ein gutes Beispiel publizierte MALKOVSKÝ (1975): Abb. 9. Für die Zeit des Aquitan bis Burdigal (? bis unteres Helvet) ergibt sich eine Einkippung des gesamten NW-Teils der ČSSR nach NW (Abb. 9b). Im NW kam es zur Sedimentakkumulation; auf die Senke im NW sind die Flußtäler ausgerichtet. Im darauffolgenden Zeitraum (? unteres Helvet —) Oberhelvet bis Untertorton ist eine Umkehr dieser Kippung realisiert. Der NW-Teil ist hochgekippt, die Flußsysteme sind auf die Karpatenvortiefe im SO ausgerichtet (Abb. 9a).

Zu solchen großräumigen Kippungen *gehören zwangsläufig Weitungen.* Erst diese schaffen den für die Kippung nötigen Raum. Das wird besonders deutlich, wenn bei der Weitung Förderspalten für Mantelmaterial aufreißen (Abb. 9b-rechts, Abb. 10).

Im lokalen Fall lassen sich Kippungszeiten bei günstigen Umständen genau einengen.

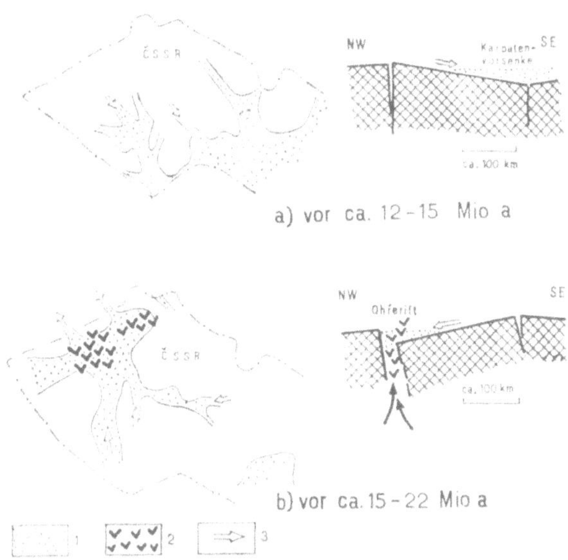

Abb. 9. Schollenkippungen während des Tertiärs; NW der ČSSR.
Stark vereinfacht nach MALKOVSKÝ (1975, Abb. 8).
1 — Sedimente, *2* — Neovulkanite, *3* — fluviatile Transportrichtung

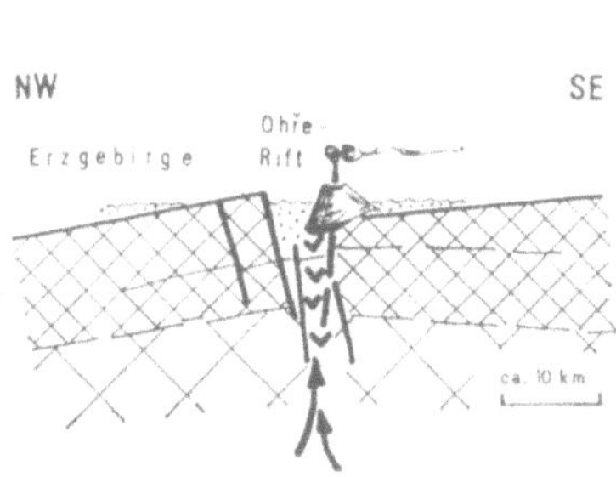

Abb. 10. Die Kippung der Erzgebirgsscholle ist mit der Weitung im Ohře-Rift gekoppelt.

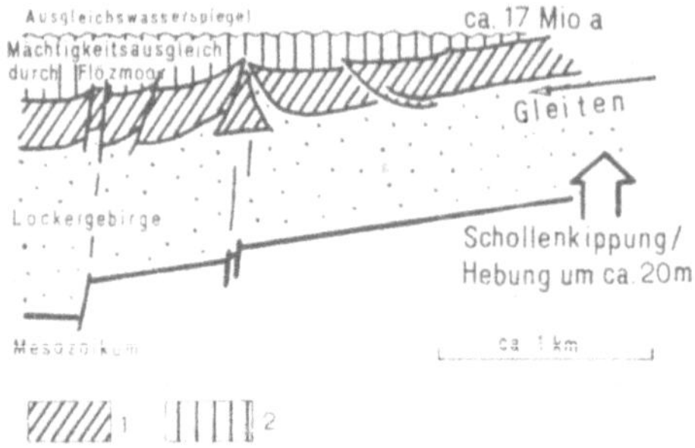

Abb. 11. Schematische Skizze zu einer regionalen Schollenkippung aus dem Raum südlich von Weißwasser. Die Schollenkippung führte zum Abgleiten, zu Gleitstörungen und Mächtigkeitsveränderungen in einem Kohlenflöz (vgl. Hahmann, 1979).
1 — Flözstraten 1—5, *2* — Flözstraten 6—7

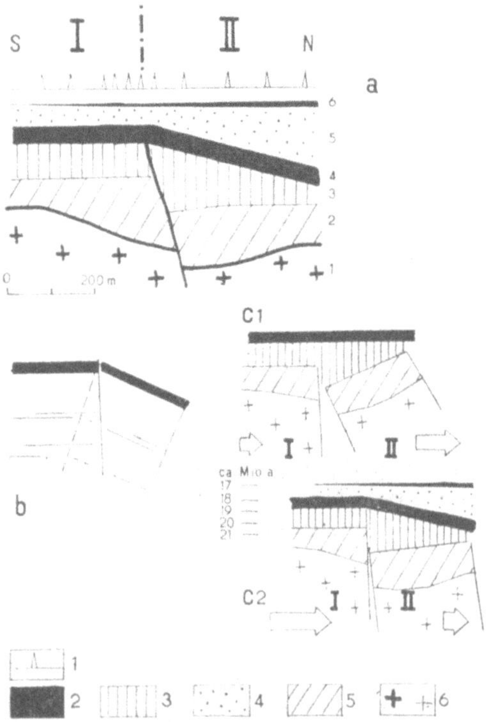

Abb. 12. Stark vereinfachter Schnitt aus einem Gebiet nördlich von Bautzen.
a — Befund, b — Eine Schollenkippung ist ohne Weitung nicht möglich, c1,c2 — Deutung durch mehrere laterale Bewegungsschritte.
1 — Bohrung, *2* — Braunkohle, *3* — Ton, *4* — vorwiegend Sand, *5* — Wechsellagerung von Sand und Ton, *6* — Kaolin

Mit Abb. 11 wird ein Beispiel skizziert, bei dem die regionale Kippung zeitlich auf ganz konkrete Straten eines Kohleflözes einzuengen ist. Die bereits etwas verfestigten tieferen Teile des Flözes glitten ab und verursachten beim leichten Aufstauchen schaufelförmige Kluft- und Störflächen. Der Mächtigkeitsausgleich nach der Kippung erfolgte bei diesem Beispiel innerhalb der Flözstraten 6 und 7.

Mit dem Beispiel der Abb. 12 werden weitere Feinheiten der tektonischen Bewegung verdeutlicht. Wieder ist ein Flöz (*4* in Abb. 12a) der Leithorizont, der primär horizontal gelegen haben muß. Für das Teilgebiet II belegen zahlreiche Bohraufschlüsse die heutige Schräglage des Flözes. Die Kippung auf diese heutige Lage ist ohne raumschaffende Weitung nicht denkbar (Abb. 12b). Eine Deutung wird bei der Auflösung in Bewegungsschritte möglich. Während der Ablagerung der Schicht *3* rotierte die Teilscholle II nach N und kippte dabei im S bis max. 25 m ein. Der Mächtigkeitsausgleich erfolgte während der Sedimentation der Schicht *3*. Darüber lagerte sich das Flöz *4* zunächst horizontal ab (Abb. 12 c1). Vor etwa 18—19 Millionen Jahren rückte die Teilscholle I nach N nach. Die Scholle III wurde dabei wieder „gerade" gekippt, und das Flöz der Schicht *4* kam in Schräglage. Der Mächtigkeitsausgleich zu diesem Bewegungsschritt erfolgte innerhalb der Schicht *5*. Das Flözchen der Schicht *6* (vor ca. 17 Mill. a) deckt dann den Schichtstapel normal und horizontal ab (Abb. 12 c2).

Aus diesen Beispielen ist abzuleiten:

— *Jede Schollenkippung setzt eine vorbereitende, raumschaffende Weitung voraus.*

— An den Rändern gekippter Schollen sind Begleiterscheinungen der Weitungen zu erwarten. Das können Grabenabsenkungen, Dehnungsmulden, Vulkanismus und auch Mineralisationen sein.

— Schollenkippungen werden damit Prognosekriterien für die Minerogenie.

Kompression — Gewölbespannung/Entspannung — Isostasie und Ingression

Im vorangegangenen Abschnitt wurden Beispiele zur Bewegung im weiteren Vorland des alpidischen Tektogens skizziert. Die Horizontalkomponenten der Bewegung sind innerhalb des alpidischen Tektogens um Größenordnungen größer. Vergegenwärtigen wir uns die Rahmenbedingungen (Abb. 13):

— Die großräumige Plattenbewegung Eurasiens nach N mußte etwa Ende Unterkreide zum Stehen kommen, als der zirkumpolare Ring von Kontinentplatten nahezu geschlossen war.

— Die afrikanische Großplatte wanderte weiter nordwärts.

— Beim „Kampf zwischen der afrikanischen und eurasiatischen Front" (Illies 1978) wurde die Tethysgeosynklinale ausgepreßt. Die „Fronten" sind dabei recht ungleich. Dem Kraton im S steht im N das wesentlich weniger stabile Schelfkrustengebiet Europas gegenüber. Die im O breitere Tethys wird durch das gegen den Uhrzeigersinn rotierende Afrika geschlossen.

— Beim Schließvorgang wurden an mehreren „Frontlinien" krustale Massen nach NO und N gepreßt. Die Decken des Apennins haben ihre Wurzelregion im Gebiet des heutigen Korsika und Sardinien. Die Deckenstapel der Alpen wurden aus dem Gebiet des heutigen Norditalien herausgepreßt (Günther 1973a, b, Udias 1975). Weitere Linien des Zusammenschubs und nordost- und nordwärtiger Deckenstapelung lagen im Raum der Karpaten und in SO-Europa.

Bei der Bildung der Deckenstapel des Alpen-Karpaten-Tektogens müssen für das mitteleuropäische „Vorland" folgende allgemeine Aussagen gelten:

a) In einer Anfangsetappe wird jeweils mehr und mehr Druckspannung aufgebaut. In abgeschwächter Form wird diese zunehmende Kompression auch auf das mitteleuropäische Vorland wirken. Einerseits ergeben sich dort Verschiebungs- und Rotationstendenzen. Andererseits bildete sich sicher eine Art Gewölbespannung aus. Die verschiedenen Altbauschollen werden aneinander gepreßt. Die vertikale und isostatische Eigenbeweglichkeit der Teilschollen ist durch die Kompression behindert. Die *Gewölbespannung bedeutet Hebungs- und damit Regressionstendenz.*

b) In der Folgeetappe wird die akkumulierte *Druckspannung mit den Deckenüberschiebungen gelöst.* Im mitteleuropäischen Vorland muß das zu einem *Zusammenbruch der Gewölbespannung* und damit zu *Senkungstendenz und Ingression* führen. Außerdem erhöht sich zur gleichen Zeit die vertikale Eigenbeweglichkeit von Teilschollen.

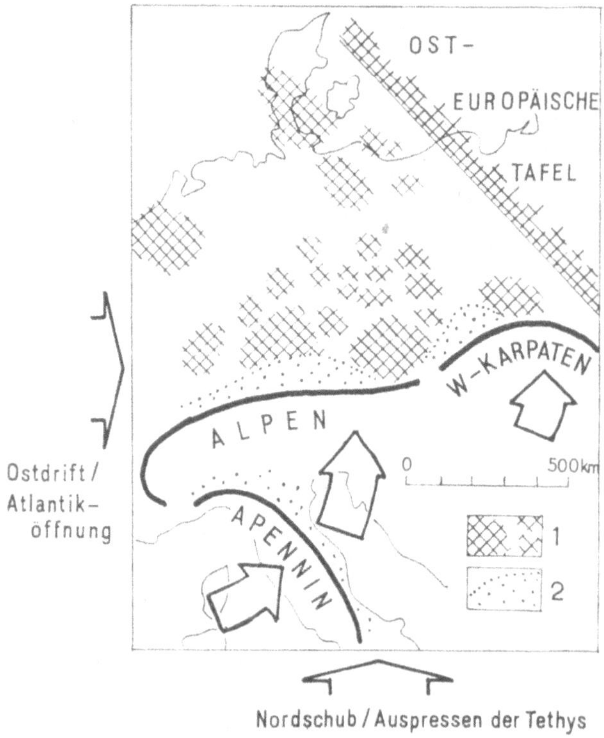

Abb. 13. Skizze zu geodynamischen Grundbedingungen für Mitteleuropa im Känozoikum. Erläuterung im Text.

1 — **präkambrisch angelegte Konsolidationsgebiete und Schollen (unvollständige Skizze),** *2* — **Hauptsenken der alpidischen Molasse**

Die Hauptschollengrößen der jungen Tektonik entsprechen der heutigen Lithosphärendicke (vgl. Abb. 1). Es wurden aber auch kleinere Scholleneinheiten bewegt und aktiviert.

Die tektonischen Phasen stärkerer Deckenüberschiebung im Alpen-Karpatenraum bedeuten Druckabbau. Für Mitteleuropa resultieren aus Wegfall der Gewölbespannung und Senkungstendenz Überflutungs- und oft auch regionale Flözbildungszeiten. Die zu gleichen Zeiten erhöhte vertikale Schollenbeweglichkeit führt *speziell in Flözen* oft deutlich zu einem „*Durchpausen*“ des Untergrundschollenmusters in die Faziesverhältnisse. Eine erste grobe Analyse scheint diesen Gedankengang zu bestätigen. Aus dieser vorgelegten allgemeinen Skizze sind viele, weiterführende Fragestellungen ableitbar.

Schlagen wir den Bogen zurück zu den eingangs gemachten Ausführungen zum Silur! Die relativ kurze, aber starke Absenkung und Überflutung weiter Teile Europas gehört zeitlich in die relative Druckentlastungsphase zwischen den Kompressionshöhepunkten der takonischen und jungkaledonischen Faltung. Die hohe Kompressionsspannung kurz vor dem Silur führte zu dem in weiten Gebieten Europas markanten Alterszahlenmaximum bei 450 Mill. Jahren.

Literatur

BANKWITZ, P.: Geologische Auswertung von geodätisch ermittelten rezenten Krustenbewegungen im Gebiet der DDR. — Petermanns Geograph. Mitt., Gotha **115** (1971) 2, S. 130—140.

BENEK, R.; RÖLLIG, G.; EIGENFELD, F.; SCHWAB, M.: Zur strukturellen Stellung des Magmatismus der Subsequenzperiode im DDR-Anteil der mitteleuropäischen Varisziden. — Veröff. Zentralinst. Phys. d. Erde, Potsdam **14** (1973) 1, S. 203—244.

BEURLEN, K.: Die geologische Entwicklung des Atlantischen Ozeans. — Geotekt. Forsch., Stuttgart **46** (1974), S. 1—69.

BRAUSE, H.: Das verdeckte Altpaläozoikum der Lausitz und seine regionale Stellung. — Abh. deutsche Akad. Wiss. Berlin, Kl. Bergb., Hüttenw. u. Montangeol., Berlin (1969) 1, 143 S. (= Dissertation BA Freiberg, 1967).

—: Ur-Europa und das gefaltete sächsische Paläozoikum. — Ber. Deutsche Ges. Geol. Wiss., Berlin A 15 (1970) 3, S. 327—367.

—: Variszischer Bau und „Mitteldeutsche Kristallinzone“. — Geologie, Berlin **19** (1970) 3, S. 281—292.

—: Paläodrift-Tektonik in Mitteleuropa. — Z. angew. Geol., Berlin **21** (1975) 7, S. 338—349.

—: Probleme des Krustenbaus und der geotektonischen Entwicklung auf der Geotraverse Baltikum — DDR — Česky massif. — Schriftenr. geol. Wiss., Berlin **15** (1979), S. 5—36.

—: Schelfkruste und Drift — konsequente Fortsetzung der v. BUBNOFF'schen Aussagen. — Z. geol. Wiss., Berlin **7** (1979) 2, S. 183—191.

—: Mobilistische Aspekte zur Zonengliederung des mitteleuropäischen variszischen Tektogens. — Z. geol. Wiss., Berlin **7** (1979) 9, S. 1113—1127.

—: Differentialmobilismus. — Z. geol. Wiss., Berlin **8** (1980) 4, S. 405—414.

—: Nutzen und Probleme des Zyklendenkens. Zu Bedingungen des Magmatismus am Ende des variszischen geotektonischen Zyklus. — Z. geol. Wiss., Berlin **11** (1983) 12, S. 1405—1416.

BRAUSE, H.; BEUTLER, G.: Beitrag zum mesozoischen Bewegungsbild Mitteleuropas. — Z. geol. Wiss., Berlin **5** (1977) 10, S. 1183—1192.

GÜNTHER, K.: Ergebnisse meeresgeologischer und geophysikalischer Untersuchungen in der nördlichen Tyrrhenis und im Ligurischen Meer und ihre Konsequenzen für die Deutung der Orogenese des Nordapennins. — N. Jb. Geol. Paläont. Abh., Stuttgart **142** (1973), H. 2, S. 191 bis 264 und H. 3, S. 265—296.

HAAKE, R.: Zur Altersstellung granitoider Gesteine im Erzgebirge. — Geologie, Berlin **21** (1972) 6, S. 641—676.

HAHMANN, H.-G.: Die endogen-tektonischen Überschiebungen im 2. Lausitzer Flöz des Tagebaues Nochten-West. — Z. geol. Wiss., Berlin **7** (1979) 2, S. 293—297.

HOTH, K.; BRAUSE, H.; FREYER, G.; LORENZ, W.; PÄLCHEN, W.; WAGNER, St.: Neue Ergebnisse zur Gliederung des Proterozoikums im Erzgebirge — Západné Sudety/Sudety Zachodnie — Antiklinorium und an seiner Nordflanke. — Wiss. Z. Ernst-Moritz-Arndt-Universität, Math.-nat.wiss. Reihe, Greifswald **34** (1985) 4, S. 5—13 (+64).

ILLIES, H. in: CLOSS, H.; ROEDER, D.; SCHMIDT, K.: Alps, Apennines, Hellenides. — Stuttgart 1978.

JAEGER, H.: Das Silur und Unterdevon vom thüringischen Typ in Sardinien und seine regionalgeologische Bedeutung. — Nova Acta Leopoldina, Halle, NF **45** (1976) Nr. 224, S. 263—299.

KÖLBEL, B.: Zu einigen Problemen der Intraplattentektonik. — Z. angew. Geol., Berlin **29** (1983) 7, S. 305—311.

KRAMER, W.: Vergleichende geochemisch-petrologische Untersuchungen an permosilesischen basischen Magmatiten der Norddeutsch-Polnischen Senke und ihre geotektonische Bedeutung. — Z. geol. Wiss., Berlin **5** (1977) 1, S. 7—20.

KRAMER, W. u. a.: Geochemisch-petrologische Kennzeichnung von Basitformationen und Krustenentwicklungen im kontinentalen und ozeanischen Bereich. — Vortrag GGW, Potsdam 14. 3. 1984.

LEEDER, O.: Einflüsse von Mantelprozessen auf Paragenesen in Gesteinen und Lagerstätten. — Freib. Forschungsh., Leipzig C **383** (1983), 144 S.

—: Gesteins- und lagerstättenbildende Vorgänge im Rahmen der mitteleuropäischen Arkogenese. — Vortrag GGW, Potsdam 14. 3. 84.

LEEDER, O.; WEBER, W.: Arkogene und minerogenetische zyklische Prozesse im nachvariszischen Europa. — Z. geol. Wiss., Berlin **12** (1984) 1, S. 65—82.

MALKOVSKÝ, M.: Paleogeography of the Miocene of the Bohemian Massif. — Věstn. Ústř. úst. geol., Praha **50** (1975) 1, S. 27—31.

MATVEEVSKAJA, A. L.; MÖBUS, G.: Zur vergleichenden Charakteristik der variszischen Strukturen Südsibiriens und Mitteleuropas. — Veröff. Zentralinst. Phys. d. Erde, Potsdam **44** (1977), S. 189—215.

MUCKE, D.; KRAMER, W.: Beziehungen zwischen Magmatiten und Sedimenten in sedimentären Komplexen. — Z. geol. Wiss., Berlin **1** (1973) 5, S. 531—548.

OLSZAK, G.; THIERBACH, H.: Einige geologisch-geophysikalische Strukturelemente der Norddeutsch-Polnischen Senke und ihre möglichen Beziehungen zu Tiefenbau und Entwicklung dieses Krustenabschnittes. — Z. geol. Wiss., Berlin **1** (1973) 2, S. 155—172.

RAST, H.: Zu einer Modellvorstellung über Zusammenhänge zwischen Vulkanismus und Plattentektonik mit besonderer Berücksichtigung von Paläovulkanismus und Intraplattentektonik in Mitteleuropa. — Geophys. u. Geol., Geophys. Veröff. d. KMU Leipzig, Berlin **III** (1985) 2, S. 79—105.

RÖSLER, H.-J.; WERNER, C.-D.: Petrogenetische Entwicklung des initialen Magmatismus im mitteleuropäischen Variszikum in Abhängigkeit vom Strukturbau. — Z. geol. Wiss., Berlin **7** (1979) 9, S. 1107—1112.

—: Petrologie und Geochemie der variszischen Geosynklinalmagmatite Mitteleuropas. Teil I. — Freib. Forschungsh., Leipzig C **336** (1979), 265 S.

SCHMIDT, K.; FRANKE, D.: Zur lithologisch-faziellen Entwicklung des Präperms im Nordteil der DDR. — Z. angew. Geol., Berlin **23** (1977) 11, S. 541—548.

SCHMIDT, K.; KATZUNG, G.; FRANKE, D.: Zur Entwicklung des präpermischen Untergrunds und des Magmatismus im südwestlichen Vorfeld der Osteuropäischen Tafel. — Z. angew. Geol., Berlin **23** (1977) 9, S. 426—436.

SCHROEDER, E.: Probleme des Initialmagmatismus in den mitteleuropäischen Varisziden. — Veröff. Zentralinst. Phys. d. Erde, Potsdam **44** (1977) 1, S. 65—73.

SCHWAB, G.; SÖLLIG, A.; TESCHKE, H.-J.: Zur Entwicklung der Spannungsverteilung im Tafeldeckgebirge der Mitteleuropäischen Senke. — Z. geol. Wiss., Berlin **7** (1980) 3, S. 315—332.

SCHWAB, G.: Paläotektonische, neotektonische und rezente Krustenbewegungen im Gebiet der DDR. — Z. geol. Wiss., Berlin **9** (1981) 11, S. 1223—1236.

SCHWAB, G.; BENEK, R.; JUBITZ, K.-B.; TESCHKE, H.-J.: Intraplattentektonik und Bildungsprozeß der Mitteleuropäischen Senke. — Z. geol. Wiss., Berlin **10** (1982) 3, S. 397—412.

STRIEGLER, R.; STRIEGLER, U.: Bemerkungen zu den variszischen Faltungen in Mitteleuropa. — Z. geol. Wiss., Berlin **7** (1979) 12, S. 1393—1409.

UDÍAS, A.: Seismicity and possible plate boundary relations in the Western Mediterranean. — XIV th General Assembly of ESC Triest 1974, Berlin (1975), S. 395—400.

WEBER, W.: Zur synsedimentären Tektonik des Oberperms in Mitteleuropa. — Z. geol. Wiss., Berlin 7 (1979) 7, S. 871—878.

WEBER, W.; BAUMANN, L.; LEEDER, O.: Zur minerogenetischen Bedeutung der Krustenbewegungen im Vorfeld der Osteuropäischen Tafel. — Z. geol. Wiss., Berlin 8 (1980) 5, S. 577—591.

WEBER, W.: Tektonische Entwicklung von Tiefenbrüchen im Zentralteil Mitteleuropas (russisch). — Geotektonika, Moskau (1981) 1, S. 46—57.

WETZEL, H.-U.: Aspekte der bruchtektonischen Gliederung des Osterzgebirges. — Z. geol. Wiss., Berlin 10 (1982) 5, S. 635—644.

—: Spätvariszische Bruchtektonik und Gangmagmatite im Osterzgebirge. — Vortrag, Freiberg, 10. 11. 1983.

ZONENSHAIN, L. P.; GORODNIZKI, A. M.: Paläozoische und mesozoische Rekonstruktion der Kontinente und Ozeane (russ.). — Geotektonika, Moskau (1977) 2, S. 3—23 und 3, S. 3—24.

Geophysikalische Tiefenerkundung und Krustengenese in präkambrischen Kristallineinheiten

S. WAGNER[1]

Zusammenfassung: Auf der Grundlage geophysikalischer Daten, besonders von tiefenseismischen Messungen, wird für die Entwicklung der präkambrischen Kristallineinheiten im Süden der DDR eine litho- bzw. chronostratigraphische Gliederung abgeleitet. Für die Gesteinsserien in einer Tiefe von 15–20 km (CONRAD-Diskontinuität) erhält man ein Alter > 1800 Mill. Jahre. Zu diesem Zeitpunkt ist mit der Svekokareliden-Tektogenese eine starke metamorph-magmatische Prägung der Erdkruste gegeben. Diese Zeitmarke (vor ca. 1900 Mill. J.) wird der CONRAD-Diskontinuität zugeordnet. Sie trennt damit eine unterproterozoische Unterkruste von einer mittelproterozoischen Oberkruste.

Summary: On the base of geophysical data, especially of deep-seismic measurements, there is deduced a lithostratigraphic and chronostratigraphic division resp. for the development of the Precambrian cristalline complexes in the south of the GDR. For the rock series in the depth of 15–20 km (CONRAD-discontinuity) we get an age greater than 1800 mill. years. In that time a strong metamorphic-magmatic characterization is given by the Svecocareliden tectogenesis. This time mark (about 1900 mill. y. ago) is attributed to the CONRAD-discontinuity. It separates in that case an underproterozoic lower part of the crust from a middleproterozoic-phanerozoic upper part of the crust.

1. Einleitung

Eine Zielstellung der komplexen Bearbeitung geophysikalischer und geologischer Daten ist deren Umsetzung in rezente geologisch-geophysikalische Krustenschnitte.

Die Mehrdeutigkeit solcher Krustenschnitte kann durch die Nutzung von Meßergebnissen verschiedener geophysikalischer Methoden unter Zuhilfenahme petrophysikalischer Labordaten mittels quantitativer Modelle eingeschränkt werden. Auf der Grundlage der rezenten komplexen Krustenschnitte werden die daraus abzuleitenden krustendynamischen und krustengenetischen Vorgänge betrachtet.

Von den geophysikalischen Meßmethoden zur Tiefenerkundung besitzen die reflexionsseismischen Steilwinkelmessungen das wohl beste Auflösungsvermögen. Die reflexionsseismischen Untersuchungen werden meist an refraktionsseismische Messungen zur Ermittlung der Geschwindigkeits-Tiefen-Funktion und zur Korrelation der Hauptkrustengrenzen (MOHOROVIČIĆ-Diskontinuität, CONRAD-Diskontinuität) gekoppelt.

Die Ergebnisse derartiger Messungen im Südteil der DDR bilden die Grundlage für die im folgenden vorgenommene Tiefenextrapolation geologischer Oberflächenbefunde unter litho- bzw. chronostratigraphischen Gesichtspunkten.

Das internationale Tiefenseismikprofil STSVI (KNOTHE, 1972) quert die Erzgebirgs-

[1] Dr. St. WAGNER, AdW der DDR; Heinrich-Hertz-Institut, 1824 Niemegk.

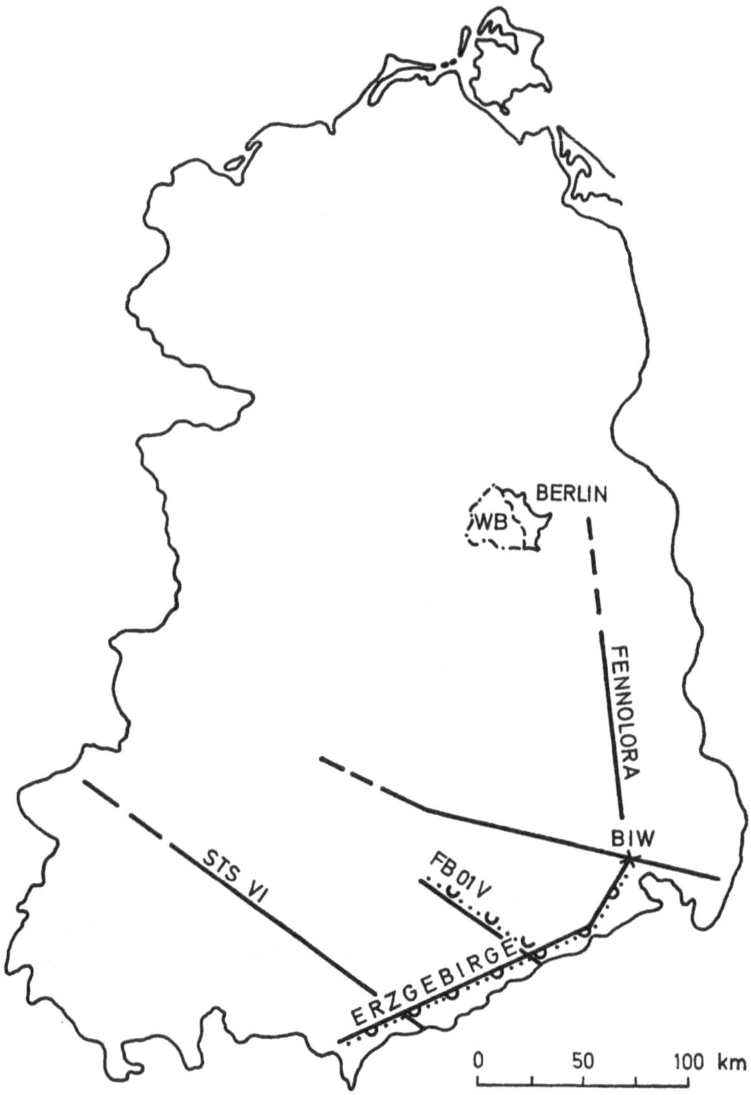

——— Ra-seism. Tiefenprofile
υ...υ... Rx-seism. Steilwinkelmessungen
BIW Bischofswerda

Abb. 1. Seismische Tiefenprofile im SE-Teil der DDR

antiklinalzone von SE nach NW. Im Streichen der Antiklinalzone liegen die reflexionsseismischen Tiefenprofile „Erzgebirge-Vogtland", die auch das Elbtal-Synklinorium überqueren und im Lausitzer Granit-Granodioritmassiv enden.

Das im sächsischen Granulitgebirge beginnende reflexionsseismische Profil FB01V (Bölsche und Kresser, 1978, 1980) kreuzt im Randbereich des Granits von Flaje das Profil „Erzgebirge—Vogtland" (Abb. 1).

Das Wellenfeld im reflexionsseismischen Zeitschnitt deutet in stärkerem Maße auf ein geschichtetes Medium hin, als es bisher allgemein angenommen wurde. Die durchschnittliche Ausbreitungsgeschwindigkeit der seismischen Longitudinalwellen steigt für den Gesamtbereich der Erdkruste in der Erzgebirgsantiklinalzone nicht wesentlich über 6,0 km · s^{-1} an. Die niedrigen Geschwindigkeiten weisen auf eine saure bis intermediäre Zusammensetzung der Kruste hin. Die aus der Dispersion von Rayleigh-

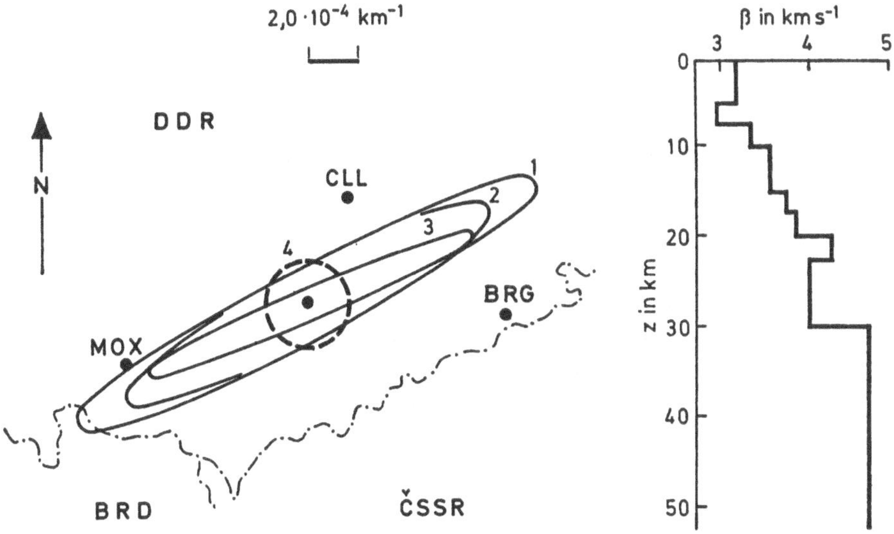

Abb. 2. Anisotropieellipse im Stationsdreieck Moxa-Collm-Berggießhübel und Scherwellengeschwindigkeits-Tiefen-Funktion (nach Neunhöfer, 1985)

wellen abgeleitete Scherwellengeschwindigkeits-Tiefen-Funktion (Neunhöfer, 1980) stützt diese Aussage. Charakteristisch sind eine Geschwindigkeitsinversion in der oberen Kruste (granitbetonte Krustenabschnitte) und eine deutliche Geschwindigkeitszunahme an der Conrad-Diskontinuität mit gebietsweiser Ausbildung einer Hochgeschwindigkeitszone ($v_p > 7{,}0$ km · s^{-1}) bei durchschnittlichen Unterkrustengeschwindigkeiten von 6,2—6,8 km · s^{-1} für die Longitudinalwelle. Die Mohorovičić-Diskontinuität liegt in einer Tiefe von ca. 30 km (Abb. 2).

Die Heterogenität der bei reflexionsseismischen Untersuchungen zur Erdoberfläche zurückgestreuten seismischen Energie führt zu einem Stoff- und Strukturmodell für die Erdkruste, das folgende Voraussetzungen erfüllen muß:

– inhomogener Krustenbau mit Gesteinskörpern bzw. Gesteinsschichten von einigen 100 m Mächtigkeit;

- deutliche Unterschiede in den physikochemischen Parametern der Gesteinsschichten, d. h. Wechsellagerung saurer und basischer Gesteine mit je nach Tiefe unterschiedlichen Anteilen;
- vertikal verfolgbare Reflexionselementhäufungen flankieren tektonische Störungszonen bzw. Aufstiegskanäle von Magmen bis in den oberen Erdmantel;
- die Conrad-Diskontinuität trennt eine saure Oberkruste von einer „basischeren" Unterkruste.

Die seismischen Ergebnisse zeigen deutliche Unterschiede im geologischen Krustenbau der Struktureinheiten im Süden der DDR. Die Erzgebirgsantiklinalzone läßt sich durch markante Unterschiede in den Reflexionsbildern gliedern. Die Lausitzer Antiklinalzone hebt sich als eine separate Struktureinheit mit eigenständigen Krustenmerkmalen ab. Granulitgebirge, Zentralsächsisches Lineament und Osterzgebirge lassen sich im Tiefenbau voneinander abgrenzen.

2. *Geologische Interpretation der seismischen Daten*

Die tiefenseismischen Untersuchungen belegen einen Blockschollenbau für die Erdkruste in Mitteleuropa. Ein petrologisches Modell gilt demzufolge exakt nur innerhalb einer Blockstruktur und variiert in lateraler sowie vertikaler Richtung selbst in dieser noch, so daß einzelne Teilblöcke oder Teilstrukturen ausgegliedert werden können. Trotzdem führt ein Vergleich der verallgemeinerten Geschwindigkeits-Tiefenfunktion für Zentraleuropa (Mueller, 1977) mit den Daten der Erzgebirgsantiklinalzone zu prinzipieller Übereinstimmung im generellen Verlauf. Das ist möglich, wenn eine im wesentlichen einheitliche Krustenentwicklung vorliegt. Da dieser vermutete petrologische Aufbau auf einzelne Gesteinskomplexe oder Schichten übertragbar zu sein scheint, kann ein zeitlich differenziertes, doch weitgehend chronologisches Wachsen der Kruste in Zentraleuropa angenommen werden.

3. *Rayonierung nach geophysikalischen Potentialfeldern*

3.1. Gravimetrische Rayonierung

Das Minimum des Erzgebirges stellt im Bereich der mitteleuropäischen Variszıden nach Fläche und Amplitude das größte gravimetrische Minimum dar. An der Südwest- und Nordostflanke des Minimums liegen die Maxima der Münchberger Masse und der Lausitzer Antiklinalzone. Vom Ostteil des regionalen Minimum, dem Minimum der Jizerske hory-Krkonose, gibt es eine deutliche Fortsetzung nach NW zum Minimum von Wegliniec bzw. zum Rietschener Schweretief (Lindner, 1972). Für dieses Gebiet sind ähnliche Krustenverhältnisse anzunehmen. Im Bouguerschwerefeld lassen sich im Erzgebirge als auch in der Lausitzer Antiklinalzone mindestens zwei Teileinheiten ausgliedern. Das Granulitgebirge bildet sich als relatives Maximum ab. Nach Conrad u. a. (1983) kann die Mohorovičić-Diskontinuität in ihrem Relief dem Verlauf des gravimetrischen Erzgebirge — Západné Sudety/Sudety Zachodnie — Minimum entsprechen, macht in der Amplitude jedoch nur ca. 20% der Gesamtschwerewirkung des Minimums

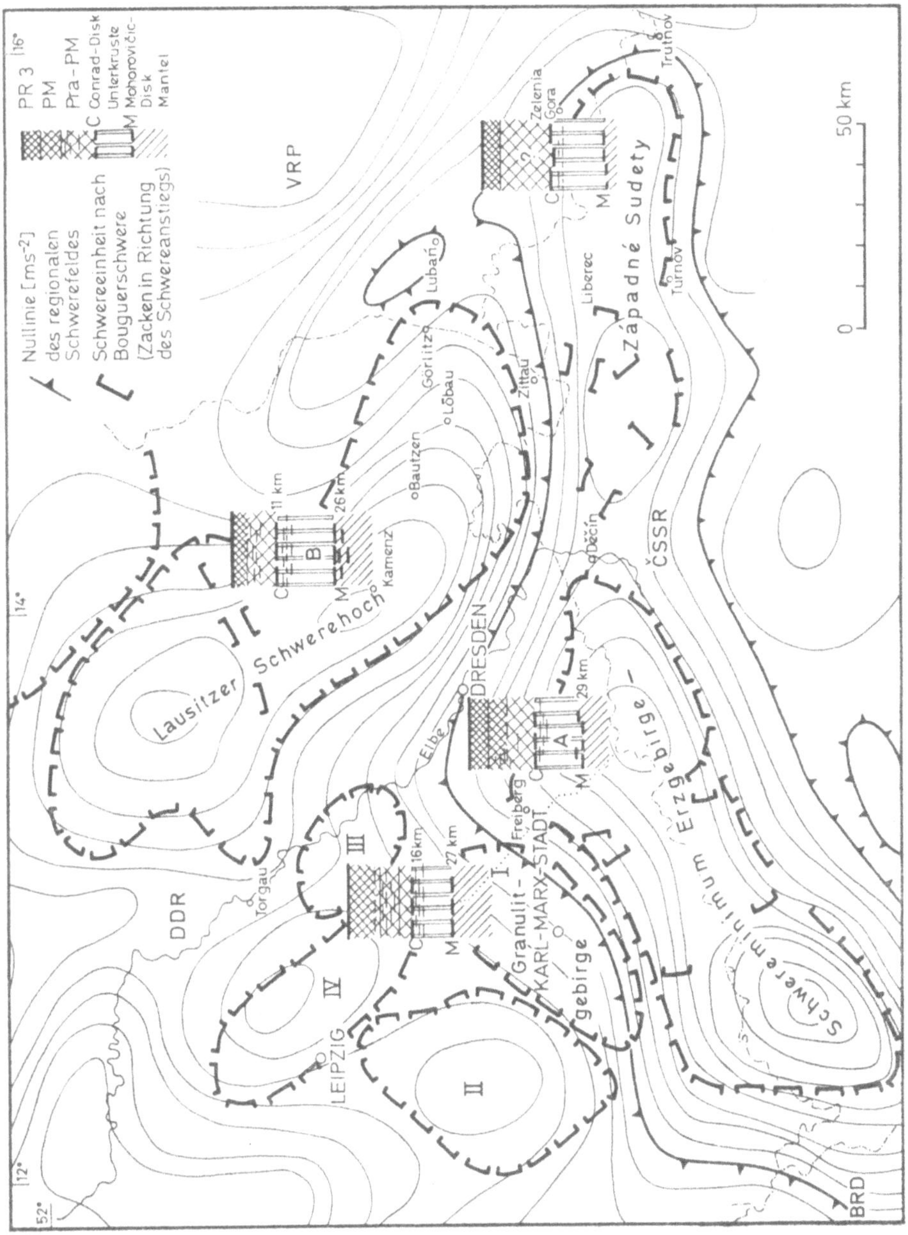

Abb. 3. Regionales Schwerefeld (GRIFFIN $r = 5\sqrt{5}$ km) nach IBRMAJER (1981)

aus. Nach gravimetrischen Daten (Conrad, 1980) liegt die Mohorovičić-Diskontinuität im Erzgebirge in einer Tiefe von 31–32 km. Die restliche Schwerestörung muß im wesentlichen der Dichtedifferenz zwischen granitoiden Gesteinen bzw. katazonalen Gneisen und den sie umgebenden meso- bzw. epizonalen kristallinen Schiefern sowie dem Relief der Basis der granitoiden Gesteine zugeschrieben werden. Spezielle Berechnungen wurden dazu von Polansky (1973) vorgenommen.

Die im Westteil bis zum Elbelineament SW–NE streichende und im Ostteil in die NW–SE-Richtung einschwenkende Anlage des Gesamtminimums dürfte durch tiefere Diskontinuitäten, d. h. die Mohorovičić- und die Conrad-Diskontinuität, hervorgerufen werden (Conrad u. a. 1983). Nach der unterschiedlichen Mächtigkeit der Unterkruste und nach Unterschieden in den dichtebedingten Reflexionseigenschaften ergibt sich eine Gliederung in basitärmere (*A*) und basitreichere Unterkrusteneinheiten (*B*) (Abb. 3).

Die relativ engräumig wechselnden Verhältnisse zwingen zur Annahme entsprechender Unterschiede der in der Tiefe vorliegenden petrophysikalischen Parameter.

3.2. Erdmagnetisches Regionalfeld im Bereich der Erzgebirgsantiklinalzone

Die nach dem regionalen Schwerebild gewonnene Dreiteilung der Erzgebirgsantiklinalzone zeichnet sich auch im magnetischen Feld sowohl nach dem Charakter und Niveau der Feldwerte als auch durch markante lineare Elemente an den trennenden Störungszonen ab (Conrad u. a., 1983).

Der Freiberg-Fürstenwalder Teilblock besitzt vorwiegend hohe magnetische Feldwerte um 125 nT bei einem insgesamt sehr ruhigen Isanomalienbild. Im Annaberg–Marienberger Teilblock treten niedrigere Feldwerte um 80 nT für die ΔZ-Komponente mit zahlreichen kleinräumigen Anomalien auf. In der Westerzgebirgisch-Vogtländischen Querzone liegen die ΔZ-Werte bei 100 nT, und mit Ausnahme der von Kontakthöfen eingenommenen Flächen ist ein ruhiges Isanomalienbild zu verzeichnen. Das magnetische Anomalienbild der Lausitzer Antiklinalzone ähnelt dem des Osterzgebirges. Die ΔZ-Werte liegen um 125 nT in einem insgesamt ruhigen Niveau, das nur in den Randbereichen der Antiklinalzone bzw. ihrer Teilblöcke durch höhere Werte von variszischen Plutoniten und tertiären Vulkaniten gestört wird. Magnetisch besonders deutlich zeichnet sich die NW–SE verlaufende Flöha-Querzone ab. Die Anomalien werden durch die serpentinisierten Peridotite von Zöblitz und Seiffen hervorgerufen. Gleichzeitig ist mit der Flöha-Querzone ein Niveausprung der magnetischen Feldwerte (ca. 50 nT für ΔZ) vom Annaberg–Marienberger Teilblock zum Freiberg–Fürstenwalder Teilblock verbunden.

Lokale Vorkommen basischer und ultrabasischer Gesteine innerhalb der Vogtländisch-Mittelsächsischen Synklinalzone führen zu ΔZ-Werten > 200 nT. Mehrere kleinräumige positive magnetische Anomalien im Schiefermaterial des Granulitgebirges zeichnen die ellipsenförmige antiklinalartige Grundgebirgseinheit nach.

Basische Magmatite bzw. oberdevonische Diabase rufen im Elbtalsynklinorium magnetische Anomalien hervor. Ein unruhiger Isanomalenverlauf und erhöhte magnetische Feldwerte charakterisieren auch den Bereich der Lausitzer Überschiebung als eine tektonische Schwächezone.

3.3. Geoelektrisches Feld im Bereich der Erzgebirgsantiklinalzone

Nach den im mitteleuropäischen Raum ermittelten Ergebnissen langperiodischer Variationen (0,5 bis 2 h) zeigt sich, daß das Erzgebirge als ein Teil eines relativ hochohmigen Kerns in ein relativ niederohmiges Gebiet eingebettet ist (Porstendorfer und Göthe 1977). In der von Ritter (1977) zusammengestellten Europa-Karte der normierten ΔZ-Komponente geomagnetischer Variationen im Periodenbereich 1200 bis 3600 s zeichnet sich das Erzgebirge ebenfalls als Teil eines etwa NE—SW streichenden

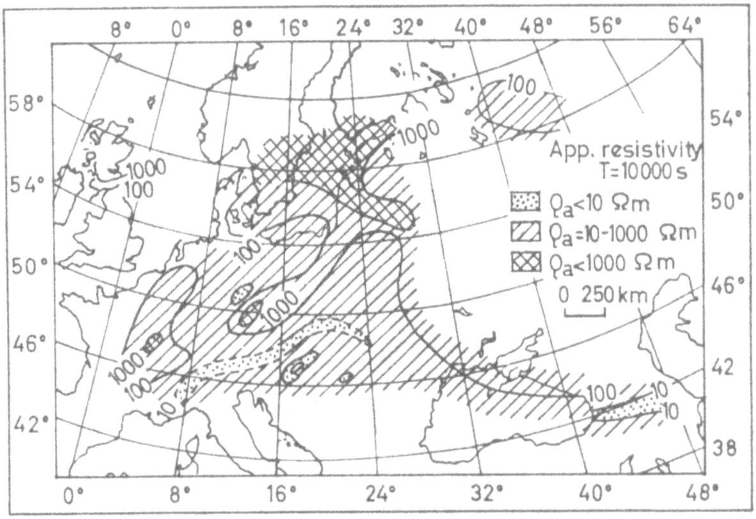

Abb. 4. Scheinbarer spezifischer Widerstand für Mitteleuropa (nach Porstendorfer und Göthe, 1977)

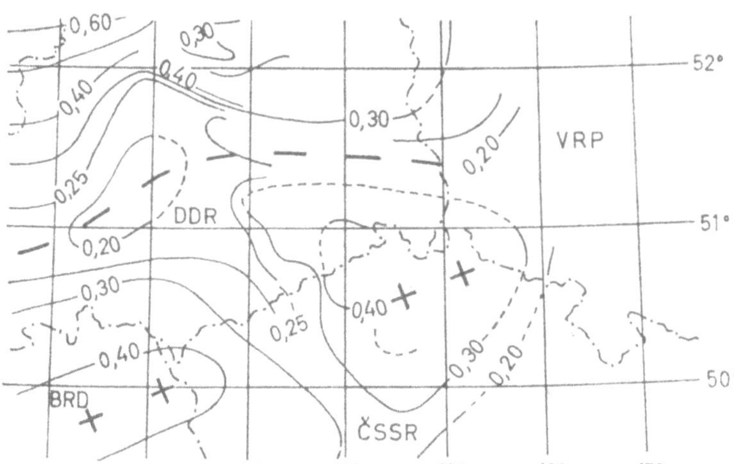

Abb. 5. „Feinstruktur" der normierten ΔZ-Komponente geomagnetischer Variationen im Perioden bereich 1200 bis 3600 für den Südteil der DDR (nach Porstendorfer und Ritter, 1979)

Gebietes relativ hoher ΔZ-Komponenten ab. Eine Untergliederung des engeren Erzgebirgsbereiches aufgrund der Meßwerte der geomagnetischen Tiefensondierung erfolgte auf dem Profil Granulitgebirge—Osterzgebirge und wurde in der ČSSR bis Vranany weitergeführt (Porstendorfer, Ritter, 1979). Die Zentralsächsische Lineamentzone zeichnet sich durch ein ΔZ-Minimum bzw. eine Zone mit antiparallelem Verhalten von Real- und Imaginärteil als Ausdruck relativ guter Leitfähigkeit in der Oberkruste ab. Ein entsprechendes Ergebnis wurde für das Gebiet des Nordböhmischen Lineaments erhalten, so daß beide Lineamentzonen mit ΔZ-Minima den Erzgebirgsraum mit seinem relativen ΔZ-Maximum begrenzen (Abb. 4 und 5).

3.4. Geothermische Rayonierung der Grundgebirgseinheiten im Süden der DDR

Die Fichtelgebirgisch-Erzgebirgische Antiklinalzone wird durch eine positive Anomalie der Wärmestromdichte mit Werten von $q = 90\ \text{mW} \cdot \text{m}^{-2}$ gekennzeichnet. Zur Sächsischen Kreidemulde fallen die Werte auf $q < 60\ \text{mW} \cdot \text{m}^{-2}$ ab. Im Westteil der Antiklinalzone vollzieht sich ein langsamer Abfall der Wärmestromwerte auf $q = 70\ \text{mW} \cdot \text{m}^{-2}$. Die Lausitzer Antiklinalzone weist mit $q = 60\ \text{mW} \cdot \text{m}^{-2}$ einen mittleren Wärmestromwert auf. Das Sächsische Granulitgebirge hebt sich in der Wärmestromkarte (Oelsner und Hurtig, 1979) nicht als Anomalie ab. Allerdings lassen die wenigen Wärmestrommessungen im Südteil der DDR keine gesicherte Isolinienkarte zur Abgrenzung lokaler Anomalien zu (Abb. 6). Nach Oelsner und Hurtig (1979) deutet sich im Freiberger Raum eine positive Achse der Wärmestromdichte an, die lagemäßig etwa mit dem Tiefenbruch Nossen—Marienberg—Jöhstadt korreliert.

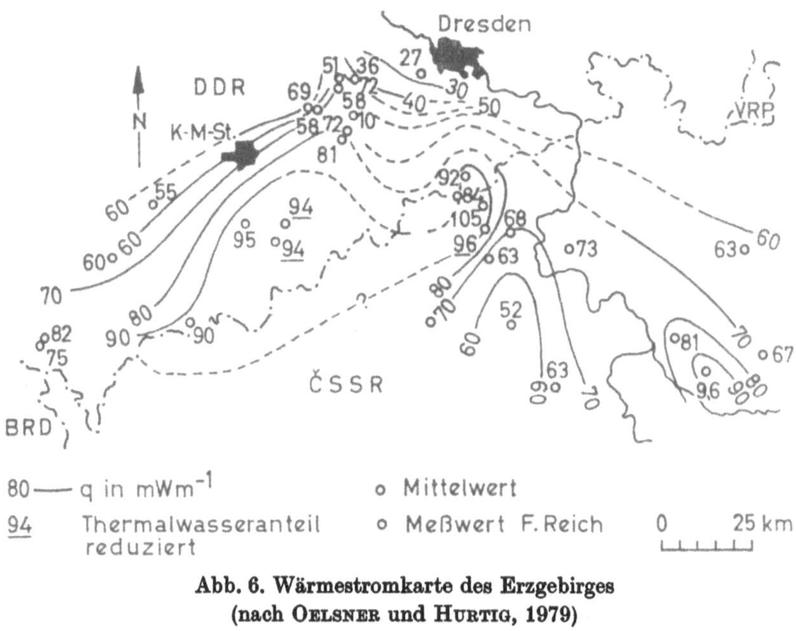

Abb. 6. Wärmestromkarte des Erzgebirges (nach Oelsner und Hurtig, 1979)

Die niedrigen Wärmestromwerte bei Großschirma und bei Reinsberg (38 mW · m^{-2}) sowie der niedrige Wärmestromwert in Freital, von SCHÖSSLER und SCHWARZLOSE zu 27 mW · m^{-2} bestimmt, kennzeichnen krustale Unterschiede zur Erzgebirgsantiklinalzone. Dabei besteht ein Zusammenhang zwischen den Anomalien der horizontalen Krustendeformationen (THURM u. a. 1977) und den starken Wärmestromgradienten (OELSNER, HURTIG; 1979). Die nordwestliche Begrenzung des Wärmestromhochs korreliert lagemäßig mit dem Zentralsächsischen Lineament. Im Vergleich zu den Grundgebirgseinheiten im Süden der DDR besitzen die Osteuropäische Tafel und der Baltische Schild mit $q = 50$ mW/m^2 niedrige Wärmestromwerte. Ein kräftiges Minimum mit Werten unter 40 mW · m^{-2} tritt in der Böhmischen Masse auf. Die regionalen Wärmestromanomalien werden im wesentlichen durch den Anteil der radiogenen Wärmeproduktion des Granites als Wärmequelle in der Oberkruste, durch den Wärmefluß an der MOHOROVIČIĆ-Diskontinuität und durch das mit beiden Anteilen in Beziehung stehende Mächtigkeitsverhältnis zwischen Oberkruste und Unterkruste bestimmt. Schwach entwickelte Unterkrusten sind mit positiven Wärmestromanomalien verbunden, ebenso wie granitbetonte Oberkrusten.

3.5. Die radiogene Wärmeproduktion in der Erdkruste

Aus der Uran-, Thorium- und Kaliumkonzentration und der Gesteinsdichte kann man mit den Konstanten von BIRCH (1954) den wesentlichsten Beitrag der radiogenen Wärmeproduktion in der Erdkruste berechnen. Die Temperaturverteilung innerhalb der Kruste wird davon zu 80% bestimmt. Die verbleibenden Anteile entfallen auf den Wärmestrom aus dem Erdmantel. Die Verteilung radioaktiver Elemente in den Gesteinskomplexen weist regionale Unterschiede auf. Mit der Zunahme der Basizität, d. h. im allgemeinen mit Zunahme der Teufe, nimmt die Radioaktivität ab.

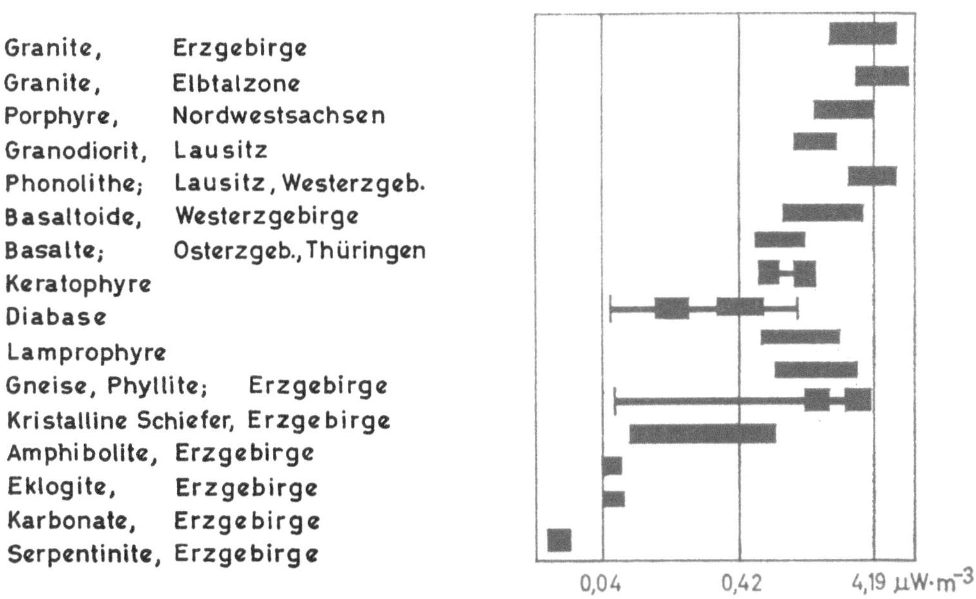

Abb. 7. Radioaktive Wärmeproduktion (JUST, 1980) von Gesteinen aus dem Südteil der DDR

Für den Süden der DDR wurden in den vergangenen Jahren von Just (1977, 1980) umfangreiche Untersuchungen durchgeführt. Bei Materialien aus der unteren Kruste traten sehr differenzierte Wärmeproduktionsraten auf. Die ultrabasischen Gesteine besitzen dabei eine höhere radioaktive Wärmeproduktion, als allgemein angegeben wird. Nach Just (1980) hat die Radioaktivität basaltischer Materialien im Verlauf der Krustenentwicklung zugenommen. Abb. 7 gibt einen Überblick über den Wertebereich der radioaktiven Wärmeproduktion für Gesteine im Süden der DDR. Die Basaltoide des Westerzgebirges und die Phonolithe der Lausitz besitzen extreme Anreicherungen radioaktiver Elemente, die im Normalfall einem granitischen Material entsprechen (Just, 1980).

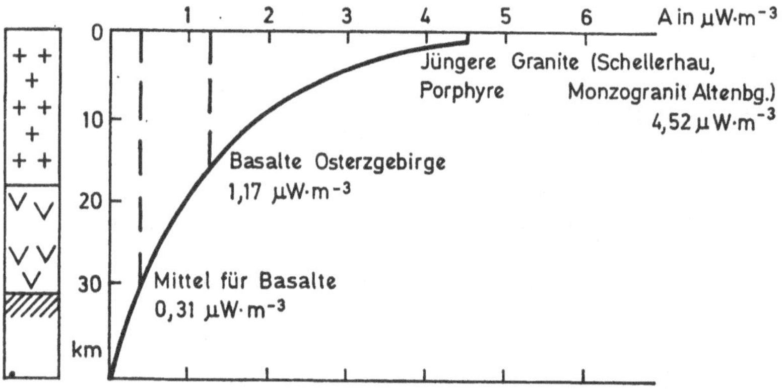

Abb. 8. Modell zur vertikalen Änderung der radioaktiven Wärmeproduktion (Osterzgebirge) nach Just (1980)

Aus den Untersuchungen, vor allem magmatischer Gesteine des Osterzgebirges, leitet Just (1980) ein mögliches Tiefenmodell der radioaktiven Wärmeproduktion ab (Abb. 8). Es deutet sich dabei zumindest für das Osterzgebirge ein Zusammenhang zwischen positiver Wärmeflußanomalie und hoher radiogener Wärmeproduktion granitischer Gesteinskomplexe an. Die exponentielle Abnahme der Radioaktivität mit der Teufe wird als mögliche Variante dargestellt. Nach den neueren seismischen Ergebnissen und den gravimetrischen Modellvorstellungen dürfte ein flacherer Kurvenverlauf mit vermutlich insgesamt höheren Werten der radiogenen Wärmeproduktion auch in größeren Teufen innerhalb der Kruste zu erwarten sein.

4. Geophysik und Krustengenese

4.1. Stratigraphische Interpretation tiefenseismischer Messungen

Eine geochronologisch begründete Diskussion des Krustenbaues und der Krustendynamik geologischer Struktureinheiten aufgrund seismischer Daten gelingt nur, wenn es möglich ist, auch für tiefere, geologisch bisher nicht erschlossene Stockwerke zeitlich definierte Grenzflächen zu identifizieren. Die Herausbildung von Schallhärtekontrasten ist sowohl an primäre, sedimentäre oder magmatische Gesteinsausbildungen als auch an sekundäre, metamorphe oder gefügeverändernde Vorgänge gebunden. Bei der

Annahme primär sedimentärer Schichtgrenzen ist eine zeitliche Zuordnung seismischer Grenzflächen dieser Art durch eine Korrelation mit geologischen Oberflächenbefunden adäquater geologischer Einheiten und schichtweiser Extrapolation entsprechender Mächtigkeiten in die Tiefe oder durch einen Anschluß an Tiefenbohrungen möglich. Eine dritte Möglichkeit ergibt sich aus der Korrelation charakteristischer strukturbildender oder metamorph-magmatischer Prozesse mit seismischen Grenzflächen. In diesem Sinne wird die Mohorovičić-Diskontinuität als Kruste—Mantel-Grenzfläche mit der Ablagerung erster Sedimente im Anschluß an ein sogenanntes „Lunares Stadium" durch ein Alter von ca. 4,4—4,0 Mrd. Jahre angesehen. Nachfolgende sekundäre Überprägungen führten teilweise zur „Lamellenstruktur" oder prägten die Grenzfläche neu (Sollogub, Chekunov, 1983). Das folgende „Nuklearstadium" ist als zeitlich differenziert voranschreitender Prozeß aufzufassen, der im Zeitintervall zwischen 2,6 und 2,0 Mrd. Jahre zur Protokontinentformierung führte (Hofmann, 1984). Die Etappe der Protokontinentformierung ist in Tafel- bzw. Schildgebieten am weitesten entwickelt. Mobilgebiete besitzen im Gegensatz zu den alten Schilden nur geringmächtige Komplexe dieser Entwicklungsetappe, möglicherweise fehlen diese ganz.

4.2. Globaltektonische Interpretation der Krustenentwicklung

Bei der Interpretation tiefenseismischer Profile werden auch heute noch unter den geologisch durchkonstruierten obersten Kilometern der Kruste eine „Granitschicht" und eine „Basaltschicht" dargestellt. Dieser Vorstellung liegt die Annahme einer Krustenbildung über ozeanischer Kruste zugrunde. Beloussov (1974) und andere Autoren nehmen eine sekundäre Basifizierung der Kruste an. Die Hauptkrustengrenzen entstehen dabei sekundär durch Differentiation, Materialaustauschvorgänge und Phasenumwandlungen. Gleichzeitig gewannen mobilistische Interpretationen in einer Vielfalt von Deutungsvarianten an Bedeutung. Nach Schroeder (1981) wird für die mitteleuropäischen Varisziden eine Deutung als ensialisches Tektogen ohne interne Suturen erster Ordnung und damit ohne mittel- bis jungpaläozoische Plattengrenzen bevorzugt. Das schließt jedoch übergeordnete Drift oder Rotation, d. h. globalen Mobilismus, keineswegs aus. Als Modelle, bei denen das Schema starrer Lithosphärenplatten modifiziert wird, seien die krustale Subduktion (Trümpy, 1975), der „Differentialmobilismus" (Brause, 1980) und das Subfluenzmodell (Behr, 1978) genannt. Peive (1975), Trümpy (1975) und Ruzencev (1976) rechnen mit Bewegungen auf horizontalen intralithosphärischen und intrakrustalen Diskontinuitäten. R. Striegler und U. Striegler (1979) beschrieben den Ablauf der variszischen Orogenese aus plattentektonischer Sicht.

Nach Schroeder (1981) läßt sich das von Kröner (1980) für die panafrikanische Epoche vertretene zeitliche und räumliche Nebeneinander von ensialischen Intraplattentektogenen und Plattentektogenen in gewisser Weise auch auf die krustale Entwicklung im Paläozoikum übertragen.

5. *Stratigraphische Auffassungen zur Krustenentwicklung*

Die substantielle strukturelle und zeitliche Entwicklung der Kruste wurde aus der Analyse der im Zentralbereich präkambrischer Schilde auftretenden hochmetamorphen Komplexe bzw. von in spätarchaisch, frühproterozoischen mobilen Gürteln erscheinenden, oft polymetamorphen älteren Blöcken abgeleitet. Die wohl wertvollsten Informationen liefern die seit Mitte der 70er Jahre in Angriff genommenen übertiefen Bohrungen im Bereich präkambrischer Schilde, wie z. B. die Kola-Bohrung (LANEV u. a. 1984).

Angaben zur Krustenentwicklung im älteren Präkambrium liegen z. B. von ANHAEUSSER, MASON u. a. (1971), GLIKSON (1971), KRÖNER, ANHAEUSSER u. a. (1973), KATZ (1975), PAVLOVSKIJ (1975), PEIVE, JANSCHIN, ZONENŠAIN u. a. (1976) sowie SALOP (1982) vor. Durch geochronologische Datierungen terrestrischer und lunarer Gesteine erscheint der zeitliche Ablauf der Krustenentwicklung hinreichend gesichert.

Während PEIVE, JANSCHIN, ZONENŠAIN u. a. (1976) für das Gebiet des „mittel- und westeuropäischen Mosaikbaus" einen erst spätpräkambrischen Beginn der Krustenbildung annehmen und einige alte Teilelemente, wie das Česky Massif und das Zentralmassiv, als Fragmente der vorriphäischen Kruste betrachten, gehen BRAUSE (1980, 1985) und HOFMANN (1984) von einer archaisch-frühproterozoischen Entwicklung der Kruste in Mitteleuropa aus. BRAUSE (1986) sah die CONRAD-Diskontinuität als stratigraphische Grenze zwischen dem archaisch-frühproterozoischen Komplex (= relativ basischer Unterkruste) und dem mittelproterozoisch-riphäischen Komplex (= relativ saurere Oberkruste) an. ZEMAN (1980) vermutet, gestützt durch radiometrische Altersdaten, eine prä-dalslandische Krustenentwicklung in Zentral- und Westeuropa. Aus der Verteilung regionaler Schwereanomalien leitet er einen Zerfall dieser sialischen Kruste am Ende des Mittelproterozoikums entlang E—W bis ENE—WSW streichender Zonen ab.

WIENHOLZ u. a. (1976) entwickelten ein lokales Modell einer prä-camodischen Krustenentwicklung im Bereich der Erzgebirgsantiklinalzone. Dabei wurden die tiefenseismischen Ergebnisse im Osterzgebirge und die radiometrischen Altersdaten reliktischer Zirkone in variszischen postkinematischen Graniten, Metamorphiten und Granitoiden berücksichtigt. Dieser Interpretation folgend, enthält die krustale Struktur die folgenden Einheiten:

A — granodioritische Gneise der Osterzgebirgischen Serie (2—4 km), intrudierte postkinematische Granite;
B — metamorphe Einheit von saurer (teilweise leptynitischer) Zusammensetzung (7—8 km); Einschaltungen basischer Gesteine;
C — Einheit sialischer Zusammensetzung (4—9 km), Einschaltungen basischer bis ultrabasischer Gesteine, mglw. der prämoldanubischen Metamorphose;
D — granulitoid-basaltoide Einheit (7—12 km); charnockitische und basische (eklogitische) Gesteine; mittel- bis früharchaischer (?) Krustenkomplex.

Die radiometrischen Altersdaten spiegeln die folgenden thermischen Ereignisse in den prä-cadomischen Krustenschichten wieder (HOFMANN u. a., 1981):

Spät-dalslandisches Ereignis (850—1100 Ma)
Früh-dalslandisches Ereignis (1250—1400 Ma)
Spät-frühkarelisches Ereignis (1600—1800 Ma)
Spät-frühkenorisches Ereignis (2000—2500 Ma).

Die Daten zeigen eine lange Periode einer spätarchaischen bis frühcadomischen Krustenentwicklung an und stützen das Modell der prädalslandischen Krustenstruktur in Nordost- und Zentraleuropa (SALOP, 1972). Die Existenz eines nordöstlichen Teils des zentralen archaischen Kerns (Pribaltisch-Böhmischer Kraton nach SALOP 1972) wird durch geomagnetische Daten gestützt, die „Ovalstrukturen", typisch für eine archaische Krustenstruktur, zeigen (HOFMANN u. a., 1981). Der südwestliche Teil des archaischen Kerns könnte mit einer regionalen Anomalie hohen scheinbaren elektrischen Widerstandes (PORSTENDORFER und GÖTHE, 1978) übereinstimmen (vgl. Abb. 4). Folgernd aus der paläotektonischen Entwicklung wurde wiederholt das Modell einer brioverischen bis frühpaläozoischen Geosynklinalentwicklung auf reaktivierter Kruste zwischen teilweise oder vollständig erhaltenen sialischen Blöcken diskutiert, z. B. BRAUSE (1970a und b, 1980), POZARYSKIJ u. a. (1978), WIENHOLZ u. a. (1979) und ZEMAN (1980), HOFMANN u. a. (1986, i. Dr.).

Im wesentlichen wird damit der Interpretation der mitteleuropäischen Paläozoiden im Sinne eines von DIMROTH entwickelten Modells (vgl. KRÖNER 1981) einer ensialischen Geosynklinalentwicklung entsprochen.

6. *Tiefenextrapolation geologischer Oberflächenbefunde*

Der Kenntnisstand zur Stratigraphie des Präkambriums im Süden der DDR wurde in den letzten Jahren wesentlich verbessert (HOFMANN 1974; LORENZ 1979; HOTH u. a. 1979; HOTH, LORENZ, BERGER 1983; P. BANKWITZ, E. BANKWITZ 1983 u. a.).

Eine Zusammenfassung des bisherigen Kenntnisstandes geben HOTH u. a. (1985). Die dabei vorgenommene Interpretation der tieferen, geologisch nicht aufgeschlossenen Teile der Kruste wird vom Autor übernommen. Danach wären die tieferen Abschnitte der Oberkruste unterriphäische und/oder mittelproterozoische Bildungen mit einem Alter bis zu ca. 1800 Mill. J.

Die in einem Teufenbereich von 15—20 km sich anschließende CONRAD-Diskontinuität wird der stark metamorph-magmatischen Prägung der Svekokarelischen Tektogenese vor ca. 1900 Mill. J. (CHAIN, 1977) zugeordnet. Damit könnte die seismisch definierte CONRAD-Diskontinuität als Zeitmarke zwischen einer zumindest unterproterozoischen Unterkruste und der mittelproterozoisch-oberproterozoisch-phanerozoischen Oberkruste dienen (BRAUSE 1980, 1985; HOTH u. a. 1985) (Abb. 9).

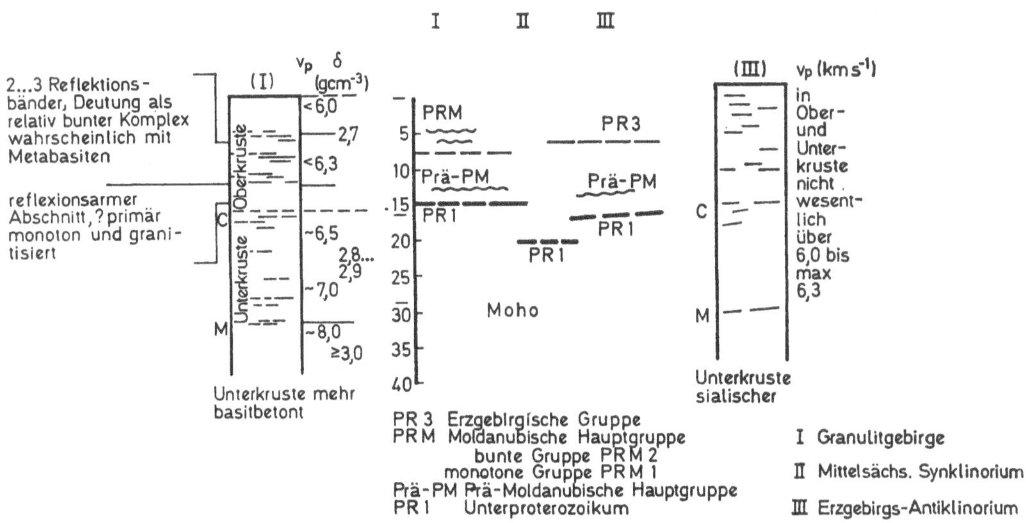

Abb. 9. Tiefenreflexionen und daraus abgeleitete Seismostratigraphie (nach HOTH u. a., 1985)

Nach Pfeiffer u. a. (1984) ergab sich bei isotopengeochemischen Untersuchungen von „Olivinknollen" ein Isochronenalter von 1640 ± 32 bzw. 1572 ± 30 Mill. J., das ein Temperaturmaximum zwischen 1600 und 1900 Mill. Jahren stützt. Die radiometrischen Alterszahlen sind mit dem globalen Rapakiwi-Anorthosit-Ereignis vergleichbar. Nach Hofmann (1985) wäre damit ein Indiz für die Bildung der Asthenosphäre (Brooks und Hart, 1978; Salop 1982) nach der mittelproterozoischen Konsolidierung der Kruste, aufgrund allgemeiner Abkühlung, gegeben (Abb. 10).

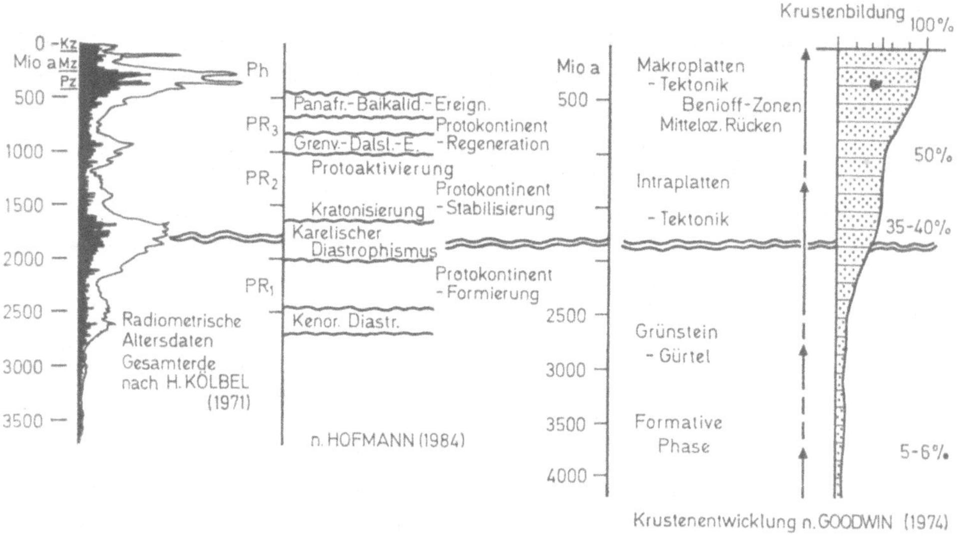

Abb. 10. Svekokarelidisches Ereignis als wesentliches Moment der Krustenentwicklung

In der Unterkruste, unterhalb der Conrad-Diskontinuität, ist keine petrographisch oder strukturell näher interpretierbare Differenzierung zu erkennen. Stratigraphisch gesehen, wäre dieser Krustenabschnitt ein unterproterozoischer Komplex. Die Kruste—Mantel-Grenze (Mohorovičić-Diskontinuität) tritt in den Reflexionsbildern nur schwach und lückenhaft in Erscheinung. Eine laterale Differenzierung der Unterkruste läßt sich nur aus den geophysikalischen Potentialfeldern der Schwere und Magnetik ableiten (Conrad u. a. 1983). Detritische Zirkone mit einem Alter von 2000—2500 Mill. J. (Grauert u. a. 1973, Hofmann u. a. 1981) können indirekt die Existenz unterproterozoischer Krusteneinheiten stützen.

Schlußfolgerungen

Nach den Ergebnissen der reflexionsseismischen Messungen im Süden der DDR liegen bis in die tiefsten Krustenbereiche Inhomogenitätsverteilungen vor, die auf ein geschichtetes Medium hinweisen. Ähnliche Meßbilder internationaler Profile bestätigen diese Aussage. Die Schichtigkeit in der Unterkruste könnte nach den Ergebnissen der Hochdruck-Hochtemperatur-Messungen auf eine Wechsellagerung heller und dunkler Granulite zurückgeführt werden (z. B. Seipold u. a. 1980), wobei basitärmere und basitbetontere Krustenabschnitte zu unterscheiden sind. Die Rayonierung der geophysikalischen Potentialfelder belegt einen Blockschollenbau.

Im Anschluß an die an der Oberfläche anstehenden präkambrischen Gesteine (Granulitkomplex, Gneise der Erzgebirgischen Serie/Oberproterozoikum) erlauben die reflexionsseismischen Messungen eine weiterführende mehr oder weniger grob „schichtige“ Gliederung der nicht geologisch aufgeschlossenen Krustenbereiche.

Für die das lateral verfolgbare Reflexionsmaximum (CONRAD-Diskontinuität) verursachenden Gesteinsserien in einer Teufe von 15–20 km ist daraus ein Alter > 1800 Mill. J. abzuleiten.

Die zu diesem Zeitpunkt mit der Svekokarelischen Tektogenese gegebene starke, metamorph-magmatische Prägung vor ca. 1900 Mill. J. wird als Zeitmarke der CONRAD-Diskontinuität zugeordnet. Sie trennt damit eine unterproterozoische Unterkruste von einer mittelproterozoisch-oberproterozoisch-phanerozoischen Oberkruste (HOTH u. a. 1985).

Literatur

ANHAEUSSER, C. R.; MASON, R. u. a. in: KRÖNER, A.: Precambrian crustal evolution and continental drift. Geol. Rundschau, **70** (1981) 2, S. 421–428.

BANKWITZ, P.; BANKWITZ, E.: Zur Entwicklung der Erzgebirgischen und der Lausitzer Antiklinalzone. Z. angew. Geologie, Berlin **28** (1982) 11, S. 511–524.

BEHR, H.: Subfluenz-Prozesse im Grundgebirgs-Stockwerk Mitteleuropas. Z. deutsch. geol. Ges., Hannover **129** (1978) 1, S. 283–318.

BELOUSSOV, V. V.: Die Tektonosphäre der Erde — Idee und Wirklichkeit. Z. geol. Wiss., Berlin **2** (1974) 11, S. 1251–1295.

BIRCH, F.: The present state of geothermal investigations. Geophysics **19** (1954) 4, S. 645–659.

BÖLSCHE, J.; KRESSER, K.-D.: Erste Ergebnisse reflexionsseismischer Tiefenerkundung auf einem Profil von 30 km Länge im Süden der DDR. Geodät. geophys. Veröff., Reihe III, Berlin, **39** (1978), S. 67–70 und: Z. geol. Wiss., Berlin **8** (1980) 4, S. 467–474.

BRAUSE, H.: Variszischer Bau und „Mitteldeutsche Kristallinzone“. Geologie, Berlin **19** (1970) 3, S. 281–292 (1970a).

BRAUSE, H.: Ur-Europa und das gefaltete sächsische Paläozoikum. Ber. deutsch. Ges. geol. Wiss., A, Geol. Paläont., Berlin **15** (1970) 3, S. 327–367 (1970b).

BRAUSE, H.: Differentialmobilismus. Z. geol. Wiss., Berlin **8** (1980) 4, S. 405–414.

BRAUSE, H.: Granitgenese und Krustenbau in der Oberlausitz. Veröff. d. Museums der Westlausitz, Kamenz, 1985.

BROOKS und HART 1978 in: HOFMANN, J.: Der Begriff „Arkogenese“ und das frühe Stadium der Plattform-Aktivierung — Ein Diskussionsbeitrag. FFH, C 398, 1985, S. 88–94.

ČERMAK, V.: Der Wärmefluß in der ČSSR und sein Zusammenhang mit Tiefenstrukturen. Freiberger Forsch.-Heft C 238 (1968), S. 25–32.

CHAIN, V. E.: Regionalnaja geotektonika vnealpijskaja evropa i zapadnaja azija, Moskva, Nedra, 1977, 359 S.

CONRAD, W.: Potentialfeldanomalien und geologischer Tiefenbau im Bereich des SW-Randes der OET. Z. geol. Wiss., Berlin **8** (1980) 4.

CONRAD, W.; HÄNIG, D.; HAUPT, M.; u. a.: Ein geologisch-geophysikalisches Schema der Grenzregion zwischen der DDR und der ČSSR. Z. geol. Wiss., Berlin **11** (1983) 6, S. 669–686.

DIMROTH u. a., in: KRÖNER, A.: Precambrian crustal evolution and continental drift. Geol. Rundschau, **10** (1981) 2, S. 412–428.

GLIKSON, A. Y.: Primitive Archean. Elements Distribution and Geotectonic significance. Earth planet. sci. Letters Amsterdam **12** (1971) S. 309–320.

GOODWIN, A. M.: Precambrian belts, plumes and shield development. Am. J. Sci. **274** (1974) S. 987–1028.

GRAUERT, B.; HÄNNY, R.; SOPTROJANOVA, G.: Age and origin of detrital zircons from the pre-Permian basements of the Bohemian Massif and the Alps. Contrib. mineral. petrol., Berlin u. a. **40** (1973), S. 105–130.

HOFMANN, J.: Petrographische und lithostratigraphische Stellung der Gneise des Osterzgebirges. Freiberger Forsch.-H. C. 292, Leipzig 1974, 63 S.

HOFMANN, J.: Protoplattformentwicklung und -aktivierung – ein Beitrag zur proterozoischen Entwicklung der kontinentalen Kruste. Vortrag zum Berg- und Hüttenmännischen Tag, Freiberg, 1984 (unveröff.).

HOFMANN, J.; MATHÉ, G.; WERNER, C.-D.: Das Präkambrium der DDR-saxothuring. Zone und Mitteleuropäische Kristallinzone (einschließlich ČSSR-Anteil des Erzgebirgsantiklinoriums). Nationaler Beitrag der DDR zum IGCP Projekt Nr. 22 „Präkambrium in jüngeren Faltengürteln", Berlin 1981.

HOFMANN, J.; MATHÉ, G.; WIENHOLZ, R.: Metamorphose und zeitliche Stellung tektono-metamorpher Prozesse im östlichen Teil des Saxothuringikums. Z. geol. Wiss., Berlin **9** (1981) 11, S. 1291–1308.

HOFMANN, J.; MATHÉ, G.; WERNER, C.-D. (1985, i. Dr.): The Precambrian of the German Democratic Republic-Saxothuringian Zone and Mid-European Crystalline Zone (incl. ČSSR-part of the Krušne Hory Anticlinorium). in: ZOUBEK, V.: Ed.-Precambrian in Younger Fold Belts (IGCP-Proj. 22) Wiley & Sons, London.

HOTH, K.; BRAUSE, H.; FREYER, G.; LORENZ, W.; PÄLCHEN, W.; WAGNER, St.: Neue Ergebnisse zur Gliederung des Proterozoikums im Erzgebirge-Západné Sudety/Sudety Zachodnie – Antiklinorium und an seiner Nordflanke. Wiss. Z. Ernst-Moritz-Arndt-Univ. Greifswald, Math.-nat. wiss. Reihe **34** (1985) 4, S. 5–13.

HOTH, K.; LORENZ, W.; HIRSCHMANN, G.; BERGER, H. J.: Lithostratigraphische Gliederungsmöglichkeiten regionalmetamorphen Jungproterozoikums am Beispiel des Erzgebirges. Z. geol. Wiss., Berlin **7** (1979) 3, S. 397–404.

HOTH, K.; LORENZ, W.; BERGER, H.-J.: Die Lithostratigraphie des Proterozoikums im Erzgebirge. Z. angew. Geol., **29** (1983) 9, S. 413–418.

IBRMAJER, J.: Geological interpretation out gravity maps of Czechoslovakia. In: ZATOPEK, A. (ed.): Geophysical syntheses in Czechoslovakia. Bratislava: Slov. akad. sci, 1981, S. 135–148.

JUST, G.: Spezielle Untersuchungen der natürlichen Radioaktivität von Gesteinen, Wässern, Bodenproben und Aerosolen durch Messung der Gammastrahlung. Leipzig, Karl-Marx-Univ., Sekt. Physik, Dipl.-Arb., 1977.

JUST, G.: Die Bestimmung von Thorium, Uran und Kalium in Magmatiten als Beitrag zur petrophysikalisch-petrochemischen Interpretation regionaler geophysikalischer Arbeiten. Z. geol. Wiss., Berlin **8** (1980) 5, S. 525–536.

KATZ, M.: Metasediments in Archean Granulite Terranes. Correlat. Prec., Symp. IGCP, Moscow, Abst., S. 4, 1975.

KNOTHE, Ch.: Die Struktur der Erdkruste Mittel- und Südosteuropas nach Angaben der Tiefenseismik. Geod. Geophys. Veröff. R III H. 27 (1972).

KÖLBEL, H.: Zur absoluten Dauer erdgeschichtlicher Ereignisse. Ber. deutsch. Ges. geol. Wiss., A, Berlin **16** (1971) 3/4, S. 221–229.

KRÖNER, A.: Pan African crustal evolution. Episodes, Ottawa (1980) 2, S. 3–8.

KRÖNER, A.: Precambrian crustal evolution and continental drift. Geol. Rundschau, **70** (1981) 2, S. 4123–4128.

KRÖNER, A.; ANHAEUSSER, C. R.; VAJNER, V.: Neue Ergebnisse zur Evolution der präkambrischen Kruste im südlichen Afrika. Geol. Rdsch. **62** (1973), S. 281–308.

LANEV, V. S.; KAZAWSKY, V. J.; NALIVKINA, E. B.: Geologische Untersuchungen der übertiefen Kolabohrung. 27. Internat. Geol. Kongreß, Moskau 1984 in: Abstracts, Volume IX, Part. 1, p. 129.

LINDNER, H.: Ergebn. der Gravimetermessung im Bereich des Lausitzer Massivs und seiner Randgebiete. Geologie, Berlin **21** (1972) 8, S. 927–942.

LORENZ, W.: Lithostratigraphie, Lithologie und Lithofazies metamorpher Komplexe. Z. geol. Wiss., Berlin **7** (1979) 3, S. 405–418.

MUELLER, St.: A new model of the continental crust. Reprinted from Geophysical Monograph 20, The Earth' Crust, by the American Geophysical Union. Washington, D.C. 20006 — Copyright 1977.

NEUNHÖFER, H.: Primär- und Sekundäreffekte bei der Ausbreitung seismischer Oberflächenwellen und ihre geophysikalischen Ursachen. Veröff. des Zentralinst. f. Physik der Erde, Nr. 85 (1985) 111 S.

OELSNER, Chr.; HURTIG, E.: Zur geothermischen Situation im Erzgebirge. Freib. Forsch. H. C 350 (1979) S. 7–17.

PAVLOVSKIJ, E. V.: Proischoždenie i razvitie zemnoj kory materikov. Geotektonika, Moskva (1975) 6, S. 3–13.

PEIVE, A. V.: Tektonika Sredinno-Atlantičeskogo chrebta. Geotektonika, Moskva (1975) 5, S. 3–17.

PEIVE, A. V.; JANSCHIN, A. L.; ZONENSAIN, L. P. u. a.: Der Aufbau der kontinentalen Erdkruste im nördlichen Eurasien, im Zusammenhang mit der Zusammenstellung neuer tektonischer Karten. Geotektonika, Moskva (1976) 5, S. 6–23 (russ.).

PFEIFFER, L.; SCHLICHTING, M.; PILOT, J.; KAISER, G.: Isotopengeochemische Untersuchungen (Rb–Sr, K–Ar) an Olivin-Xenolithen tertiärer Vulkanite. Freiberger Forschungshefte, Leipzig **C 89** (1984), S. 115–121.

POLANSKY, J.: Hloubkové řezy Českym massivem. Geol. pruzkum, Praha **15** (1973) 6, S. 161.

PORSTENDORFER, G.; GÖTHE, W.: Maps of Apparent specifical Resistivities for Different Period-Ranges for Europe and their Interpretation. Acta Geodät., Geophys. et Montanist. Acad. Sci. Hung., Budapest **12** (1977) S. 117–122.

PORSTENDORFER, G.; RITTER, E.: Ausnutzung ständig vorhandener elektromagnetischer Felder mit unterschiedlichen Eindringtiefen für die Kartierung im Erzgebirgsraum. Freiberger Forschungshefte, Leipzig **C 350** (1979) S. 19–31.

POZARYSKIJ, W.; KOTANSKI, Z.: Baikalian, Caledonien and Variscan Events in the Forefield of the East European Platform. Z. dt. geol. Ges., **129** (1978) S. 391–402.

RITTER, E.: Geomagnetic depth soundings in Europe and their relation to geotectonics. Proceedings, 21st Geophysical Symposium Leipzig 1976, Budapest 1977, p. 55–72.

RUŽENCEV, S. V.: Kraevye ofiolitovye allochtony. Trudy geol. Inst. Akad. Nauk SSSR, Moskva, 283, (1976).

RYBACH, L.: Wärmeproduktionsbestimmungen an Gesteinen der Schweizer Alpen. Beitr. Geol. Schweiz., geotechn. Ser., 51 (1973).

SALOP, L. I.: Obščaja stratigrafičeskaja skala dokembrija. Leningrad: izd. Nedra, 1972, 309 S.

SALOP, L. I.: Geologičeskoe razvitie zemli v Dokembrii. Leningrad: izd. Nedra, 1982, 343 S.

SCHÖSSLER, K.; SCHWARZLOSE, J.: Geophysikalische Wärmeflußmessungen (Grundlagen und Ergebnisse). FFH, **C 75** (1959) S. 1–120.

SCHROEDER, E.: Probleme des Werdegangs der mitteleuropäischen Varisziden im Hinblick auf globaltektonische Interpretation. Z. geol. Wiss., Berlin **9** (1981) 10, S. 1083–1088.

SEIPOLD, U.; MÜLLER, J.-J.; RAAB, S.: Das Druck- und Temperaturverhalten von Gesteinen und dessen Bedeutung für die Interpretation von Anomalien. Z. geol. Wiss., Berlin 8 (1980) 5, S. 517–523.

SOLLOGUB, V. B.; CHEKUNOV, A. V.: The Lithosphere of the Ukraine. First Break, Vol. 1, Nr. 6, June 1983, S. 9–17.

STÖTZNER, U.: Ingenieurgeophysikalische Untersuchungsmethodik und Komplexinterpretation zur Lösung felsmechanischer Aufgaben. Freiberger Forschungshefte, Leipzig 1975.

STRIEGLER, R.; STRIEGLER, U.: Bemerkungen zu den variszischen Faltungen in Mitteleuropa. Z. geol. Wiss., Berlin **7** (1979) 12, S. 1393–1409.

Thurm, H.; Bankwitz, E.; Harnisch, G.: Rezente horizontale Deformationen der Erdkruste im Südostteil der DDR. Petermanns Geogr. Mitteilungen 4 (1977), S. 281–304.

Todt u. a. 1978; Tsatsumoto u. a. 1978 in: Salop, L. I.: Obscaja stratigrafičeskaja skala dokembrija. Leningrad: Izd. Nedra, 1972, 309 S.

Trümpy, R.: On crustal subduction in the Alps. In: M. Mahel', (Ed.): Tectonic problems of the Alpine system. Bratislava: VEDA, Vydav. Slov. Akad. Vied 1975. S. 121–130 (1975a).

Trümpy, R.: Penninic-Austroalpine boundary in the Swiss. Alps: a presumed former continental margin and its problems. Amer. J. Sci., New Haven 275A (1975), S. 209–238, (1975b).

Wienholz, R.; Hofmann, J.; Mathe, G.: Über Metamorphose, Tiefenbau und regionale Position des Erzgebirgskristallins. Z. geol. Wiss., Berlin 7 (1979) 3, S. 385–395.

Zeman, J.: Die Krustenentwicklung im präkambrisch und paläozoisch mobilen Europa außerhalb der Osteuropäischen Tafel. Z. geol. Wiss., Berlin 8 (1980) 4, S. 393–404.

Computer Aided INAA Measurements and Geochemical Classification of Various Basaltic Rocks from Costa Rica

G. JUST, E. J. LANGROCK, V. H. CHANTO ARGUEDAS, P. KUSSMAUL and W. D. FROMM[1]

Summary: The results presented here are preliminary ones because the investigations are continued at present. This are some works in the field and laboratory measurements by means of INAA and x-ray-fluorescence.

The basaltic rocks from Costa Rica, which have been investigated, show a wide spectrum of chemical composition as it is usual in zones of a subducing crust.

The first results have shown, that the computer assisted INAA measurement with a measuring time of 30 minutes for one sample are a useful tool for rapidly classifying magmatic rock complexes (e.g. basaltic rocks).

The correlation matrix has shown, that the REE and thorium have positive correlations with U, Hf, Ta and Rb in basaltic rocks (respectly negative with Co, Sc, Cs and Fe) and this element set is good for chemical classification.

Zusammenfassung: Die Anwendung der INAA bei der Untersuchung von basaltischen Gesteinen erlaubt die Bestimmung von wichtigen Spurenelementen und die Einordnung in ein Differentiationsmodell (Th, Rb, La, Ta, U) bei relativ geringem analytischen Aufwand.

Die in der Arbeit vorgestellten ersten Resultate einer geochemischen Bearbeitung ausgewählter junger Vulkanite aus Costa Rica werden durch laufende Feldarbeiten und Laboruntersuchungen (INAA- und RFA-Methodik) ständig ergänzt.

Zu den bisher untersuchten Basalten verschiedener Differentiationsstufen, variierend von pikritischen Basalten über Alkali-Olivin-Basalte bis hin zu basaltischen Andesiten und Andesiten, kann festgestellt werden, daß sie in der geochemischen Zusammensetzung ein weites Spektrum überstreichen und Zusammenhänge mit der geotektonischen Position bestehen.

Die erzielten Resultate werden mit weiteren Untersuchungsergebnissen aus dem ozeanischen Bereich und dem Komplex der devonischen und tertiären basaltoiden Gesteine im Südteil der DDR verglichen.

Für die untersuchten Elemente wurden die Korrelationsbeziehungen berechnet, und es zeigte sich, daß besonders das genetisch bedeutsame Element Thorium positiv mit U, Hf, Ta und Rb, sowie negativ mit Co, Sc, Cs und Fe korreliert.

Entsprechende Elementpaare oder abgeleitete komplexe Merkmale können wichtige Aussagen über die Einordnung untersuchter Vulkanite in das magmatische Geschehen zwischen den aktiven Plattenrändern in der Kollisionszone von Karibischer Platte und Cocos Platte liefern.

[1] Anschriften der Verfasser:
G. JUST, Karl-Marx-Universität, Sektion Physik, 7010 Leipzig, Talstr. 35;
E. J. LANGROCK, Technische Hochschule, Sektion Naturwissenschaften, 7030 Leipzig, Karl-Liebknecht-Str. 132;
V. H. CHANTO ARGUEDAS, P. KUSSMAUL, Universidad de Costa Rica, San Jose;
W. D. FROMM, AdW der DDR, ZfK Rossendorf, 8010 Dresden, Postfach 19.

1. Introduction

Only within the last 20 years has trace element geochemistry become an important field in mineralogy and petrology. Neutron activation along with isotope dilution by mass spectrometry and x-ray fluorescence are the principal techniques used for trace element analysis of rocks and minerals.

The important role of neutron activation in studying small and precious geological samples has been clearly indicated in the analysis program for lunar samples.

Some major elements, such as Al, Na, Mn and Fe are readily determined by instrumental neutron activation analysis (INAA), but several other major elements, e.g., Mg and Ca, are not readily determined by the INAA method. In fact, by combining neutron activation studies with x-ray fluorescence analyses a wide variety of major and trace elements can be determined in rocks and minerals.

The major applications of neutron activation analysis (NAA) are in the trace element geochemistry (e.g., Frey, 1979). Winchester (1960) compared the sensitivity of NAA to typical elemental abundances in rocks and showed that about 60 elements can be analyzed for by NAA. A particularly useful aspect of the NAA method is the flexibility to utilize INAA for samples with relatively high trace element contents (e.g., granites and alcalic basalts) and to utilize radiochemical techniques for samples with relatively low trace element contents (e. g., peridotites, meteorites). An especially attractive attribute of radiochemical techniques is the absence of blank problems.

In fractional crystallization and low pressure melting processes Sr abundances are useful for indicating the role of plagioclase, and Rb and Ba abundances are useful for indicating the role of potassium feldspar and micas. The INAA method is most useful for these elements in granitic rocks and alkaline basalts where they are relatively abundant.

INAA is a very good analysis technique for the element Cs in the range of 1 ppm. If we have a lower abundance level the method of isotope dilution is the only analytical technique with good accuracy and precision.

Some data for ocean floor basalts obtained by isotope dilution show that Cs abundance is a very sensitive monitor of low temperature alteration. A potentially interesting application arises from Cs data produced for southeast Australian batholiths (Frey and Chappell, 1980). Granites derived from sedimentary source rocks have higher Cs contents than those derived from igneous source rocks. In the southern part of the G.D.R. (variscan granitic series) we can find a wide range with Cs contents between 2 and 100 ppm.

Others found that Cs is depleted in high grade metamorphic rocks relative to lower grade rocks such as amphibolites.

Sc, Cr, Fe and Co can be determined in most rocks by INAA and all are readily incorporated into mafic minerals such as olivine and/or pyroxenes. Thus during basalt petrogenesis they are commonly described as compatible elements. In contrast to the rapid decrease of compatible element abundances in liquids during fractional crystallization, melts derived by varying degrees of melting from a single homogeneous source are expected to have relatively constant abundances of compatible elements.

In many rocks Hf and Ta can be determined with good precision even by INAA. There have been three major types of geochemical applications of abundance data for these elements.

— good indicator of the degree of crystallization,

— the pairs Zr—Hf and Nb—Ta have very similar ionic radii and geochemical behavior and therefore, their abundance ratios are not easily changed by geological processes,
— abundances of Hf, Ta and Th are useful in distinguishing basalts from different tectonic settings.

INAA is suitable for determining the rare earth elements (REE) in granites and most basalts and with radiochemical NAA also in minerals such as olivine and feldspars. REE abundance data have proven to be very useful in trace element geochemistry because of the geochemical coherence of REE. Under most of the terrestrial conditions they occur in the +3 oxidation state and their geochemical behavior is largely controlled by the small but systematic differences in ionic radius. During the last 20 years considerable progress has been made in understanding how various petrogenetic processes affect

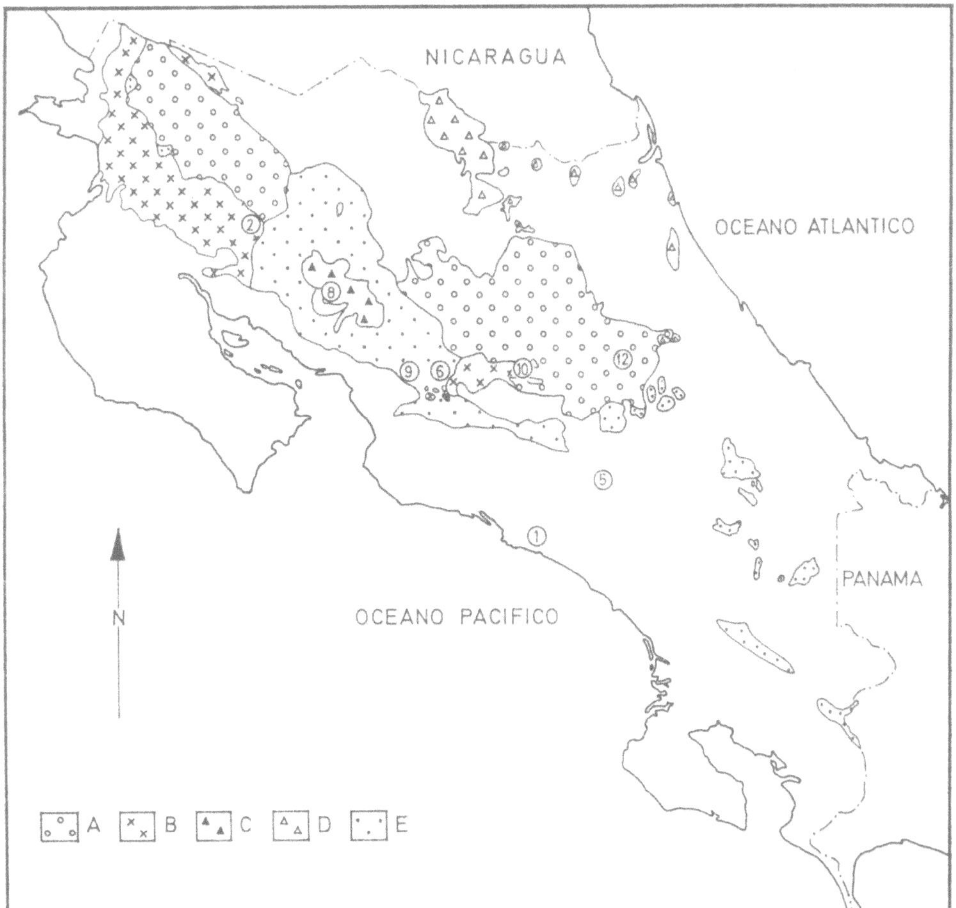

Fig. 1. Position of basaltic and andesitic rocks from Costa Rica
A — Andesites and andesitic basaltic rocks, *B* — Dazites (ignimbritic and rhyodazitic), *C* — Andesitic basaltic rocks with pyroxenes, *D* — Alkaline basaltic rocks, *E* — Andesites and basaltes with augites

REE abundances, and recently some authors have reviewed applications of REE geochemistry to a wide variety of geological problems. An important tool is from F. A. FREY — Applications of NAA in Mineralogy and Petrology —.

Relative to alkalic basalts continental and island tholeiites are characterized by lower relative enrichments of light REE and also lower light REE/heavy REE ratios. Because Eu is preferentially enriched in feldspars, the REE abundances have also been used to evaluate the role of low pressure fractional crystallization in generating tholeiitic suites and in generating highly differentiated rocks from a basaltic parent. Extensive low pressure fractional crystallization is generally reflected by increasing REE abundances except for Eu, thereby creating a negative Eu anomaly.

Interest in basaltic rocks recovered from the ocean floor is quite recent. Studies are conveniently divided into two eras: pre- and post-sea floor spreading theory. Before sea floor spreading was recognized, basalts from oceanic islands, seamounts and ridges were thought to erupt through older oceanic crust. The abundance of ocean ridge basalt in the oceanic crust was greatly underestimated. Oceanic tholeiite magmas were classified by tectonic setting, the main distinction being between those erupting at oceanic ridges (constructive plate magmas) and those erupting through the thickened oceanic lithosphere (intraplate magmas, e.g. Hawaii). Significant geochemical differences were found between low-K tholeiites from Hawaii and ocean ridges. The Iceland "hot spot" or "plume" is a particularly instructive area.

The interaction between the oceanic crust and the continental plate is of important interest and all the basaltic rocks from the Costa Rica region must be investigated by means of modern analytical methods.

At the first series 13 alcaline and tholeiitic basalts together with some andesites from Costa Rica were analyzed. Fig. 1 shows the geological position of some of the samples.

2. *Analytical Method*

The INAA has proved to be very satisfactory in various tests for rapidly classifying magmatic rock complexes. First results about the magmatic evolution in the variscan granitic rocks are given by JUST (1985).

The analyses can be performed at a relatively low expense of costs and time by means of an automated measuring system.

Fig. 2 shows the measuring system for the computer assisted INAA measurements (JUST, FROMM and ZWANZIGER, 1985) in the Central Institute of Nuclear Research, Rossendorf (G.D.R.). The measurements were performed by means of the ROBOTRON KRS 4201 (minicomputer). The spectroscopic apparatus consists of NIM-modules (amplifier, analog-to-digital converter and an interface unit). The data were presented as parallel words to the fast incremental channel of the mini-computer. The necessary dead-time-correction were performed by means of gated CAMAC-counters. The spectra of 4096 channels each are written to disk-storage together with the time-information. The dead-time-corrected measurement-time is choosen by the operator proportional to the sample weight. In this manner activity fluctuations caused by mass differences are compensated for.

About 120 spectra can be stored on one side of the magnetic disk cartridge. While the measurements are in progress an express-evaluation of the spectra by means of an automatic peak-search program can be performed.

For example fig. 3 shows the spectra of basalt BM (standard rock sample) and the LUNA 24 sample 6 days after the irradiation (24 h irradiation-time) in the Rossendorf research reactor (measured with the help of an ORTEC Ge-x-ray detector). The same rock samples have been measured 30 days after the irradiation and fig. 4 shows the spectra.

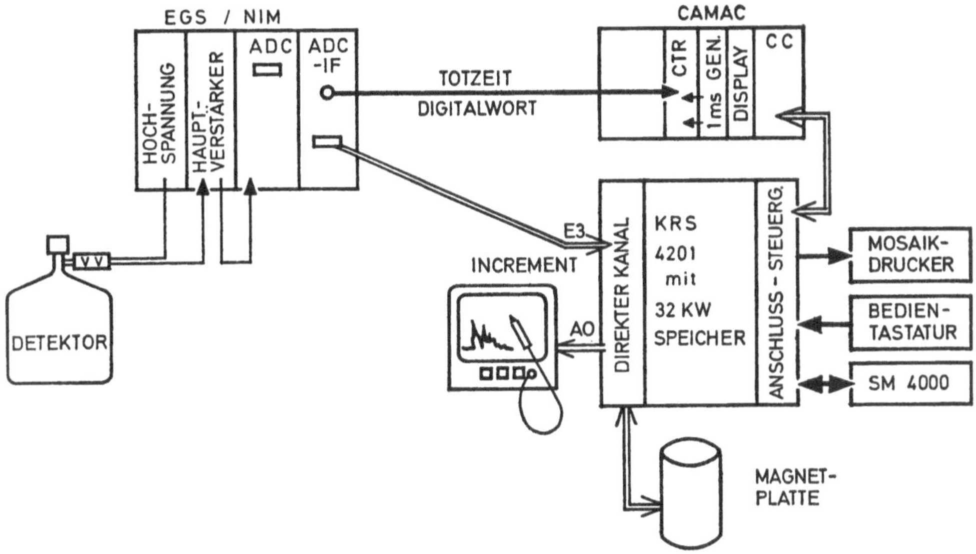

Fig. 2. Measuring system for the computer assisted INAA measurements (Just, Fromm and Zwanziger, 1985)

The analytical conditions of the computer assisted INAA measurements and the trace element values in the given standard rocks BM and GM were written in tab. 1.

The specific evaluation of the measured samples is typically performed after a series of recorded spectra. The FORTRAN-Program AUDK contains as a data base the contents of up to 20 elements in the standard sample and up to 50 transition-energies of interest corresponding to the decay of these elements.

The positions of the γ-lines in the spectra are found supplying the energy calibration data. Each series of spectra is preceded by the corresponding standard sample. The activity values found in the analysis of the standard sample are internally stored and the results of the unknown spectra are presented as contents with the corresponding errors.

By analysing only the interesting peaks and presenting only the relevant data the analysing speed and the volume of output are optimised.

The contents of the most important peaks can be put out in machine readable form and thus can be transferred to a mainframe computer to achieve higher sophisticated data analysis.

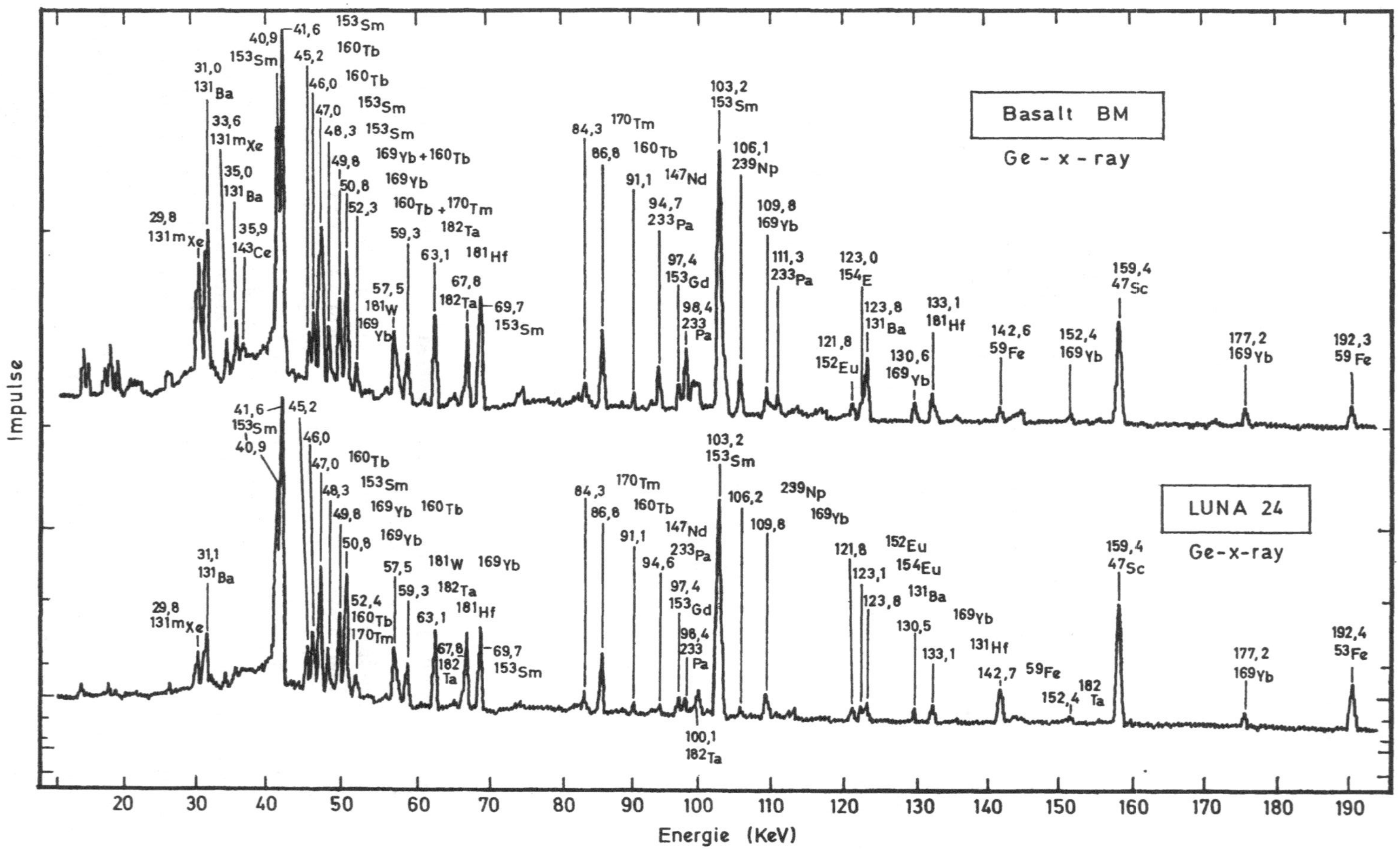

Fig. 3. Basalt BM and one of the LUNA 24 samples 6 days after the irradiation in the Rossendorf research reactor, measured with an ORTEC Ge-x-ray detector

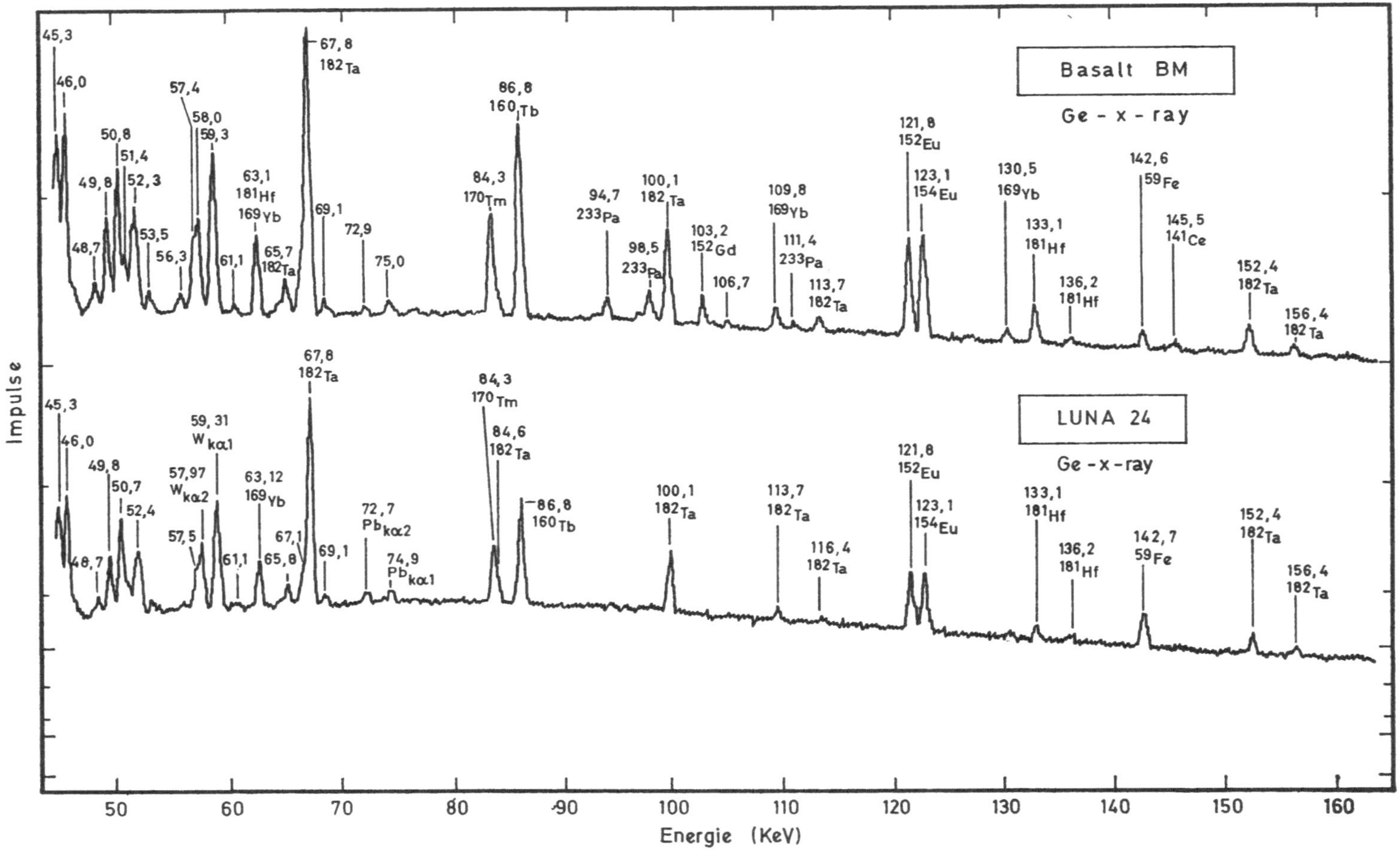

Fig. 4. Basalt BM and one of the LUNA 24 samples 30 days after the irradiation in the Rossendorf research reactor, measured with an ORTEC Ge-x-ray detector

Table 1. Analytical conditions of the computer aided INAA measurements and the element values in the two given standard rocks BM (basaltic rock, Mellenbach, G.D.R.) and GM (granitic rock, Meissen, G.D.R.)

	BM	GM	nuclear transitions	half-life period	γ-energy (kev)	cooling period	interferences
La	8.2	37.0	^{140}La	40.2 h	1597	10 d	^{235}U-fission
Ce	18.0	74.0	^{141}Ce	32.5 d	145	30 d	^{235}U-fission, ^{59}Fe
Nd	17.0	32.0	^{147}Nd	11.1 d	531	20 d	^{153}Sm, ^{47}Ca
Sm	3.6	4.4	^{153}Sm	46.8 d	103	10 d	^{239}Np
Eu	1.2	0.66	^{152}Eu	12.0 y	1408	30 d	
Tb	0.72	0.62	^{160}Tb	72.1 d	879/966	30 d	^{46}Sc, ^{152}Eu
Yb	2.49	2.62	^{169}Yb	30.7 d	177	30 d	^{182}Ta
Lu	0.45	0.45	^{177}Lu	6.8 d	208	10 d	^{239}Np
Th	2.4	35.1	^{233}Pa	27.0 d	312	20 d	
U	0.75	7.53	^{239}Np	2.4 d	278	10 d	
Co	0.47	2.73	^{60}Co	5.3 y	1333	30 d	
Cs	2.1	7.6	^{134}Cs	2.1 y	797	30 d	
Hf	2.95	7.75	^{181}Hf	42.5 d	482	30 d	
Sc	3.4	4.42	^{46}Sc	84.0 d	889	30 d	
Rb	10.0	256.0	^{86}Rb	18.7 d	1077	20 d	
Fe	10.2	2.01	^{59}Fe	45.1 d	1099	30 d	
Ta	0.22	1.56	^{182}Ta	115.0 d	1222	30 d	
Ba	240.0	324.0	^{131}Ba	12.0 d	496	20 d	
Ag	0.1	0.09	^{110m}Ag	253.0 d	658	30 d	
As	14.6	4.2	^{76}As	26.4 h	559	10 d	
Au	0.9	1.0	^{198}Au	2.7 d	412	10 d	
Br	0.55	1.36	^{82}Br	35.5 h	777	10 d	
Cr	113.0	9.5	^{51}Cr	27.7 d	320	30 d	
Mo	0.54	1.33	^{99}Mo	67.0 h	140	10 d	^{59}Fe, ^{235}U-fission
Ni	49.0	4.4	^{58}Co	70.8 d	811	30 d	
Sb	2.6	0.56	^{122}Sb	2.7 d	564	10 d	^{134}Cs
Sn	2.5	3.6	^{113}Sn	115.0 d	392	30 d	^{160}Tb
Sr	219.0	130.0	^{85}Sr	68.0 d	513	30 d	511 kev
W	0.7	1.12	^{187}W	23.8 h	686	10 d	
Zn		42.0	^{65}Zn	244.0 d	1115	30 d	^{152}Eu, ^{160}Tb, ^{46}Sc
Zr		150.0	^{95}Zr	64.0 d	757	30 d	^{235}U-fission

(Fe in percent Fe_2O_3 and all the other values in ppm)

3. Analytical Results

For the geochemical investigations in basaltic rocks, carried out by the authors, 13 specific samples of different basalts and andesites were available. They had been selected from important geological locations in Costa Rica (fig. 1), covering the essential stages of the magmatic differentiation and the geotectonically very interesting volcanic areas. The distribution of the samples ranges from picrites up to andesites. Thus, among the samples investigated there are picrites of the ophiolite complex of

Quepos (from the last Cretaceous period to Paleocene time), alkaline basalts and also andesitic basalts from the volcanic eruptions taking place in part at historical times.

The usual REE, La, Ce, Nd, Sm, Eu, Tb, Yb, Lu and some other significant elements, of which Th, Hf, Sc, Fe, Ba, Rb, Cs and Ta are discussed here, have been investigated.

All the samples used were obtained during field explorations and were pulverized by means of achate mortars.

The samples with a weight of about 1.8 g were irradiated together with the standard rocks BM and GM in the Research Reactor of the Central Institute for Nuclear Research (Academy of Sciences, G.D.R.) with thermal neutrons (10^{13} ns^{-1} cm^{-2}) and exposition time of about 180 minutes.

Table 2. Trace element and Fe values as results of INAA measurements in 12 of the investigated basalts and andesites from the Costa Rica region

	1	2	3	4	5	6	7	8	9	10	11	12
La	4.1	13.0	19.0	14.0	7.1	46.0	35.0	19.0	23.0	67.0	38.0	35.0
Ce	15.0	20.1	33.0	23.0	17.0	105.0	56.0	30.0	36.0	130.0	64.0	60.0
Sm	1.6	3.2	5.3	3.1	2.1	5.9	6.0	3.2	3.6	9.7	4.8	5.6
Eu	0.6	1.2	2.0	1.2	0.9	3.6	2.0	1.1	1.4	2.5	1.5	1.9
Tb	0.2	0.4	0.3	0.2	0.3	0.7	0.4	0.3	0.4	0.9	0.5	1.0
Yb	0.5	1.3	1.4	0.6	0.9	3.0	1.5	1.2	0.9	3.0	1.2	1.9
Lu	0.1	0.2	0.22	0.18	0.21	0.23	0.29	0.26	0.21	0.52	0.27	0.24
Th	0.9	1.4	1.8	2.0	0.5	6.7	4.6	3.9	5.5	16.4	14.0	5.2
U	0.4	0.5	1.1	1.0	0.2	1.3	2.1	1.3	1.8	4.6	3.7	1.6
Co	105	37.0	44.3	35.0	34.2	33.8	33.0	20.2	17.0	14.6	19.0	31.0
Cs	0.6	1.0	0.5	1.1	0.8	0.7	0.6	1.2	1.1	1.7	1.2	0.6
Hf	2.0	1.5	2.5	1.4	1.6	6.5	4.0	1.8	2.7	6.8	3.8	4.1
Sc	14.2	30.5	37.5	25.4	24.2	31.0	25.1	20.7	12.9	21.2	19.2	29.2
Rb	47	31	32	30	44	97	18	54	70	57	53	87
Fe	10.5	9.1	10.8	9.1	8.9	11.6	8.8	6.7	5.5	6.9	6.2	7.9
Ta	0.3	0.3	0.2	0.2	0.3	0.6	1.1	0.4	0.2	1.7	0.9	0.7
Ba	37	268	367	369	350	1064	502	813	975	1211	454	660
Cr	800	80	32	22	11	48	60	10	21	15	16	70

(Fe in percent Fe_2O_3 and all the other values in ppm)

(1) QU 1 Picritic basalt from the ophiolite complex of Quepos (nearly Pacific Ocean)
(2) GGJ-X-1 Alkaline basaltic rock from the Cerr Chopo region (Tilaran)
(3) A 1 Alkaline basalt (SiO_2 = 43.5%), Puente La Garita
(4) SP 15 Basaltic rock
(5) TAL 11 Dacitic rock from the Cordillera de Talamanca (SiO_2 = 64%)
(6) AT 1 Andesite, near Athenas
(7) B.N. Andesite
(8) GGJ-IX-3 Andesite, region of Las Juntas de Abangares
(9) SM 1 Andesite, northern part of San Mateo
(10) COL 2 Andesite, Tajo Colima, northern part of San Jose (SiO_2 = 54–61%)
(11) 5. Andesite
(12) TUR-3 Andesite, volcanic layers of Turrialba (SiO_2 = 52%)

The andesitic rock GGJ-IX-2 with low potassium content from the Arenal volcanic complex and 55% SiO_2 has been analyzed. We found only 12 ppm La, 0.8 ppm Th and 7.3% Fe_2O_3.

The γ-spectrometric measurements were performed by means of the minicomputer after cooling time of 10 and 30 days.

Some of the analytical results from the 13 basaltic rocks are presented in tab. 2. The lowest values of the REE and also Th have been obtained for the picrite (QU 1), which is also characterized by the highest contents of Cr and Co.

We can find rather high concentrations of the REE and Th for some andesites (samples 6 to 12 in tab. 2) and mean values have been obtained for the alkaline basalts (samples 2 to 4 in tab. 2).

In order to evaluate the results with regard to the regional specialization of the upper mantle or the tectonic position, the mean trace element concentrations have been calculated and are one of the data sets for the correlation analyses.

Another main element set is given for three of the samples in tab. 3.

Table 3. Main elements in two andesites and one basaltic rock from Costa Rica (%)

	SiO_2	Al_2O_3	Fe_2O_3	MgO	CaO	Na_2O	K_2O	TiO_2	MnO	P_2O_5	
(4) Sp 15	48.53	19.93	10.58	6.04	9.97	2.91	0.69	0.92	0.20	0.27	basalts
(11) 5.	57.84	17.52	6.86	3.98	6.80	3.61	2.29	0.16	0.12	0.23	andesites
(7) B.N.	50.91	16.51	9.65	6.95	9.10	3.45	1.39	1.46	0.15	0.44	andesites

4. Correlation Analyses

The investigated elements of various groups in basaltic rocks from some geotectonic positions were available. More than 10 of the mean trace element values from all the groups (JUST, 1985) are shown in tab. 4. Here are ultrabasic rock complexes, also periotites, continental tholeiites and picrites, basaltic rocks from the Ronanche zone (JUST, KRAMER and LOOS, 1983), Devonian diabases and Tertiary basalts from the southern part of the G.D.R. together with the basalts of the Costa Rica region.

Based on the knowledge that the REE and also Th are being enriched during the magmatic differentiation of a parent mantle derived magma, all the rocks are the data base and have been classified (from the left to the right) in accordance with the increase of the degree of differentiation. On the left we can find primitive basalts and on the right highly differentiated continental rift basalts such as the Tertiary basalts (and phonolithes) from Saxonia. The concentrations increase, beginning with ultrabasites (1) followed by primitive tholeiitic basalts found in the northern part of the G.D.R. (2) and picrites (3) found in the southern part. Compare the intermediate concentrations for picrites with the values of the analyses for the sample QU 1 (sample 1 in tab. 2)! The position of some differentiated oceanic basalts from the region of the Romanche zone (4) and of Devonian diabases from the Rhenohercynian zone in the G.D.R. (5) followed by the mean values of the samples from Costa Rica (6) is the next stage. The Saxonian Tertiary basalts (9) representing a continental intra plate volcanism together with the Devonian keratophyres are the last groups, followed by the quartzkeratophyres also of Devonian age.

The Devonian keratophyres and quartz keratophyres have the highest enrichments in REE and Th.

Table 4. Mean values of the investigated trace elements and Fe in all of the investigated groups with basaltic rocks from various regions and various geotectonical positions (JUST, 1985)

	1	2	3	5	5	6	7	8	9	10	11
La	1.9	3.7	7.7	17.0	19.4	25.4	37.3	41.3	96.5	113.5	90.2
Ce	5.6	8.3	16.8	19.5	39.4	40.4	85.7	75.4	150.4	210.3	177.3
Nd	6.7	7.6	13.8	15.6	28.4	23.0	53.9	52.0	106.1	132.2	104.1
Sm	1.0	2.8	2.9	3.1	6.1	4.6	9.1	7.7	11.4	18.8	17.1
LREE	12.6	22.4	41.3	54.5	91.9	103.0	185.1	179.9	364.5	458.1	388.8
Th	0.28	0.35	0.83	1.45	2.7	4.8	4.1	6.5	10.6	17.7	21.8
U	0.22	0.07	0.37	0.41	0.98	1.6	1.5	1.77	3.4	3.8	5.4
Co	99.	69.	137.	49.	39.	34.	31.	52.	49.	3.3	6.6
Cs	4.3	7.4	9.2	0.83	3.6	0.85	5.8	4.1	1.34	4.6	2.7
Hf	0.96	1.88	2.45	2.39	4.2	3.1	7.9	7.85	6.74	25.8	23.1
Sc	17.9	36.0	16.0	28.9	27.7	24.0	22.8	21.0	22.5	10.5	3.6
Rb	3.4	12.9	13.1	15.4	28.7	47.8	62.6	60.0	115.0	133.0	164.0
Fe	5.6	8.3	10.4	7.4	7.6	8.4	7.2	7.2	9.9	5.1	2.4
Ta	0.17	0.25	0.53	0.83	1.15	0.51	3.0	2.87	6.3	7.75	8.2

(values are given in ppm, only Fe in percent Fe_2O_3)

(1) ultrabasic rock complexes
(2) olivinbasaltes, northern part of G.D.R.
(3) picrites
(4) basaltic rocks, Romanche zone
(5) diabases, G.D.R.
(6) basaltic and andesitic rocks of the Costa Rica region
(7) spilites, G.D.R.
(8) mean values of all the basaltic rock samples
(9) alkaline basaltic rocks, G.D.R.
(10) keratophyres, G.D.R.
(11) quartzkeratophyres, G.D.R.

The plot of thorium with an important set of elements shows fig. 5 and all the calculated correlations for Th with the other investigated elements in all of the 11 groups discussed in this paper are shown in tab. 5.

All the elements which are of importance for the classification, e.g. U, Ta, La and Rb, show good positive correlations for the data base of basaltic rocks.

In a lot of samples from granitic rock complexes the correlations are not so good (JUST, 1985).

Tab. 6 shown the correlation matrix with all the investigated elements in the data base of basaltic rocks.

The plot of elements (e.g. fig. 5) showed the relationships between thorium and the elements mentioned above. Furthermore, low values for ultrabasic rocks and primitive tholeiites of low differentiation and then the high concentrations for relatively highly differentiated continental volcanic rocks are of interest. In order to elucidate the correlations, the correlation matrix for all the elements (e.g. tab. 6) has shown, that the REE and

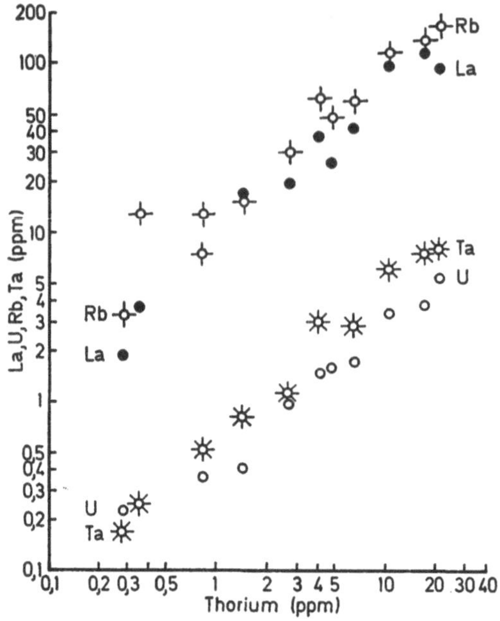

Fig. 5. Plot of the important set of elements for the geochemical classification of basaltic rocks after short INAA measurements

Table 5. Correlations between Thorium and the other investigated elements (tab. 4)

	1	2	3	4	5	6	7	8	8	10	all samples
La	.73	−.20	.94	.90	.70	.62	.76	.86	.98	.33	.92
Ce	.73	−.20	.96	.93	.73	.67	.83	.86	.98	.46	.94
Nd	.72	−.50	.94	.89	.39	.54	.81	.70	.94	.21	.92
Sm	.71	−.60	.88	.90	.26	.57	.67	.74	.97	−.1	.95
LREE	.72	−.30	.95	.93	.39	.62	.81	,80	.98	.27	.94
U	.83	.28	.99	.82	.79	.88	.71	.96	.87	.96	.98
Co	−.80	.39	−.90	−.40	−.90	−.30	.11	−.40	−.50	.22	−.70
Cs	.75	−.60	.88	−.60	−.30	−.40	.91	.68	−.30	.51	−.30
Hf	.69	−.80	.96	−.90	.34	−.60	.20	.72	.52	−.10	.94
Sc	.69	−.80	−.70	−.20	.90	.28	−.40	−.20	−.70	−.40	−.80
Rb	.72	−.40	.95	−.60	.84	.36	.89	.32	−.60	−.4	.98
Fe	.81	.36	−.80	−.20	−.10	.81	−.10	−.50	.20	−.10	−.60
Ta	.69	−.60	.97	.97	−.10	.37	.31	.86	.89	.17	.96

numbers of samples: (1) 5 ultrabasic rocks: (2) 4 picrites: (3) 7 diabases: (4) 12 spilites: (5) 6 keratophyres: (6) 8 quartzkeratophyres: (7) 12 basaltes, Romanche Zone: (8) 13 basaltes, Costa Rica: (9) 7 basaltes, southern part of G.D.R.: (10) 5 basaltes, northern part of G.D.R.:

Table 6. Correlation matrix with all the investigated elements in the data base of basaltic rocks

	La	Ce	Nd	Sm	LREE	Th	U	Co	Cs	Hf	Sc	Rb	Fe	Ta	
La	1.	.99	.99	.95	.99	.92	.92	−.68	−.35	.68	−.61	.95	−.40	.97	La
Ce		1.	.99	.99	.99	.94	.98	−.70	−.25	.91	−.67	.97	−.48	.98	Ce
Nd			1.	.97	.99	.92	.92	−.67	−.25	.88	−.76	.96	−.55	.97	Nd
Sm				1.	.97	.95	.94	−.75	−.20	.95	−.67	.87	−.55	.97	Sm
LREE					1.	.94	.94	−.70	−.28	.89	−.64	.97	−.44	.98	LREE
Th						1.	.98	−.70	−.30	.94	−.76	.98	−.64	.96	Th
U							1.	−.70	−.36	.88	−.73	.99	−.57	.96	U
Co								1.	.56	−.69	.22	−.72	.57	−.66	Co
Cs									1.	−.10	.0	−.32	.22	−.24	Cs
Hf										1.	−.76	.89	−.70	.90	Hf
Sc											1.	−.69	.62	−.69	Sc
Rb												1.	−.53	.98	Rb
Fe													1.	−.52	Fe
Ta														1.	Ta
	La	Ce	Nd	Sm	LREE	Th	U	Co	Cs	Hf	Sc	Rb	Fe	Ta	

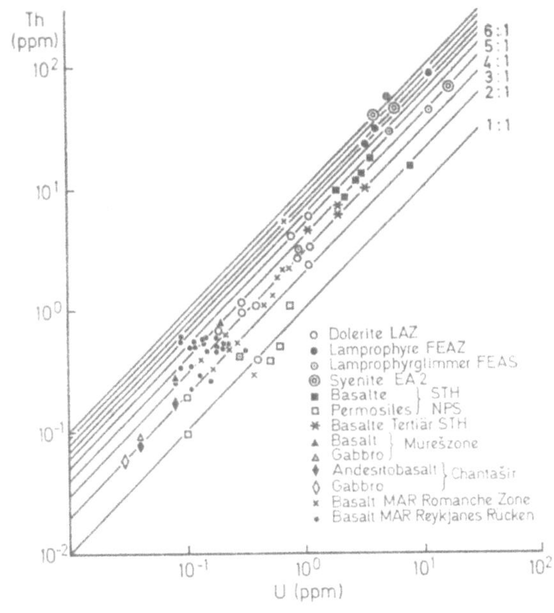

Fig. 6. Thorium/Uranium ratio in basaltic and intermediate rock sequences (Just, Kramer and Loos, 1985)

Th have positive correlations with U, Hf, Ta and Rb and negative correlations with elements as Co, Cs, Sc and Fe.

With the help of INAA measurements all the data sets are produced in a short measuring time and we have a good tool for the classification of basaltic rocks.

The next stage of this work is the statistical feature extraction (Just, Zwanziger and Fromm, 1985).

An important set of elements is the Th/U ratio and in fig. 6 are shown some ratios in basaltic and intermediate rocks acc. to JUST, KRAMER and LOOS, 1985). The samples of the Costa Rica region are in the range from 10^0 to 10^1 ppm Th together with basalts from the Romanche type and the dolerites in the Lusatia (G.D.R.), as well as the Saxonian Tertiary basalts.

5. References

F. A. FREY: Trace element geochemistry: Applications to the igneous petrogenesis of terrestrial rocks. Rev. Geophys. Space Phys., 17 (1979) 4, 803–823.

F. A. FREY, B. W. CHAPPELL: Rare earth and other trace element abundances in I- and S-type granites, southeast Australia. Geochim. Cosmochim. Acta (1980).

B. GLEISBERG, S, NIESE, L. PFEIFFER: Instrumentelle Neutronenaktivierungsanalyse tertiärer Magmatite aus dem Süden der DDR. Isotopenpraxis 22 (1986) 5, 169–174.

G. JUST, W. KRAMER, G. LOOS: Zur Anwendung der INAA bei der Untersuchung basaltischer Gesteine ozeanischer und kontinentaler Herkunft. 3. Tagung Nukl. Analysenverfahren, Dresden 1983. Proceedings ZfK-524 (1984), 138–141.

G. JUST: Beiträge zur Klassifizierung granitoider Gesteine auf der Grundlage aktivierungsanalytischer Bestimmungen seltener Elemente. Unveröff. Diss. KMU Leipzig 1986.

G. JUST: Trace element studies in granitic rock sequences, southern part of the G.D.R. — On the existence of A-type granitic melts. Gerlands Beitr. Geophysik, Leipzig 94 (1985) 4–6, 381–408.

G. JUST, W. D. FROMM, H. ZWANZIGER: Zur geochemischen Charakterisierung von Granitoiden mittels rechnergesteuerter INAA-Meßtechnik und multivariater Statistik. COMPANA 85, 3. Tagung Computereinsatz in der Analytik, Jena 1985.

G. JUST, W. KRAMER, G. LOOS: Zur Rolle seltener Elemente in basaltischen Gesteinen unterschiedlicher regionaler Stellung. Zeitschrift für angewandte Geologie, 31 (1985) 1, 18–20.

R. W. KAY, N. J. HUBBARD: Trace elements in ocean ridge basalts. Earth and Planetary Science Letters, 38 (1978) 95–116.

J. W. WINCHESTER: Radioactivation analysis in inorganic geochemistry. In: Progress in inorganic Chemistry, F.A. Cotton, Ed., Interscience, New York, 2 (1960) 1–32.

Zur stofflichen Entwicklung der Reitzenhainer Rotgneisstruktur auf der Grundlage aktivierungsanalytischer Bestimmungen seltener Elemente

A. Frischbutter und G. Just[1]

Zusammenfassung: Die mittels geologisch-struktureller, petrographischer und makrogeochemischer Daten postulierten Entwicklungsreihen „Differentiation" und „Anatexis" in der Reitzenhainer Rotgneisstruktur (Frischbutter, 1985) lassen sich mittels typischer Verteilungen seltener Elemente (u. a. REE-Verteilungen und -Verhältnisse) belegen.

Die gefundenen Werte liegen generell zwischen den Vergleichsdaten (Just, 1985) der variszisch-postkinematischen Granite mit einer Tendenz zu deren differenzierteren Gliedern im Jüngeren Intrusivkomplex.

Während bei den untersuchten Orthogneisen die „Differentiationsentwicklung" in Richtung der für den Jüngeren Intrusivkomplex gefundenen Werte weist, tendiert die „Anatexisentwicklung" in Richtung der Elementverteilungen für den Älteren Intrusivkomplex der erzgebirgischen variszisch-postkinematischen Granite.

Eine Sonderstellung in der „Differentiationsreihe" nehmen die Äußeren Rotgneise ein, die einerseits in ihrer Relation zu den Gang- und Lagerrotgneisen durch deren Hybridisierungstendenz, andererseits durch Glimmer-Feldspat-Beziehungen, wie sie in den Rb-Ba-Verhältnissen zum Ausdruck kommen, bedingt sein können.

Das Verhalten der genetisch bedeutsamen Elemente Thorium und Uranium bestätigt gleichfalls das erarbeitete Entwicklungsmodell der Reitzenhainer Rotgneisstruktur, wobei Variationen der U-Verteilung durchaus auf variszische und jüngere Umverteilungen zurückgeführt werden können.

Als Ausdruck solcher Beeinflussungen wurden Vergleichsdaten an gut untersuchten Gneisen im Raum Schmiedeberg herangezogen.

Die Untersuchungen belegen, daß die Entwicklung des Rotgneismagmatismus teilweise zu Differentiationsprodukten führen konnte, die auch in der variszischen Entwicklung gefunden werden, dabei aber der Entwicklungsprozeß recht frühzeitig zum Erliegen kam (Mangel an Wärme?).

Einleitung

Im Zusammenhang mit der gegenwärtigen Diskussion der geotektonisch-metallogenetischen Entwicklung des prävariszischen Magmatismus am N-Rand der Böhmischen Masse stellt sich noch immer die Frage nach einer objektiven Beurteilung und Gliederung, sowie wenn möglich auch stofflichen Charakterisierung der einzelnen magmatischen Entwicklungsstufen. Dies erfordert nicht nur eine geochemische Klassifizierung der während des Intrusionsgeschehens in einer definierten zeitlichen Abfolge gebildeten granitoiden Gesteine, sondern auch die Berücksichtigung der nachfolgenden, möglicher-

[1] Anschriften der Verfasser:
Dr. A. Frischbutter, AdW DDR, Zentralinstitut für Physik der Erde, 1561 Potsdam, Telegrafenberg;
G. Just, Karl-Marx-Universität, Sektion Physik, 7010 Leipzig, Talstr. 35.

weise auch mehrstufigen Überprägungen durch Deformations- und Metamorphoseereignisse.

Um eine analytisch begründete Zuarbeit zur endgültigen Bearbeitung des gestellten Zieles vorlegen zu können, wird in dem vorliegenden Beitrag die Aussagemöglichkeit einer Reihe von seltenen Elementen, die bei JUST (1985) zur geochemischen Klassifizierung granitoider Gesteine herangezogen wurden, an einem geologisch-strukturellen Entwicklungsmodell der Reitzenhainer Rotgneisstruktur getestet.

Die Elemente La, Ce, Nd, Sm, Eu, Tb, Yb, Lu, Th, U, Co, Cs, Hf, Sc, Rb, Fe, Ta, Ba wurden mittels Neutronenaktivierungsanalyse untersucht.

Im Rahmen der Bearbeitung des Themas wurden auch weitergehende Analysen von Ortho- und Paragneisen der Fichtelgebirgisch-Erzgebirgischen Antiklinalzone sowie von Granulitgneisen und Granuliten neben den 60 prävariszischen Granitoiden der Reitzenhainer Rotgneisstruktur in die Untersuchungen einbezogen.

Die Ergebnisse wurden im engen Zusammenhang mit der geochemischen Entwicklung der variszisch-postkinematischen Granitoide diskutiert.

Geologischer Überblick

Im Ergebnis der Auswertungen von neuen Spezialkartierungen im Kern der Reitzenhainer Rotgneisstruktur, die im zentralen Teil der Fichtelgebirgisch-Erzgebirgischen Antiklinalzone gelegen ist, ergab sich ein Entwicklungsmodell, welches einerseits eine amphibolitfaziell überprägte Differentiationsabfolge von kalkalkalischen Graniten mit speziellen Kontaktformen in der oberproterozoischen Abfolge der Paragneise der Preßnitzer Serie beinhaltet, andererseits aber eine rein anatektische Bildung grobkörniger, nahezu richtungslos struierter sogenannter Basalgranitoide unterscheidet.

Nach den Angaben von FRISCHBUTTER (1985) geht die Differentiation des prävariszischen Magmenkörpers von einem granitporphyrischen Kern (Innerer Rotgneis) über einen in der Textur variablen, teils langflasrig-plattigen, teils lagenweise augigen Rand (Äußerer Rotgneis) bis zu einem feinkörnig-plattigen, mikrogranitischen Gang- und Lagerrotgneis, der sowohl die anderen beteiligten Strukturteile durchschlägt, als auch teilweise deren äußeren Rahmenkontakt gegen die Paragneise bildet.

In der auf Abb. 1 gegebenen Darstellung nach dem Schema von SiO_2 gegen Zr/TiO_2 für die Differentiationsentwicklung aus den Angaben von WINCHESTER und FLOYD (1977) wäre die genannte magmatische Abfolge zwischen den Bereichen der granodioritisch-monzogranitischen und der syenogranitischen Entwicklung einzuordnen.

Dieser präkinematischen Differentiation eines gegebenen granitischen Magmas steht die im Zusammenhang mit der postmetamorphen Faltung einer älteren Kristallisationsschieferung zu berücksichtigende Formung von Anatexiten auf in der Regel flachliegenden Differentiationsbahnen, die parallel den jüngeren Flächen der Kristallisationsschieferung liegen, gegenüber. Als Weiterführung einer stark vergenten Faltung der älteren Kristallisationsschieferung mit überschiebenden Bewegungen werden fleckenartig, auf den Faltenachsen parallelen Flächen die Bildungsbedingungen für erste Anatexite (Basalgranitoide) erreicht. In dieser Phase der Anatexis dürfte neben einem zonal anomalen Wärmestrom entlang von bevorzugten tektonischen Leitlinien und im Zusammenhang mit der Wanderung des Metamorphosegeschehens in Analogie zu den Studien von BANKWITZ und BANKWITZ (1982) bei gleichzeitig beginnender Konzentration intermediärer magmatischer Körper in der unteren Kruste nach JUST (1985), die lokale Anreicherung von radioaktiven Elementen Thorium, Uranium und Kalium mit der sich ergebenden wesentlich gesteigerten radioaktiven Wärmeproduktion zur Folge hatte, auch die hinzukommende Wirkung der frei werdenden Reibungswärme als ein unmittelbar zur Generierung lokaler Schmelzen beitragender Faktor eine nicht zu unterschätzende Rolle spielen.

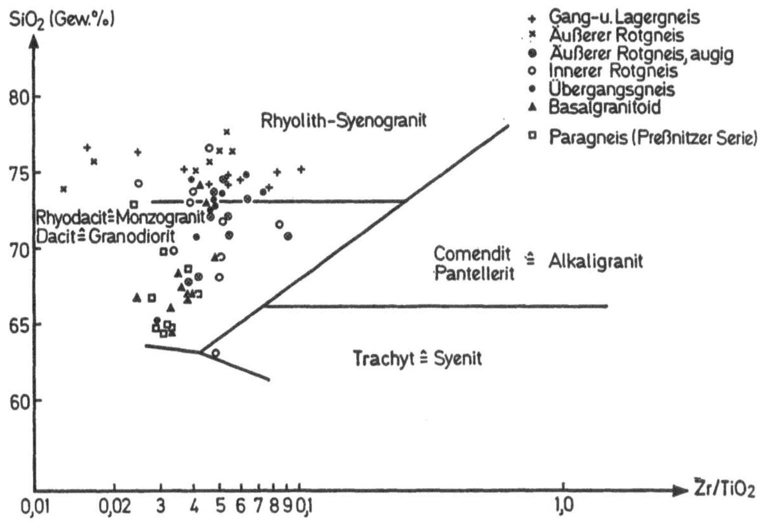

Abb. 1. Die Hauptgesteinstypen der Reitzenhainer Rotgneisstruktur im SiO_2 und Zr/TiO_2 Diagramm nach WINCHESTER und FLOYD (1977)

Neben der linsenartig gestreckten und an den Faltenbau der älteren Kristallisationsschieferung gebundenen Verbreitung der Basalgranitoide spricht auch die Ausbreitung eines Übergangsgneises zwischen dem Ausgangsgestein und dem gebildeten Anatexitbereich gegen die früher vertretene Auffassung dieser Gesteine als unvergneiste Relikte der präkinematischen Intrusivkörper, wie sie von SCHEUMANN (1938) diskutiert wurde. Die genannten Übergangsgneise sind neben betont kataklastisch-mylonitischer Gesteinstextur durch das allein auf sie beschränkte Auftreten von Disthen gekennzeichnet. Umfangreiche Haupt- und Spurenelementuntersuchungen dieser deformationsinduzierten Anatexis belegen eine relative Basifizierung gegenüber dem Ausgangsmaterial, d. h. eine Abgabe von vorwiegend sauren Stoffanteilen. Danach kann der entstandene Basalgranitoid in gewisser Weise als ein Restit angesehen werden (FRISCHBUTTER, 1985).

Im folgenden wird die Entwicklung der Basalgranitoide aus dem Material der Inneren Rotgneise betrachtet. Dieser Fall ist auf Grund der Krustentiefe der Deformation im Kern der Struktur (Gebiet Rübenau) der weitaus häufigere, und in den peripheren Strukturteilen entspricht die Formung der Basalgranitoide der Ausbildung von Stengelgneisen in einem entsprechend höheren Krustenniveau (Gebiet Steinbach—Jöhstadt).

Die entsprechende Basalgranitoidbildung aus dem Inneren Rotgneis erfolgt dann stofflich gesehen in Richtung der Zusammensetzung der Paragneise (flasrige Zweiglimmergneise) der Preßnitzer Serie (vgl. dazu Abb. 2). Im Ergebnis von spektralanalytischen Untersuchungen ist das Dreieck Ba/Rb/Sr zur Charakterisierung der magmatischen Entwicklungen recht gut geeignet.

In den folgenden Darstellungen soll auf die Aussagefähigkeit weiterer Untersuchungen (Neutronenaktivierungsanalyse) hingewiesen werden.

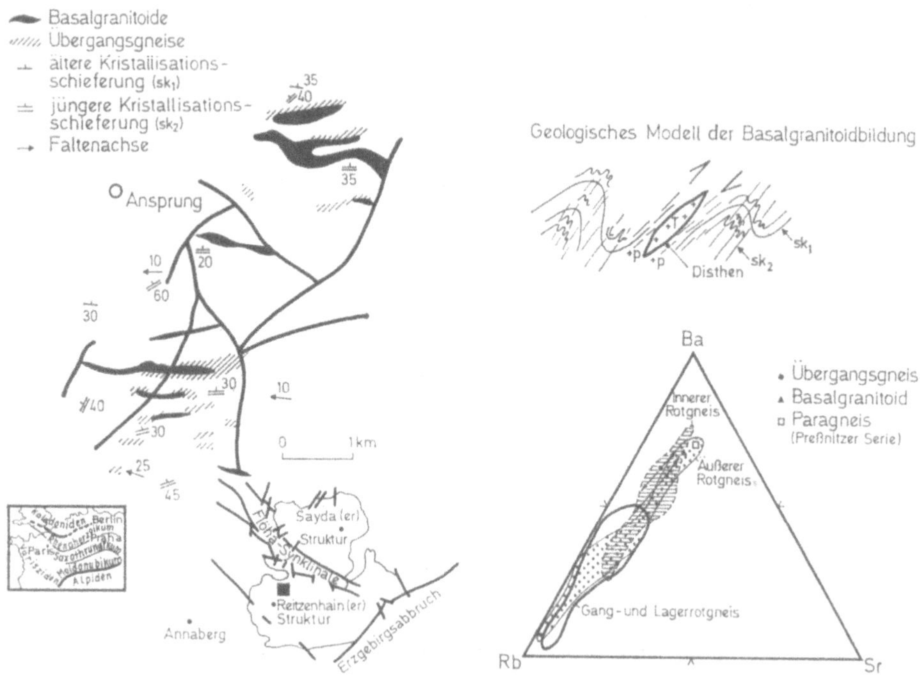

Abb. 2. Schemata zur strukturellen und stofflichen Position der Entwicklung der Basalgranitoide in der Reitzenhainer Rotgneisstruktur

Analysenergebnisse

Einen raschen Überblick über die ermittelten Elementgehalte für die einzelnen magmatischen Abfolgen der Reitzenhainer Rotgneisstruktur ermöglicht Tab. 1. Dabei wurden die Gehalte an La, Eu, Lu, Th, U, Co, Cs, Sc, Rb, Ta und Ba als entscheidende Informationsträger zusammengestellt. Die Variation der in Tab. 1 verwendeten Spurenelemente sowie einer Reihe weiterer geochemischer Informationen für die Abfolge der variszischen postkinematischen Granitoide des westlichen Erzgebirges (Kirchberg—Eibenstock, Aue, Bergen und Schwarzenberg) zeigt die Tab. 2.

Tab. 3 stellt die allgemeine Abfolge der Differentiation von mafitreichen Granitoiden bis hin zu den hochdifferenzierten Leukograniten dar. Für die Erarbeitung dieses Modells wurden nahezu 2000 Analysen von granitoiden Gesteinen verschiedener Entwicklungsstufen und tektonischer Positionen zusammengestellt und statistisch bearbeitet (vgl. Just, 1985). Die entsprechende bildliche Darstellung der geochemischen Entwicklung ist auf Abb. 7 zu finden.

Tabelle 1. Elementgehalte in den wichtigsten Varietäten der Reitzenhainer Rotgneisstruktur

PGn Paragneise (Preßnitzer Serie)
BGr Basalgranitoide
ÜGn Übergangsgneise
IRGn Innere Rotgneise
ÄRGn Äußere Rotgneise
GuLRGn Gang- und Lagerrotgneise

	□	▲	●	⊙	○	×	+	
	PGn	BGr	ÜGn	IRGn	IRGn	ÄRgn	GuLRGn	⌀
La	13,4	19,7	16,2	16,9	13,3	4,3	6,4	12,9
Ce	32,1	49,9	38,9	38,5	34,0	14,3	15,9	31,9
Nd	15,0	21,5	17,1	17,4	14,5	5,9	6,7	14,0
Sm	2,8	4,4	3,6	3,9	3,3	1,8	1,9	3,1
Eu	0,78	0,74	0,5	0,43	0,45	0,1	0,25	0,46
Tb	0,47	0,54	0,45	0,50	0,39	0,20	0,26	0,40
Yb	2,86	3,4	2,84	3,9	2,84	1,5	2,1	2,49
Lu	0,48	0,51	0,44	0,56	0,46	0,45	0,34	0,46
Th	11,6	11,7	9,6	14,9	8,7	5,5	4,5	9,4
U	2,7	3,1	3,4	2,9	3,1	10,6	3,0	4,1
Co	8,5	2,9	2,0	9,3	1,95	0,58	2,9	4,0
Cs	9,6	11,8	9,6	8,8	13,4	19,1	4,3	10,9
Hf	7,5	6,4	4,9	5,5	3,6	2,3	4,0	4,9
Sc	13,3	6,8	5,6	4,9	4,7	4,6	3,0	6,1
Rb	129	203	234	259	230	479	176	244
Fe_2O_3	5,1	3,0	2,3	2,4	2,0	1,23	1,0	2,43
Ta	0,94	0,83	0,88	0,9	0,88	1,57	0,7	0,96
Ba	539	506	334	558	353	62	183	362

Fe in % Fe_2O_3

Da bei der Bearbeitung allgemeiner Gesetzmäßigkeiten im Bereich der DDR die variszischen Granitoide hinsichtlich der vorhandenen Aufschlußverhältnisse dominieren, ist bei einem Vergleich mit den prävariszischen Abfolgen eine mögliche regionale geochemische Spezialisierung zu berücksichtigen. So ist bekannt (Just, 1985), daß innerhalb der allgemeinen Modelle die Spezialisierung des Osterzgebirges, der Elbtalzone und des Granulitgebirges hinsichtlich Thorium und der Reihe der leichten Seltenen Erden (LREE) gegenüber dem Westerzgebirge und dem Vogtland als positive Anomalie in Erscheinung tritt.

Als wenig beeinflußte und recht eindeutige Kriterien hinsichtlich des Differentiationsgrades können die Elemente der Früh- und Hauptkristallisation Ba und Sc, sowie die Elemente der Spätkristallisation Rb und Ta herangezogen werden.

Der Vergleich der in Tab. 1 zusammengestellten Werte für die wesentlichen, am Aufbau der Reitzenhainer Rotgneisstruktur beteiligten Gesteinstypen und Intrusionsfolgen mit den allgemeinen Informationen von Tab. 3, sowie der konkreten Situation in den postkinematischen Abfolgen des westlichen Erzgebirges (vgl. Tab. 2) zeigt, daß einige wesentliche Besonderheiten den Rotgneismagmatismus prägen.

Tabelle 2. Elementverteilung in den variszischen postkinematischen Granitoiden des Teilplutons im westlichen Erzgebirge nach Angaben von Just (1984) und Tischendorf und Schust (1980)
Spurenelemente in ppm; Hauptelemente in Prozent

	Kirchberg			Zwischen-granite		Eibenstock			Aue	Schwarzen-berg	Bergen	
	I	II	III	I	II	I	II	III	I	I	I	II
La	56,5	24,0	18,0	24,0	17,0	13,2	4,1	2,5	37,7	11,8	24,8	11,0
Ce	127,4	64,0	51,0	60,0	41,0	30,4	11,0	7,1	80,7	26,3	59,2	25,5
Nd	52,3	27,0	21,0	22,0	19,0	17,9	5,1	3,5	35,0	10,5	31,1	10,6
Sm	7,1	5,0	4,3	5,1	4,0	2,5	1,1	0,7	4,9	1,7	3,5	1,4
Eu	0,97	0,6	0,37	0,3	0,28	0,25	0,1	0,1	0,95	0,38	0,67	0,2
Tb	0,84	0,71	0,68	0,65	0,52	0,5	0,4	0,36	0,54	0,35	0,41	0,33
Yb	3,5	3,2	3,0	3,1	2,7	1,8	1,5	1,2	1,98	1,7	2,4	2,0
Lu	0,66	0,51	0,60	0,2	0,16	0,34	0,1	0,1	0,35	0,37	0,43	0,31
Th	45,1	37,0	35,0	20,0	17,1	13,1	7,0	5,4	20,6	7,0	14,9	6,9
U	12,4	11,0	18,0	9,0	11,0	15,5	8,5	12,0	6,5	5,9	7,9	6,2
Co	3,6	1,8	0,7	1,2	1,1	1,9	0,5	0,4	2,95	1,5	3,1	1,1
Cs	19,5	27,0	25,0	50,0	53,5	84,7	102	125	17,1	20,6	22,0	24,1
Hf	7,5	4,5	3,9	4,2	4,9	3,3	2,4	2,2	5,3	2,3	4,2	2,8
Sc	6,0	5,0	3,7	3,2	2,7	3,7	2,4	2,4	4,4	2,9	4,8	3,2
Rb	275	360	380	500	520	705	800	1050	241	362	297	313
Fe_2O_3	2,4	1,8	1,1	1,9	1,6	1,9	1,2	1,1	2,1	1,1	1,7	1,2
Ta	3,9	5,3	7,2	6,1	8,2	5,7	6,5	7,8	2,2	3,14	3,0	4,8
Ba	357	300	180	210	200	163	100	80	379	220	314	163
Sn	9	15	10	23	25	45	48	49				
W	4,8	4,7	4,2	8,0	8,0	11,3	11,3	11,4				
F	900	870	450	1950	2500	5000	6800	7100				
Li	130	180	90	225	265	465	690	640				
Be	7	9	10	9	12	15	13	11				
Zn	50	43	41	67	46	43	44	40				
Zr	190	135	90	120	100	69	29	19				
Ga	20	18	16	23	24	27	22	36				
Nb	13	15	25	14	15	21	27	23				
B	26	23	15	34	43	32	34	40				
Ni	8	4	3	3	2	2	1,5	1,4				
Pb	33	34	44	24	22	17	15	13				
Sr	210	85	25	35	20	22	14	12				
Y	21	24	29	14	22	18	14	11				
V	25	14	5,5	6,5	6,0	5,0	4,1	3,8				
Cr	4,8	4,5	2,8	4,1	3,6	3,6	3,5	1,8				
Si	34,0	34,4	35,4	34,2	34,8	35,0	34,9	35,0				
Ti	0,27	0,156	0,048	0,114	0,108	0,108	0,072	0,042				
Al	7,43	7,37	6,79	7,69	7,26	7,21	7,37	7,48				
Fe	1,79	0,98	0,47	1,03	0,94	0,79	0,66	0,58				
Mn	0,034	0,028	0,015	0,018	0,017	0,015	0,015	0,019				
Mg	0,45	0,29	0,2	0,13	0,12	0,11	0,08	0,06				
Ca	0,86	0,71	0,56	0,43	0,34	0,31	0,26	0,26				

Tabelle 2. (Fortsetzung)

	Kirchberg			Zwischen-granite		Eibenstock		
	I	II	III	I	II	I	II	III
Na	2,5	2,4	2,5	2,4	2,4	2,5	2,6	2,6
K	3,7	3,7	3,9	4,1	3,8	3,9	3,8	3,9
P	0,087	0,075	0,026	0,130	0,125	0,130	0,170	0,175
La/Ta	14,5	4,5	2,5	3,9	2,1	2,3	0,63	0,32
Rb/Th	6,1	9,7	10,9	25,0	30,4	53,8	114,3	194,4

Tabelle 3. Mittlere Elementgehalte (*m*) und Varianzen (*v*) in den unterschiedenen Gruppen granitoider Gesteine (Modell II)

(11) Syenite; (1) Granodiorite; (2) Normalgranite; (3) Entwickelte Normalgranite; (4) Übergangsgranite; (5) Hochdifferenzierte Granite:

	Gruppe (11)		Gruppe (1)		Gruppe (2)		Gruppe (3)		Gruppe (4)		Gruppe (5)	
	(*m*)	(*v*)	(*m*)	(*v*)	(*m*)	(*v*)	(*m*)	(*v*)	(*m*)	(*v*)	(*m*)	(*v*)
La	105,4	88,4	51,4	20,9	42,1	13,5	23,4	17,3	15,8	14,3	9,5	9,8
Ce	223,9	182,3	106,9	47,7	89,7	31,2	55,4	41,0	40,2	35,4	26,7	29,5
Nd	110,9	93,8	52,5	20,4	39,7	11,6	25,8	17,1	19,7	18,4	11,7	11,9
Sm	12,7	7,3	8,91	3,8	5,3	1,6	4,5	3,1	3,6	3,1	2,41	2,41
Eu	2,78	1,45	1,91	0,73	1,1	0,26	0,38	0,27	0,16	0,15	0,14	0,11
Tb	1,02	0,33	0,87	0,42	0,76	0,44	0,62	0,39	0,59	0,53	0,64	0,41
Yb	3,01	1,37	3,6	1,8	2,5	0,95	3,1	2,1	3,2	3,2	3,5	3,5
Lu	0,55	0,24	0,62	0,25	0,49	0,19	0,57	0,43	0,61	0,70	0,60	0,68
Th	40,1	34,4	17,6	9,8	30,9	21,7	19,9	14,9	17,8	16,5	10,9	8,6
U	6,5	4,4	4,8	3,1	8,3	4,5	9,2	3,8	12,8	7,0	11,2	5,9
Co	16,9	7,8	10,5	6,3	4,3	2,5	1,4	0,81	1,03	0,55	0,85	0,47
Cs	6,47	4,7	10,3	6,9	11,2	7,4	24,9	17,0	48,7	30,1	71,5	51,2
Hf	16,4	12,3	8,7	4,5	6,0	2,4	4,4	2,2	3,7	2,2	4,1	2,6
Sc	19,9	5,6	13,6	2,2	5,5	1,3	4,1	2,3	4,4	1,5	4,6	3,5
Rb	147	51	160	60	217	66	400	108	686	160	1414	333
Fe_2O_3	6,7	1,7	4,9	1,3	2,3	0,51	1,4	0,4	1,7	0,6	1,6	1,1
Ta	1,68	1,27	2,0	1,2	2,2	1,17	5,1	4,4	6,7	3,9	21,7	10,8
Ba	1117	640	790	203	701	346	282	241	197	104	154	120
La/Ta	79,1	75,2	30,3	11,0	21,8	9,2	9,4	15,1	3,0	3,7	0,92	2,6
Rb/Th	6,42	3,61	9,8	3,4	9,6	5,9	36,7	28,1	68,8	45,3	213	153
	$n = 28$		$n = 30$		n = 35		$n = 30$		$n = 28$		$n = 25$	

Besonders auffällig sind die relativ geringen Gehalte an den Seltenen Erden (REE) und an Thorium in der Abfolge von den Inneren Rotgneisen bis hin zu den Gang- und Lagerrotgneisen. Ein erster Vergleich mit den potentiell in den Graugneisen der Preßnitzer Serie vorhandenen Elementkonzentrationen weist auf eine primitive und in relativ kurzer Zeit abgelaufene magmatische Entwicklung hin. Die folgenden Kapitel sind einigen speziellen geochemischen Problemen gewidmet und sollen diesen Eindruck unterstreichen und zur Diskussion stellen.

Verteilungsmuster der seltenen Erden

Eine Übersicht zur Verteilung der REE in den untersuchten Hauptgesteinen der Reitzenhainer Rotgneisstruktur zeigt die Abb. 3a. Die Elementgehalte der unterschiedenen Gesteinsgruppen stellen die Durchschnittswerte jeweils mehrerer Analysen dar, und die Normierung erfolgte nach den bei NAKAMURA (1974) veröffentlichten Werten. Bei nur geringfügig unterschiedlich ausgebildeten Absolutgehalten für die Einzelproben in den Gruppen (stärkere Streuungen treten lediglich bei den Gang- und Lagerrotgneisen auf) ergibt sich bei einer schwachen Variation der Verteilungsmuster eine deutliche Trennung der Entwicklungen vom Inneren Rotgneis zum Gang- und Lagerrot-

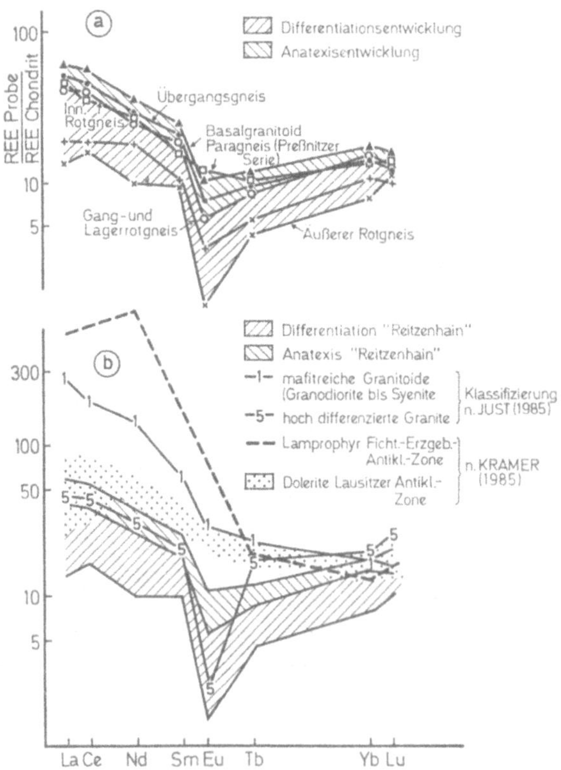

Abb. 3. Auf die Gehalte der Chondriten normierte Verteilungsmuster der Seltenen Erden für wichtige Gesteinsgruppen der Reitzenhainer Rotgneisstruktur (3a) und deren Vergleich mit einer Reihe von gleichfalls untersuchten sauren und basischen Gesteinen aus dem Südteil der DDR (3b) sowie Vergleich mit der Entwicklung von S-Typ-Graniten nach FREY und CHAPPEL (1980) (3c) und I-Typ-Graniten (3d) am Beispiel von SE-Australien

gneis (regionalmetamorph überarbeitete Differentiationsreihe) und vom Inneren Rotgneis zum Basalgranitoid (postregionalmetamorphe Anatexis).

Charakteristisch zeigt sich die ausgeprägte Eu-Anomalie bei tendentiell abnehmenden REE-Gehalten und REE-Verhältnissen für die Differentiationsentwicklung. Im Gegensatz dazu finden wir bei der anatektischen Entwicklung eine zunehmende Verflachung der Eu-Anomalie bei tendentiell steigenden REE-Gehalten.

Ein Vergleich der erarbeiteten Daten zur Reitzenhainer Rotgneisstruktur mit den veröffentlichten Werten seltener Elemente, insbesondere der REE, für saure und basische Gesteine aus dem Südteil der DDR (vgl. Abb. 3b) weist auf scheinbar extrem niedrige Gehalte bei den leichten Seltenen Erden (LREE), vor allen Dingen aber bei den schweren Seltenen Erden (HREE) hin.

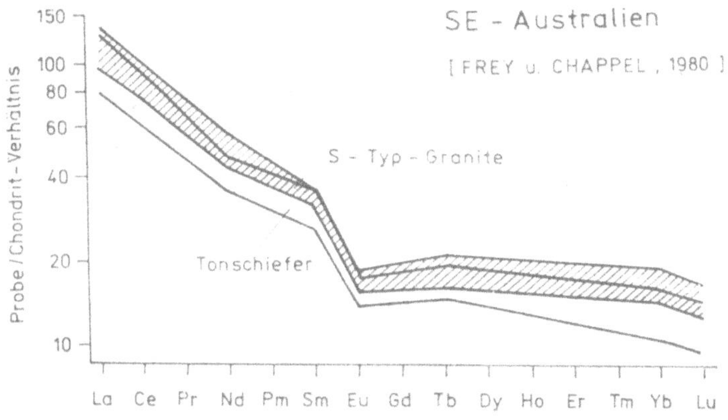

Abb. 3c

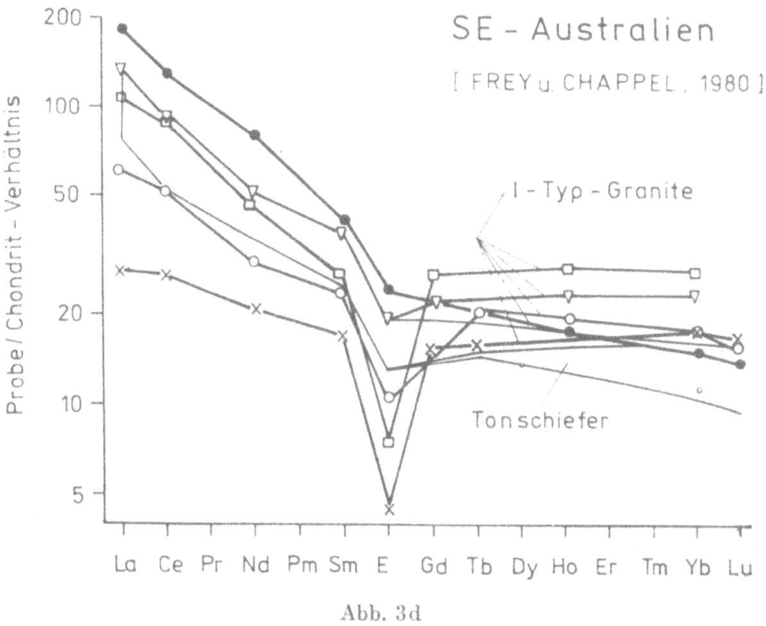

Abb. 3d

Hierbei muß erneut darauf hingewiesen werden, daß die Vergleichsdaten (mafitreiche Granitoide und hochdifferenzierte Granitoide) durch die geochemische Spezialisierung des Osterzgebirges sowie der Elbe-Zone beeinflußt worden sind.

Die Ähnlichkeit der REE-Verteilungsmuster der Reitzenhainer Orthogneisstruktur mit wichtigen Entwicklungsstufen der jüngeren variszischen Entwicklung (z. B. ausgeprägte negative Eu-Anomalien) steht in einem scheinbaren Widerspruch zu den Ergebnissen, die unter Verwendung solcher Elemente wie Rb, Ba, Sr, Zr und Ti auf einen nur sehr geringen Differentiationsgrad hinweisen (vgl. FRISCHBUTTER, 1985).

An dieser Stelle sei darauf hingewiesen, daß die Entwicklung der REE-Verteilungen stets nach den gleichen Gesetzmäßigkeiten erfolgt. Auf Abb. 3c wurde die Bildung von S-Typ-Graniten nach FREY und CHAPPEL (1980) im Ergebnis einer einfachen anatektischen Entwicklung dargestellt. Sie unterscheidet sich hinsichtlich der REE-Verteilung und besonders der Ausbildung der negativen Eu-Anomalie wesentlich von der auf Abb. 3d dargestellten I-Typ-Granit-Entwicklung, aufgezeigt am Beispiel der geochemischen Variationen in Granitoiden aus SE-Australien.

Bezogen auf die Summe der REE-Gehalte nehmen die untersuchten Gesteine der

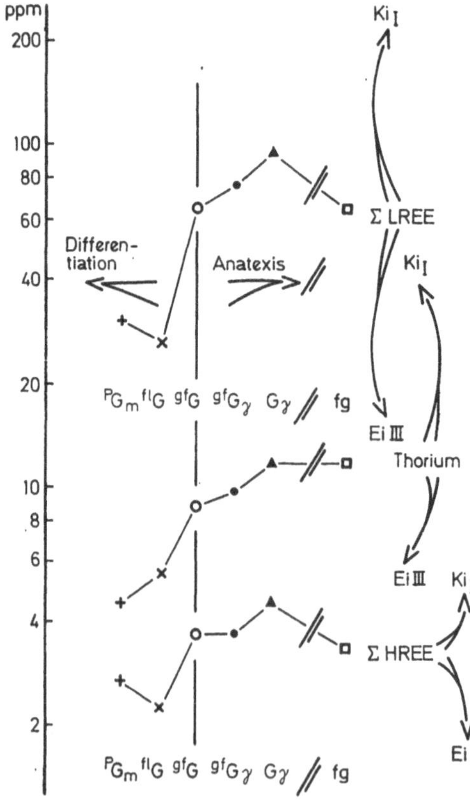

Abb. 4. LREE-, HREE- und Thoriumgehalt in den Entwicklungsreihen der Reitzenhainer Rotgneisstruktur im Vergleich zu den Positionen verschiedener variszisch-postkinematischer Granite des Älteren und Jüngeren Intrusivkomplexes der Erzgebirgischen Antiklinalzone (Legende wie Abb. 1 und 6)

Reitzenhainer Struktur insgesamt eine mittlere Position zwischen den gern vergleichsweise herangezogenen und sehr gut untersuchten Intrusionsphasen im Raum Kirchberg—Eibenstock ein (vgl. JUST, 1985). Abb. 4 zeigt die Position zwischen der Entwicklung der ältesten Kirchberger Phase (K_I) als Vertreter des älteren variszischen postkinematischen Intrusivkomplexes und der jüngsten Eibenstocker Phase (Ei_{III}) als Vertreter des jüngeren variszischen postkinematischen Intrusivkomplexes im Erzgebirge.

Merkmale der Differentiationsentwicklung innerhalb der Rotgneisstruktur „Reitzenhain"

Aus den bisher vorliegenden geologisch-strukturellen und petrographisch-makrochemischen Daten entspricht die mögliche Entwicklung vom Inneren Rotgneis über den Äußeren Rotgneis bis hin zu den Gang- und Lagerrotgneisen einer normalen Magmenentwicklung mit ansteigendem Differentiationsgrad. Es ist also möglich, hier eine normale Kristallisationsdifferentiation anzusetzen.

Sowohl in den auf die Gehalte der Chondrite normierten REE-Verteilungsmustern als auch in verschiedenen Elementverhältnissen und in den REE-Summen kommt diese Entwicklung zum Ausdruck und läßt sich mit einer normalen Differentiation vergleichen.

Jedoch unterbrechen die Werte der Äußeren Rotgneise mit ihren extrem niedrigen Positionen und der ausgeprägten negativen Eu-Anomalie die Kontinuität dieser Entwicklung.

Die Verteilungsmuster der REE-Gehalte in den bearbeiteten Gesteinen werden im wesentlichen durch die Gehalte in den gesteinsbildenden Mineralen bestimmt. Als für die Bindung der REE bedeutsame akzessorische Minerale wären hier zuerst Zirkon und Granat (bevorzugt HREE) sowie Apatit (LREE) zu nennen. Auf Grund der geringen Anteile dieser Minerale in den normalen Gesteinen (unter 1 Prozent Absolutanteil) können die REE-Konzentrationen jedoch nur unwesentlich beeinflußt werden. Granat, der speziell für die HREE-Verteilung zu diskutieren wäre, spielt nur bei den an dieser Stelle nicht mit herangezogenen Hybridgneisen (spezielle Variante der Gang- und Lagerrotgneise) möglicherweise eine Rolle.

Bei steigendem Gehalt an SiO_2, K_2O und auch Na_2O wächst bei stetig fallendem Mafitgehalt vor allen Dingen der Anteil an Kalifeldspat in Richtung auf die Entwicklung der Gang- und Lagerrotgneise. Weiterhin ist für die gegenüber den Äußeren Rotgneisen wieder erhöhten REE-Konzentrationen die geologisch belegte Hybridisierung bei den Gang- und Lagerrotgneisen durch die Assimilation von verschiedenen Nebengesteinen (Parametamorphite) der Preßnitzer Serie in Rechnung zu stellen.

Im Rb—Ba—Sr-Diagramm zeigt sich für die Äußeren Rotgneise eine Rb—Ba-Verteilung, die sowohl die Bereiche der Inneren Rotgneise, als auch der Gang- und Lagerrotgneise nahezu überdeckt. Dabei werden auch deren geringfügige Sr-Variationen mitvollzogen. Diese Überlagerungen verdeutlicht Abb. 1 auch für die Entwicklung im Diagramm von SiO_2 und Zr/TiO_2, während das Rb—Ba—Sr-Dreiecksdiagramm (vgl. Abb. 2) eine Überdeckung der Bereiche der Inneren und der Äußeren Rotgneise anzeigt. Rb und Ba, beide als das Kalium begleitende Elemente sehr gut bekannt, aber in einem sehr unterschiedlichen Maße an die verschiedenen Feldspäte und Glimmer gebunden, könnten derart für diese „Sonderstellung" der Äußeren Rotgneise verantwortlich sein.

Dieser Deutung entspricht auch die vergleichsweise sehr breite Streuung der REE-Absolutgehalte für die Gang- und Lagerrotgneise, die für die Hälfte der untersuchten Proben durchaus die minimalen Gehalte der Äußeren Rotgneise erreichen können bzw. diesen sehr nahe kommen.

In der Summe der REE-Gehalte (vgl. Abb. 4), wie auch in der Darstellung der Elementverhältnisse (vgl. Abb. 5) erfolgt die Charakterisierung der Differentiationsentwicklung in Richtung der herangezogenen Vergleichswerte für die Phase Eibenstock E_{III} im jüngeren variszischen Intrusivkomplex. Diese Tendenz wird besonders für Thorium und die LREE deutlich.

In charakteristischer Weise ergeben sich für die Äußeren Rotgneise positive Anomalien für die Verhältnisse Rb/Ba und auch Sm/Eu sowie negative Anomalien für Einzelverhältnisse von LREE und HREE.

Mit Ausnahme des Sm/Eu-Verhältnisses, dessen positive Anomalie für die Äußeren Rotgneise eine Besonderheit darstellt, tendieren diese Werte zu dem Vergleichswert E_{III} hin, oder sie können ihn gar erreichen (vgl. Abb. 5).

Die positive Anomalie der Äußeren Rotgneise für das Sm/Eu-Verhältnis ist im wesentlichen durch die extrem erniedrigten Eu-Absolutgehalte bedingt. Darüber hinaus wurde

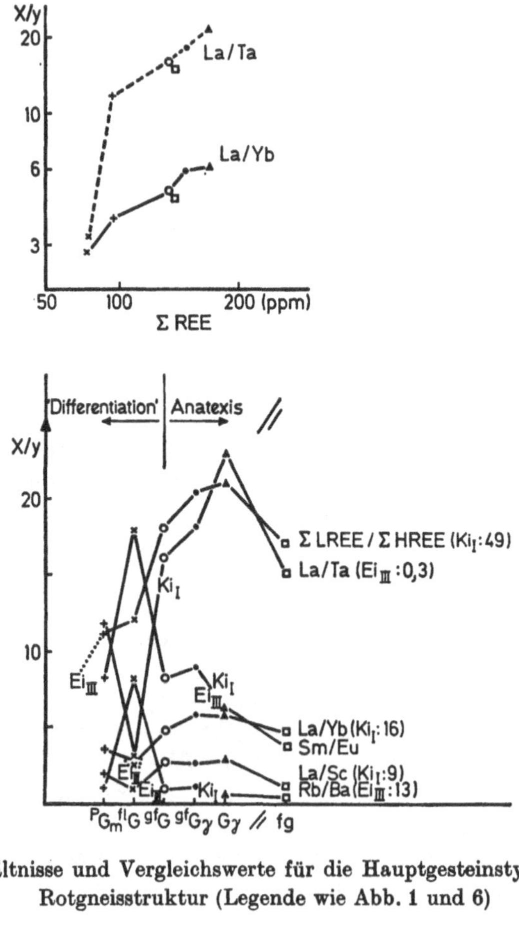

Abb. 5. Elementverhältnisse und Vergleichswerte für die Hauptgesteinstypen der Reitzenhainer Rotgneisstruktur (Legende wie Abb. 1 und 6)

gerade für die Gruppe der untersuchten Gang- und Lagerrotgneise eine stärkere Streuung dieser Werte beobachtet. Unabhängig von diesem in dem besonderen Oxidationsverhalten von Eu zu findenden Effekt (Reduktion zu Eu^{2+}), muß auch in Anbetracht der Rb/Ba-Entwicklung die Ursache in den bereits erwähnten Assimilationserscheinungen der Gang- und Lagerrotgneise und damit deren Positionierung gegenüber den Äußeren Rotgneisen gesucht werden.

Nach den beschriebenen Darstellungen der REE-Daten kann leicht der Eindruck einer geschlossenen Entwicklungs- und Differentiationsreihe, die von den Basalgranitoiden ausgeht, entstehen. Diese einseitige Interpretation ist jedoch aus verschiedenen geologisch-strukturellen Gründen nicht haltbar, zumal dann weiter auch die Übergangsrotgneise (eine spezielle Strukturvariante im Sinne eines Kataklasites der Inneren Rotgneise) als eine eigenständige Differentiationsreihe bzw. eine selbständige Differentiationsstufe angesehen werden müßten.

Es zeigt sich wieder einmal, daß mögliche Konvergenzen geradezu die Forderung erheben, viele und voneinander unabhängige Informationen vor der endgültigen Fixierung einer erkannten scheinbar logischen geochemischen Tatsache in Rechnung zu stellen.

Für eine Reihe von untersuchten Intrusivkomplexen, Phasen und Varietäten granitoider Gesteine zeigte sich in der Regel (Just, 1985), daß die jeweils jüngere Abfolge mehr oder weniger deutlich durch Einzelanalysen, wohl aber durch Mittelwerte belegt, verringerte REE-Gehalte aufweist und durch eine Verstärkung der negativen Eu-Anomalie gekennzeichnet ist. Tab. 2 für die Intrusivkomplexe Kirchberg—Eibenstock verdeutlicht diese Tendenz.

Deutlich andere geochemische Merkmale finden wir bei der Betrachtung der anatektischen Entwicklungsreihe.

Merkmale der anatektischen Entwicklungsreihe

Die aus der geologisch-strukturellen Bearbeitung der gewonnenen Daten gefolgerte Anatexisentwicklung der Basalgranitoide der Reitzenhainer Struktur aus den Inneren Rotgneisen ist sowohl petrographisch als auch mittels Haupt- und Spurenelementanalysen als eine relative Basifizierung der Ausgangsstufe infolge Abwanderung saurer Stoffanteile zu charakterisieren. Die Ursache dieser Abwanderung wird in einer zunächst druckbetonten Faltungsdeformation starker Vergenz gesehen, die später auf intrakristallinen Überschiebungsbahnen stellenweise die Bedingungen der partiellen Mobilisation (Anatexis) erreichen kann.

Im Modalbestand sowie im Haupt- und Spurenelementchemismus beinhaltet diese Entwicklung eine Annäherung an die Kennzeichen des Stoffbestandes der Paragneise des Rahmens (Zweiglimmergneise) der biotitbetonten Preßnitzer Serie.

Im Verteilungsmuster der REE hebt sich die Basalgranitoidentwicklung mit steigenden Absolutgehalten und steigenden Verhältnissen in Richtung der geringer differenzierten Granitoide nach Just (1985). Dies betrifft besonders deutlich die steigenden LREE-Gehalte und die Verflachung der Eu-Anomalie. Sowohl für die LREE, als auch für die HREE werden mit dem Basalgranitoid deutlich höhere Werte als für viele Paragneise des Rahmens erreicht. Die Abb. 3a und 3b verdeutlichen die erreichten Positionen.

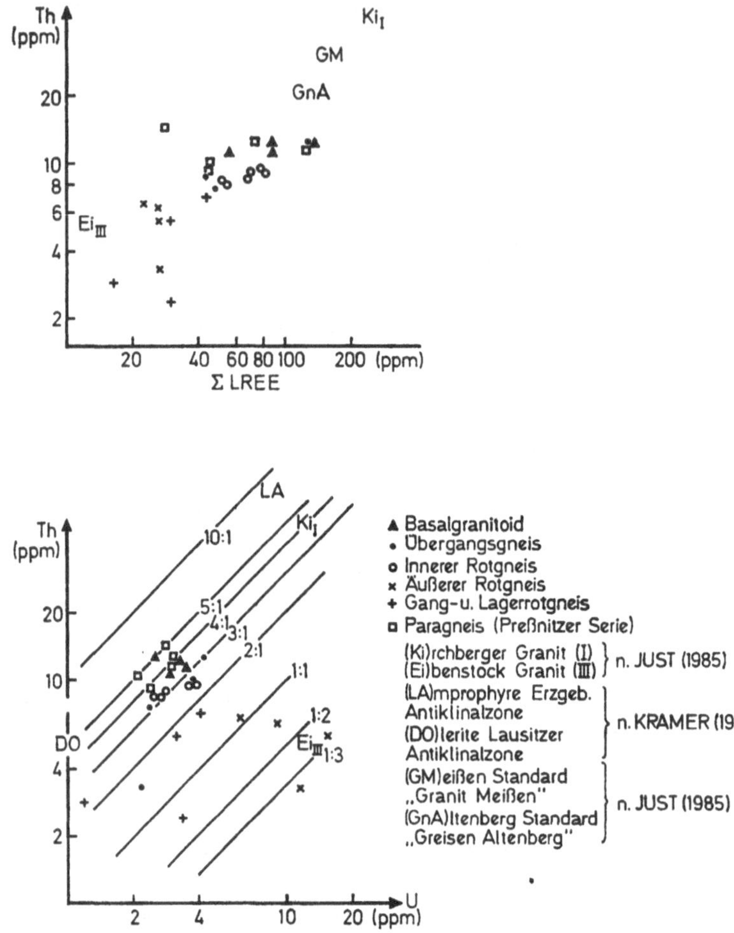

Abb. 6. Korrelationsdiagramme für Th/LREE und Th/U am Beispiel der untersuchten Hauptgesteinstypen der Reitzenhainer Orthogneisstruktur im Vergleich mit weiteren sauren und basischen Gesteinen aus dem Südteil der DDR

Für die LREE ist die Entwicklung besser zu beobachten als für die HREE, und der Trend der Entwicklung ist hin zu den Werten des verwendeten Vergleichsobjektes Kirchberg Ki_I gerichtet (vgl. Abb. 4).

In Analogie und auch reziprok zur Differentiationsentwicklung ergeben sich die Darstellungen der verschiedenen Elementverhältnisse entsprechend Abb. 5. Ihre Entwicklung, ausgehend vom Inneren Rotgneis über den stark deformationsbetonten (kataklastischen) Rotgneis bis hin zum temperaturbetonten Basalgranitoid ist nicht einheitlich, sondern auch teilweise gegenläufig. Darin müssen die Auswirkungen eines stark destruktiven Mineralabbaues bzw. einer anatektischen Rektristallisation gesehen werden.

Als Beispiel einer gut untersuchten anatektischen Entwicklung zeigt Abb. 8 die Analysenwerte für Grauwacke und daraus entstandenen Granodiorit aus dem Bereich des Lausitzer Massivs. Die entsprechenden Gehalte sind in Tab. 4 mit weiteren Analysenergebnissen zusammengestellt worden. Von Interesse ist hier die Einordnung der wesentlich jüngeren Stockgranite sowie der aplitoiden Ganggesteine mit deutlichen Differentiationserscheinungen, die sich an die anatektische Entwicklung angeschlossen haben.

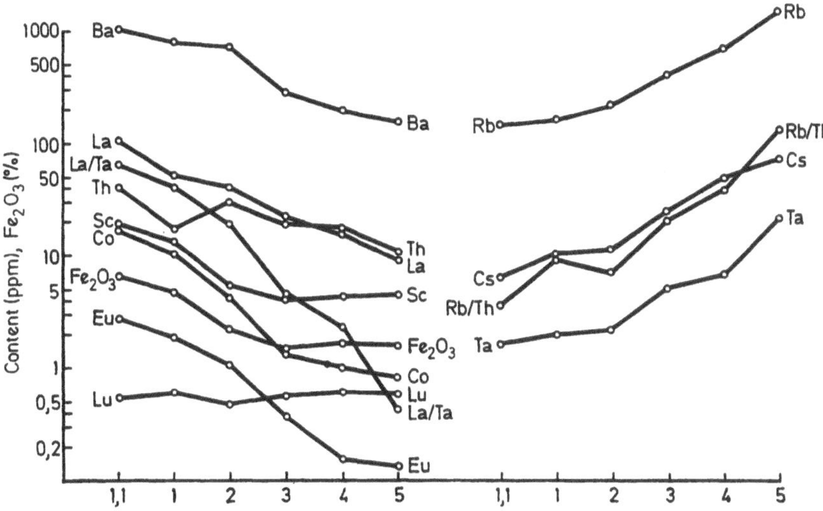

Abb. 7. Geochemische Entwicklung wichtiger, mittels Neutronenaktivierungsanalyse bestimmbarer Elemente während der magmatischen Differentiation granitoider Schmelzen nach Angaben von JUST (1985)

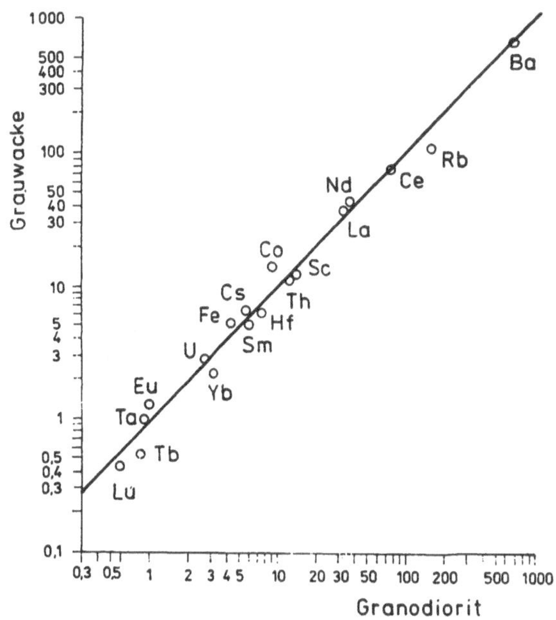

Abb. 8. Grauwacke und Granodiorite des Lausitzer Massivs nach Ergebnissen der Neutronenaktivierungsanlayse (JUST, 1985)

Tabelle 4. Elementgehalte in Grauwacken, Anatexiten und jüngeren Differentiaten des Lausitzer Massivs im Vergleich zu den Paragneisen des Grundgebirges im Südteil der DDR, den mittleren Gehalten in der kontinentalen Kruste nach Just (1985) und in leukokraten Gneisen nach Minnigh (1979)

GW = Grauwacke, Lausitz, ZGGD = Zweiglimmergranodiorit, Lausitz, GDLM = Granodiorit, Lausitz, GDL = Granodiorit, Leipzig, Laas, KL = Kontinentale Lithosphäre, PG = Paragneise, Erzgebirge, LG = Leukokrate Gneise, (Minnigh, 1979), SG = Stockgranite, Lausitz, A = Aplite, Lausitz, RG = Rotgneise

	GW	ZGGD	GDLM	GDL	KL	PG	LG	SG	A	RG
La	36,0	37,8	32,2	32,4	36,3	45,6	31,5	34,2	7,0	12,9
Ce	72,3	72,4	72,7	60,7	80,9	99,5	71,3	81,8	17,0	31,9
Nd	43,7	40,5	34,5	31,4	36,2	48,7	36,3	43,0	9,0	14,0
Sm	5,1	6,1	5,7	4,7	7,5	7,4	11,8	7,1	2,6	3,1
Eu	1,3	1,6	1,0	1,4	1,3	1,8	0,2	0,3	0,3	0,5
Tb	0,54	0,65	0,82	0,78	1,1	0,78	1,2	0,9	0,38	0,4
Yb	2,1	2,9	3,1	2,1	3,2	3,8	3,8	4,1	1,8	2,5
Lu	0,45	0,51	0,56	0,78	0,76	0,62	0,60	0,88	0,8	0,46
Th	11,7	10,9	12,0	9,8	16,0	15,5	19,0	38,7	3,4	9,4
U	2,84	3,0	2,8	3,6	2,8	3,6	1,8	8,9	8,3	4,1
Co	14,4	15,1	8,9	9,2	18,6	5,8	0,7	1,3	1,5	4,0
Cs	6,3	7,0	5,5	7,4	3,6	12,5	1,9	5,2	9,7	10,9
Hf	6,2	5,8	7,1	5,3	3,3	8,6	6,9	8,3	2,8	4,9
Sc	11,8	15,0	12,8	10,7	13,5	16,1	1,2	3,9	4,5	6,1
Rb	106	130	157	118	148	196	221	204	191	244
Fe_2O_3	5,3	5,7	4,2	3,9	5,0	3,8	1,3	1,5	0,9	2,4
Ta	1,0	0,9	0,93	0,81	2,24	1,3	1,7	2,7	1,7	0,96
Ba	642	834	654	748	582	532	136	164	172	362

Fe in % Fe_2O_3

Verhalten der Elemente Thorium und Uranium

Die systematische Untersuchung der verschiedenen Rotgneisvarietäten erbrachte auch für die radioaktiven Elemente, insbesondere für das Element Thorium, einige neue Vorstellungen. Besonders durch die Möglichkeit, Thorium jetzt leicht durch Geländemessungen untersuchen zu können, ist dies von einer besonderen Bedeutung.

Wie sich aus den bereits angesprochenen allgemeinen geochemischen Gesetzmäßigkeiten der magmatischen Differentiation und auch der Anatexis andeutete, verringern sich auch, ähnlich wie für die LREE, die Th-Gehalte im Verlaufe der magmatischen Differentiation (vgl. auch Abb. 7 und Tab. 3).

Auf Abb. 6 wird deutlich: die Thoriumgehalte fallen stetig in Richtung des steigenden Differentiationsgrades der Reitzenhainer Orthogneise und liegen teilweise noch geringfügig unter den von der Eibenstocker Serie her bereits zitierten Ei_{III}-Phasen. Zur gleichen Zeit steigen die Gehalte an Thorium in Richtung der Anatexisentwicklung, erreichen aber bei weitem nicht die Werte markanter Gesteine des älteren variszischen Intrusivkomplexes (vgl. auch Ki_I) und entsprechen in der Regel den Elementgehalten der Paragneise im Rahmen des Orthogneiskomplexes (Abb. 6).

Bei den Untersuchungen der Anatexisentwicklung in der Lausitz ergaben sich eindeutige Zusammenhänge zwischen dem Edukt (Grauwacke) und dem Produkt (Zweiglimmergranodiorit), was auch durch die Darstellung von Abb. 8 belegt wird. Thorium und Uranium gehören zu den Elementen, die während der anatektischen Entwicklung nicht oder nur sehr unwesentlich beeinflußt werden. Dies kann auf die stabilen Bindungsverhältnisse in den Schwermineralen zurückgeführt werden.

Bei der Betrachtung der Ergebnisse der Untersuchungen an den prävariszischen Rotgneiskomplexen zeigte es sich, daß die Th-Gehalte nicht die einer gerichteten Differentiationsentwicklung widersprechenden Anomalien des Äußeren Rotgneises zeigen. Auch im Korrelationsdiagramm mit den LREE (vgl. Abb. 6) bilden die Gang- und Lagerrotgneise den Anschluß der Entwicklung mit den geringsten der gefundenen Gehalte, die durchaus auch den Bereich der Vergleichswerte Ei_{III} erreichen können.

Bei einer gleichermaßen guten Korrelation erfolgt die anatektische Entwicklung in Richtung des zum Vergleich herangezogenen Wertes für Ki_{I}, erreicht diesen aber bei weitem nicht. Die Ursache dürfte in regionalen Beeinflussungen und verschiedenen Stadien der Magmenentwicklung und Magmenmobilisierung (Teufe, Edukt, P- und T-Variationen) zu suchen sein.

Das Korrelationsdiagramm des stabilen, refraktionären Elements Thorium (chemischer Charakter vergleichbar mit Cr und Zr) gegen das geochemisch wesentlich mobilere Uranium zeigt beträchtliche Schwankungen über mehrere Größenordnungen.

Während sich für die anatektische Entwicklungsreihe die Uraniumgehalte bei (relativ) angereichertem Thorium offenbar nicht wesentlich verändern, ist für die Differentiationsreihe bei fallenden Elementverhältnissen die Korrelation der beiden Elemente nicht eindeutig, der allgemeine Trend aber negativ.

Die stärkere Streuung der Gehalte an Uranium, vor allen Dingen für die Endglieder der Differentiationsreihe der Orthogneisentwicklung, könnte auf sekundäre hydrothermale Veränderungen (Umverteilungen) hinweisen. Im Gegensatz zu den für die postkinematischen variszischen Granitoide des Erzgebirges gefundenen Elementgehalten liegt die diskutierte Entwicklung innerhalb des Orthogneiskomplexes für beide Elemente sehr deutlich erniedrigt in ähnlicher Tendenz vor. Dabei finden wir die Th/U-Verhältnisse der anatektischen Entwicklungsreihe durchaus im Bereich der Mittelwerte von granodioritischen und granitischen Gesteinen zwischen 3 und 4. Für die Differentiationsreihe liegen sie im Bereich der Metamorphite zwischen 0,7 und 2,4 mit abnehmender Tendenz in Richtung auf das Ende der Differentiationsentwicklung. Es deutet sich an, daß die im wesentlichen wohl U-bezogene Veränderung des Verhältnisses stärker auf die Mobilität des U während der postmagmatischen und metamorphen Prozesse zu beziehen ist als auf die prämetamorphen Vorgänge.

Literatur

FRISCHBUTTER, A.: Zur geologischen Entwicklung der Reitzenhainer Rotgneisstruktur (Erzgebirge). Freib. Forsch. H. C 390, Leipzig (1985) S. 29–44.

FRISCHBUTTER, A.: Zur Deformation der prävariszischen Granite des mittleren Erzgebirges. Veröff. Zentralinst. Physik der Erde, Potsdam **72** (1982) S. 75–88.

JUST, G.: On the genetic classification of magmatic rock complexes due to their contents of thorium and the rare earth elements by means of radiometric laboratory and field measurements. Geophys. u. Geol., Geophys. Veröff. d. KMU Leipzig III (1985) 2, S. 21–30.

JUST, G.: Trace element studies in granitic rock sequences, southern part of the G.D.R. — on the existence of A-type granitic melts. Gerlands Beitr. Geophysik, Leipzig **94** (1985) 4—6, S. 381—408.

JUST, G., KRAMER, W., LOOS, G.: Zur Rolle seltener Elemente in basaltischen Gesteinen unterschiedlicher regionaler Stellung. Z. angew. Geol. (Berlin) **31** (1985) 1, S. 18—20.

KAEMMEL, Th., JUST, G.: Geochemical differentiation of granitoids in the G.D.R. using normalized trace element differences. Gerlands Beitr. Geophysik, Leipzig **94** (1985) 4—6, S. 351—369.

NAKAMURA, N.: Determination of REE, Ba, Fe, Mg, Na and K in carbonaceous and ordinary chondrites. Geochim. et cosmochim. Acta, London **38** (1974), S. 757—775.

SCHEUMANN, K. H.: Über die petrographische und chemische Substanzbestimmung der Gesteinsgruppe der Roten Gneise des Sächsischen Erzgebirges und angrenzender Räume. Min. Petrogr. Mitt., Leipzig **50** (1938) S. 391—440.

WINCHESTER, J. A., FLOYD, P. A.: Geochemical discrimination of different magma series and their differentiation products using immobile elements. Chem. Geol. Amsterdam **20** (1977) 4, S. 325—343.

ZIELINSKI, R. A.: Trace element evaluation of a suite of rocks from Reunion Island, Indian Ocean. Geochim. Cosmochim. Acta, Oxford **39** (1975) S. 713—734.

Einige Aspekte der dynamischen Inversion reflexionsseismischer Daten

H. G. MEYER[1]

Zusammenfassung: Die Entwicklung der seismischen Feldtechnologie und -technik, der Rechentechnik und unterschiedlicher Algorithmen hat dazu geführt, daß die Interpretation seismischer Daten bis jenseits der Grenze der strukturellen Auflösung getrieben werden kann. In dieser Arbeit werden zwei Möglichkeiten der dynamischen Inversion, d. h. der Inversion von Laufzeit und Amplitudeninformation, vorgestellt.

Die Rekursionsmethode basiert auf einer Umformung der Gleichung für den Reflexionskoeffizienten sowie auf einigen damit zusammenhängenden vereinfachenden Annahmen.

Die verallgemeinerte lineare Inversion nutzt den Vergleich einer vorgegebenen Modellspur mit den gemessenen Daten und verändert iterativ die Modelldaten, bis eine optimale Übereinstimmung erreicht ist.

Im Ergebnis stehen Darstellungen der relativen Änderung der akustischen Impedanz (Schallhärte) bzw. nach einer Eichung auch deren Absolutwerte zur Verfügung. Beide Varianten können aufgrund der Beschränktheit seismischer Daten in Zeit, Frequenz und Raum sowie der Algorithmen nicht alle Erwartungen erfüllen. Sie sind als Bausteine für eine zunehmend komplexere Lösung des seismischen Inversionsproblems anzusehen.

Summary: The development of seismic data acquisition, computers and algorithms has forced the interpretation of seismic data beyond the boundary of structural resolution. Two possibilities of dynamic inversion will be shown in this paper. Dynamic inversion means the inversion of travel time and amplitude information.

The recursion method is based on a transformation of the well-known equation of the reflection coefficient. It is connected with some simplifications of seismic wave propagation.

The generalized linear inversion method compares a given synthetic seismic trace with the measured trace. The synthetic trace is built up from a user supplied acoustic impedance profile and a wavelet. The inversion method iteratively changes the synthetic trace until an optimal agreement in the least squares sense is reached.

The result is a section of relativ changes in the acoustic impedance with two way travel time. After a calibration the absolute values can also be interpreted. Both variants of inversion don't fulfil all expectations because of the limitations of seismic data in time, frequency and space as well as the algorithms. They are only segments in the overall inversion problem.

Резюме: Развитие сейсмической полевой технологии и техники, вычислительных машин и алгоритмов привели к интерпретации из-за границы структурного разложения.

В этой работе представляются две восможности динамической инверсии, т. з. инверсия времени пробега волны и амплитудов. Рекурсионная метода базируется на трансформацию уравнения коэффициента отражения и на несколько с этим связанным упрощаемым предположении.

[1] Anschrift des Verfassers:
Dr. H. G. MEYER, Karl-Marx-Universität Leipzig, Sektion Physik, Wissenschaftsbereich Geophysik, Talstraße 35, 7010 Leipzig.

Обобщаемая линеарная инверсия сравнит синтетическую сейсмическую трассу с измеренной трассой. Синтетическую трассу вычисляют из акустического импеданса и сигнала и изменяются так, что получается оптимальное соответсвие.

В резултате возникают графики относительного изменения или абсолютного акустического импеданса. Обе варианты не выполняют все ожидания, потому что сейсмические данные ограничен во времени, частоте и пространстве. Они только часть комплексного решения проблемы сейсмической инверсии.

1. Einleitung

Die Aufgabe jeder geophysikalischen Erkundungsmethode besteht darin, ein Maximum an Informationen über den strukturellen und substantiellen Aufbau des Untersuchungsobjekts zu gewinnen. Insbesondere bei geschichteten Medien ist die Seismik aufgrund ihres physikalischen Wirkprinzips gut geeignet, die gewünschten Informationen zu liefern. Demzufolge hat es nicht an Versuchen gefehlt, aus den seismischen Meßgrößen Laufzeit und Entfernung durch die Lösung der inversen Aufgabe Rückschlüsse auf die Geschwindigkeitsverteilung in der Tiefe zu ziehen. Klassisches Beispiel ist die Arbeit von Wiechert (1910) auf der Basis der mathematischen Erkenntnisse von Herglotz (1907), die trotz notwendiger Einschränkungen (vollständige Laufzeitkurve, Zunahme der Geschwindigkeit mit der Tiefe) zu beachtlichen Resultaten führte.

Eine weitere qualitative Entwicklung erfuhr die Inversion seismischer Laufzeitdaten ab Mitte der 60er Jahre, als mit Hilfe umfangreicher Refraktionsmessungen neue Vorstellungen über den strukturellen Bau der Erdkruste und des oberen Erdmantels gewonnen wurden. Hier seien stellvertretend die Arbeiten von Giese (1968) und Bessonova u. a. (1974) genannt.

Die nächste qualitative Stufe begann Ende der 70er Jahre. Ausgehend von den Erfahrungen bei der Lösung der inversen Aufgabe mit Laufzeitdaten wurde versucht, die gesamte Amplitudeninformation in die Inversion einzubeziehen, um damit letztendlich die objektiv begrenzte strukturelle Information durch Einfügung petrophysikalischer Parameter zu verdichten. Wesentliche Voraussetzungen dazu sind:

— Daten hoher Redundanz,
— hohe Amplitudengenauigkeit und verbessertes N/S-Verhältnis,
— verbesserte Algorithmen.

Weiterhin spielte fraglos die Forderung der Industrie nach immer präziseren qualitativen Angaben über den Untergrund, insbesondere über den Bereich potentieller und bekannter Kohlenwasserstoff-Lagerstätten, eine stimulierende Rolle. Damit wurde eine Entwicklung eingeleitet, die den Wunschvorstellungen des Seismikers — Gewinnung eines Tiefenschnitts, der sowohl die Struktur als auch die Substanz widerspiegelt — einen weiteren Schritt entgegenkommt.

Im folgenden werden zwei von einer Vielzahl möglicher Wege bei der Inversion reflexionsseismischer Daten kurz beschrieben und auf ihre Vor- und Nachteile eingegangen.

2. *Die Rekursionsmethode*

Betrachtet man die Reflexion einer seismischen Welle bei senkrechtem Einfall auf die Schichtgrenze (Abb. 1), so ergibt sich der Reflexionskoeffizient zu

$$R_i = \frac{\varrho_{i+1} v_{i+1} - \varrho_i v_i}{\varrho_{i+1} v_{i+1} + \varrho_i v_i}; \qquad \begin{array}{l} \varrho \text{ — Dichte,} \\ v \text{ — Geschwindigkeit.} \end{array} \tag{1}$$

Eine Umformung von (1) sowie die Voraussetzung, daß der Beitrag der Dichte zum Reflexionskoeffizienten klein ist und linear von der Geschwindigkeit abhängt, führt zu

$$v_{i+1} = v_i \frac{1 + R_i}{1 - R_i}, \tag{2}$$

d. h., bei Kenntnis der Reflexionskoeffizientenfolge und der Startgeschwindigkeit lassen sich die Geschwindigkeitswerte für die folgenden Schichten durch ein rekursives Verfahren gewinnen. Zur Unterscheidung vom gemessenen Akustiklog bezeichnet man das Ergebnis als Pseudo-Akustiklog.

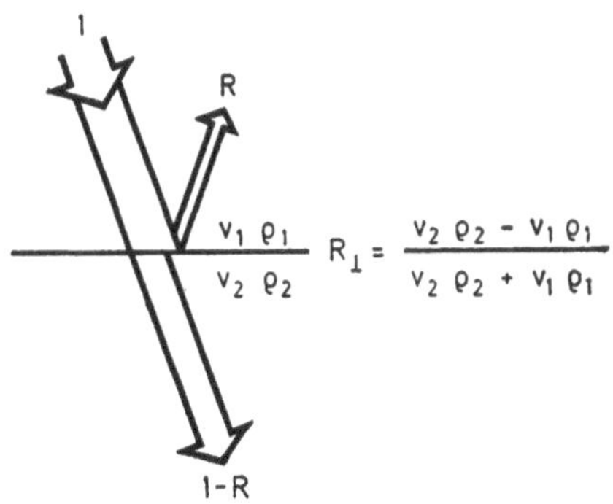

Abb. 1. Reflexion an einer Schichtgrenze (ϱ — Dichte; v — Geschwindigkeit). Eine Welle mit der Amplitude 1 wird mit der Amplitude R reflektiert und mit der Amplitude $1-R$ transmittiert. Der Reflexionskoeffizient R gilt in dieser Form nur für den senkrechten Einfall der Welle auf die Schichtgrenze.

Die Rekursionsmethode baut auf einer Reihe von Voraussetzungen auf, die bei gemessenen seismischen Spuren nur begrenzt oder gar nicht erfüllbar sind:

— Wegen des verlangten senkrechten Einfalls bei (1) können nur CDP-Spuren bearbeitet werden; unter Umständen sind die schußpunktfernen Spuren bei der Stapelung auszusondern.

— Es wird angenommen, daß die seismischen Spuren nach der Spezialbearbeitung nur aus der Folge der Reflexionskoeffizienten bestehen. Die Spezialbearbeitung des seismischen Zeitschnitts für die Erzeugung von Pseudo-Akustiklogs ist auf eine maximale Bandbreitenerweiterung gerichtet (Abb. 2). Das Ergebnis entspricht damit nicht mehr den traditionellen Vorstellungen des Seismikers und des Geologen von einem optimal bearbeiteten Zeitschnitt für die Strukturerkundung. Allerdings ist die Forderung nach Erzeugung der Reflexionskoeffizientenfolge durch den Band-

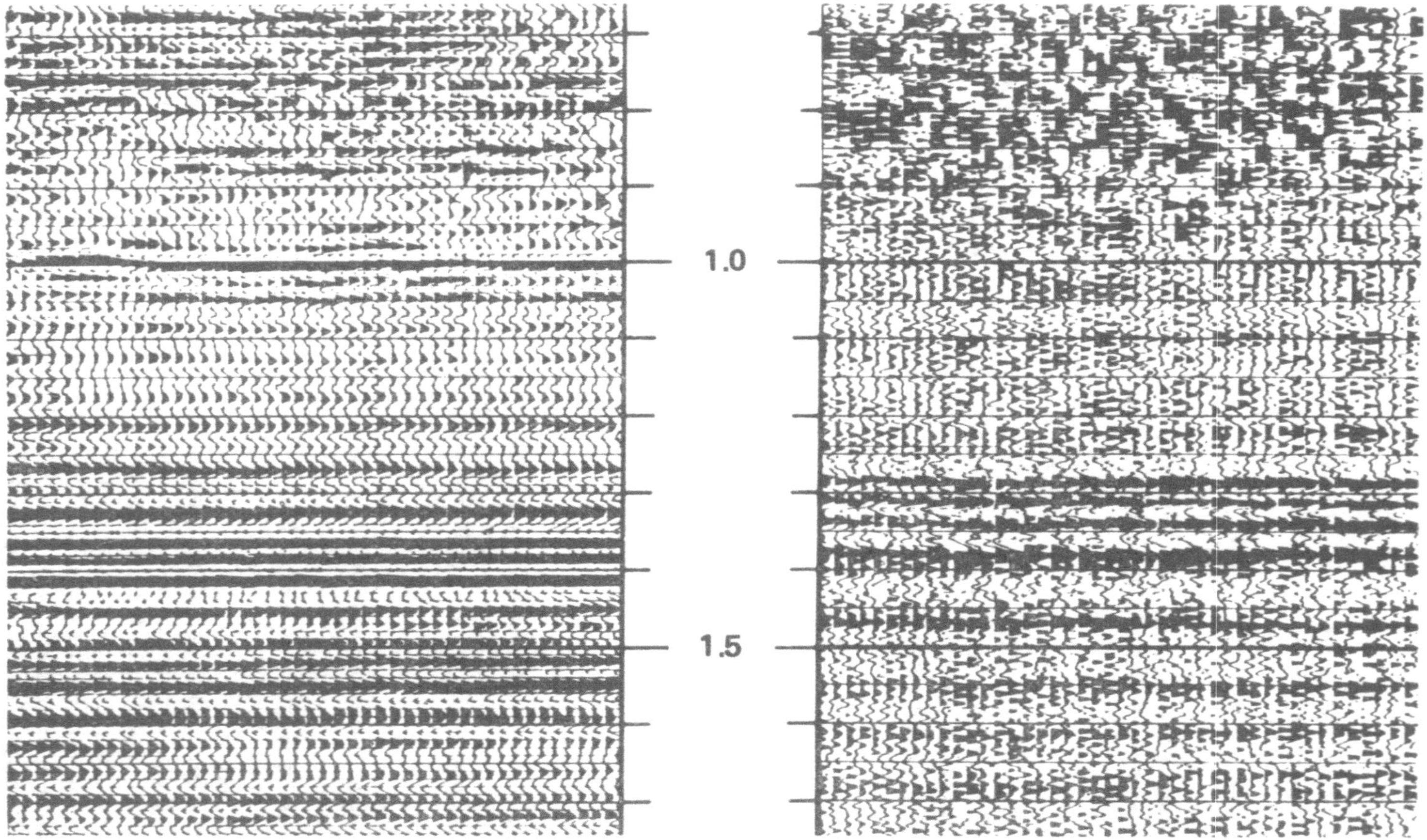

Abb. 2. Bearbeitungsvarianten seismischer Zeitschnitte.

Links: Konventionelle Bearbeitung zur Sicherung der Korrelation; rechts: breitbandige Bearbeitung zur Vorbereitung für die Pseudo-Akustiklog-Berechnung (LINDSETH 1980)

paßcharakter seismischer Signale auch nach der Spezialbearbeitung nicht erfüllbar (s. a. Abb. 3).
- Der Algorithmus zur rekursiven Inversion kann nicht zwischen reellen und multiplen Reflexionen unterscheiden, d. h., bei unzureichender Unterdrückung von Multiplen werden diese wie Reelle behandelt. Das führt zwangsläufig zu Verfälschungen des Pseudo-Akustiklogs.
- Es wird davon ausgegangen, daß in der bearbeiteten Spur alle Frequenzanteile vorhanden sind (Abb. 3). Aufgrund apparativer Voraussetzungen fehlt stets die niederfrequente Komponente (0—10 Hz). Sie kann nur durch Zusatzinformationen (tiefpaßgefilterte Akustiklogkurve, grobes Geschwindigkeitsmodell) teilweise ersetzt werden. Die hochfrequente Komponente läßt sich wegen des Rauschens nur begrenzt wiederherstellen. Dadurch wird die Auflösung des Pseudo-Akustiklogs eingeschränkt.

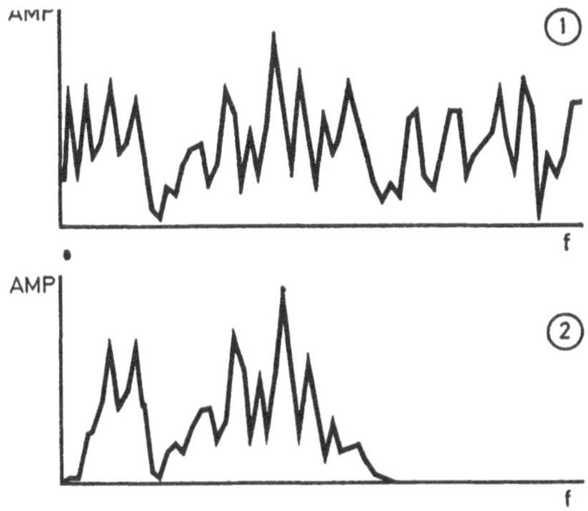

Abb. 3. Amplitudenspektren seismischer Signale. Das Spektrum der Reflexionskoeffizientenfolge enthält im Mittel alle Frequenzen zu gleichen Anteilen (1), während das Spektrum einer gemessenen Spur sowohl im nieder- als auch im hochfrequenten Bereich Verluste zeigt (2).

Des weiteren ist es nicht möglich, bereits bekannte Werte der Schichtgeschwindigkeit bzw. der Reflexionskoeffizienten direkt in den Bearbeitungsablauf einfließen zu lassen.

Da die Anwendung der Rekursionsmethode auf seismische Spuren in jedem Fall ein Ergebnis liefert, besteht das Problem in der Interpretation der gewonnenen Pseudo-Akustiklogs. Trotz einiger positiver Ergebnisse (z. B. Gogonenkov u. a. 1983; v. d. Schoot u. a. 1986) sind die Unsicherheiten bei der Deutung von Einzelheiten des Pseudo-Akustiklogs noch sehr groß; die Interpretation von Relativwerten der pseudo-akustischen Impedanz wird bevorzugt.

3. Die verallgemeinerte lineare Inversion

Eine andere Möglichkeit zur Berechnung von Pseudo-Akustiklogs besteht in der Lösung der dynamischen inversen Aufgabe. Dazu wird wie bei der Rekursionsmethode der gesamte Informationsinhalt der seismischen Spur verwendet, die Umformung erfolgt aber über die Inversion einer linearen Matrix (Details des Algorithmus sind bei LINES und TREITEL 1984 beschrieben). Vom Anwender wird die gemessene seismische Spur sowie ein parametrisiertes Modell des Untergrundes (Blockmodell) in den Größen akustische Impedanz (Schallhärte) und Laufzeit bzw. Sample vorgegeben. Aus dem Blockmodell wird eine synthetische seismische Spur unter Verwendung eines gleichfalls vorzugebenden Wavelets berechnet. Durch einen iterativen Vergleich der gemessenen Spur mit der Modellspur und deren schrittweiser Verbesserung durch Veränderung der Schallhärteunterschiede und der zeitlichen Lage wird die bestmögliche Übereinstimmung im Sinne der Methode der kleinsten Fehlerquadrate gesucht (Abb. 4). Zur Stabilisierung des Algorithmus trägt sowohl die Parametrisierung des Modells bei (z. B. COOKE und SCHNEIDER 1983), als auch die Verwendung der Levenberg-Marquardt-Variante der Regularisierung (LAWSON und HANSON 1974) und die Singulärwertzerlegung (SVD). Damit wird für die Mehrzahl der Fälle garantiert, daß eine stabile Lösung erhalten wird, d. h., die Variation der Parameter Schallhärte und Tiefenlage der Schichtgrenze bewegt sich in plausiblen Größenordnungen.

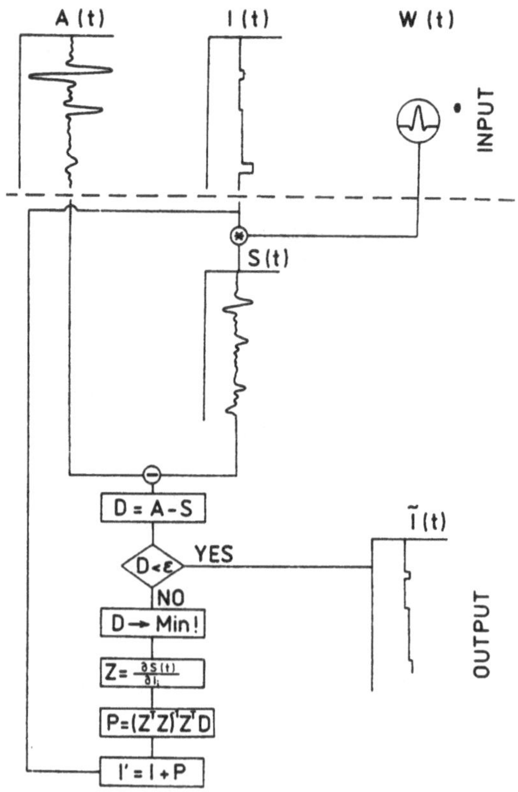

Abb. 4. Prinzip der verallgemeinerten linearen Inversion.
Aus der parametrisierten Impedanzkurve $I(t)$ und dem Wavelet $W(t)$ wird eine synthetische Spur $S(t)$ berechnet. Die Differenz von $S(t)$ und der gemessenen seismischen Spur $A(t)$ wird dann in einem iterativen Zyklus minimiert. Die Schätzung $\tilde{I}(t)$ wird ausgegeben, wenn die Differenz $A(t) - S(t)$ kleiner als eine vorgegebene Schranke ε ist.

Diese ebenfalls praktisch orientierte Variante der seismischen Inversion geht von folgenden Überlegungen aus:

- Der Untergrund besteht aus Schichten mit scharfen Grenzen. Innerhalb der Schichten wird Homogenität (konstante Werte der akustischen Impedanz) oder eine lineare Veränderung der Impedanz (Gradientmedium) angenommen.
- Es ist möglich, Kenntnisse über Leitreflexionen so in die Bearbeitung einzubeziehen, daß daraus eine Stabilisierung der Inversion folgt.
- Die Detailliertheit des erreichbaren Pseudo-Akustiklogs hängt in erster Linie von der Bandbreite des gemessenen und bearbeiteten Materials ab (Abb. 5).
- Multiple Reflexionen sind nur dann störend, wenn ihrer Einsatzzeit in der Spur eine Schichtgrenze zugeordnet wird, andernfalls werden sie übergangen (Abb. 6).

Die rechentechnische Seite der verallgemeinerten linearen Inversion ist allerdings nicht zu vernachlässigen: Aus der Zahl der Spurwerte M und der Zahl der Schichtgrenzen N

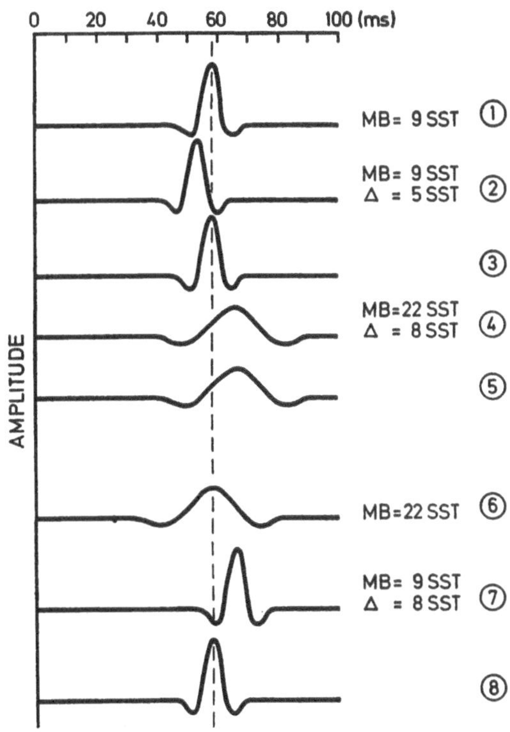

Abb. 5. Abhängigkeit der Parametervorgabe für $I(t)$ von der Bandbreite der gemessenen Spur und des Wavelets.

MB — Maximumbreite; *Δ* — „falsche" Vorgabe der Impedanz in Stützstellen (SST).
1 — hochfrequente (HF-) Spur; *2* — HF-Wavelet 5 SST falsch vorgegeben; *3* — Ergebnis der Iteration richtig; *4* — niederfrequentes (NF-) Wavelet und HF-Spur, 8 SST falsch vorgegeben; *5* — keine Korrektur, Ergebnis falsch; *6* — NF-Spur; *7* — HF-Wavelet, 8 SST falsch; *8* — Ergebnis richtig.

wird eine (M, N)-Matrix aufgebaut und direkt oder mittels SVD invertiert. Aus praktischen Gründen beschränkt man sich deshalb auf die Behandlung von Spurabschnitten. Die Zahl der auflösbaren Schichtgrenzen wird vor allem durch den Frequenzinhalt der gemessenen Daten bestimmt (Abb. 5).

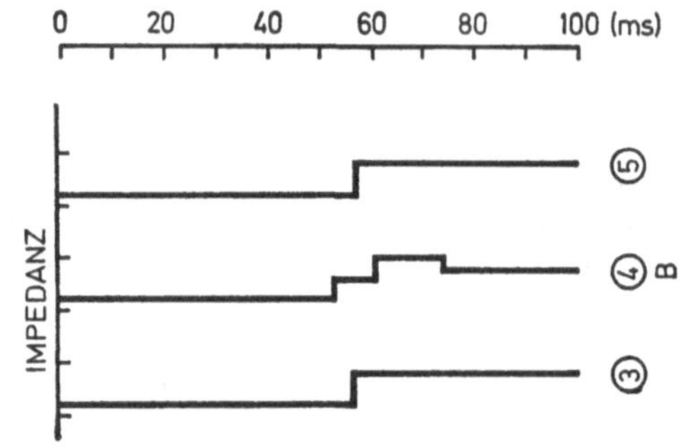

Abb. 6. Korrektur eines falsch parametrisierten Modells.
3 — Impedanz der „gemessenen" Spur (s. Abb. 5/1); *4* — parametrisierter Impedanzverlauf. Man beachte, daß sowohl die Position des wahren Impedanzsprungs als auch die Größe nicht übereinstimmen. *6* — Ergebnis der Iteration.

4. *Schlußfolgerungen*

Die hier vorgestellten Varianten der seismischen Inversion sind stark abhängig von der Beschränktheit der Daten in Zeit, Frequenz und Raum. Damit wird ein *erster* Gesichtspunkt deutlich: Die seismische Inversion kann, unabhängig von Algorithmus, nur so gut sein, wie es das vorbereitete Datenmaterial zuläßt. Der Datengewinnung und dem Preprocessing kommt im Hinblick auf Exaktheit und Trennung von Nutz- und Störinformation eine zunehmend wichtigere Rolle zu.

Zweitens: Unterschiedliche Algorithmen sind sowohl Ausdruck der Beschränktheit der Daten als auch der für die Lösung der Inversion zur Verfügung stehenden rechentechnischen Mittel.

Drittens: Eine erfolgreiche Anwendung setzt voraus, daß möglichst viele Informationen aus vorangegangenen Untersuchungen einbezogen werden. Dazu gehören sowohl punktförmige Quellen, wie z. B. Bohrlochmessungen, als auch regionale Angaben z. B. über die Geschwindigkeitsverteilung. Dieses komplexe Herangehen verlangt eine enge Zusammenarbeit von Seismikern und Geologen.

Viertens: Die Frage der möglichst umfassenden Informationsnutzung aus Pseudo-Akustiklogs ist meines Erachtens noch weitgehend ungeklärt. Die Überschneidung von Unzulänglichkeiten in den Daten mit denen der Algorithmen muß zwangsläufig zu Interpretationsunsicherheiten führen, die nur durch Zusatzinformationen eingeschränkt werden können.

Literatur

BESSONOVA, E. N. u. a.: The tau method for inversion of travel times, I: Deep seismic sounding data. — Geophys. J. Royal astr. Soc. **36** (1974), 377—398.

COOKE, D. A.; SCHNEIDER, W. A.: Generalized linear inversion of reflection seismic data. — Geophys. **48** (1983) 6, 665—676.

GIESE, P.: Versuch einer Gliederung der Erdkruste. — Geophys. Abh. **1** (1968) 2, Inst. f. Met. u. Geophys. FU Berlin.

GOGONENKOV, G. N. u. a.: Development of interpretation methods of pseudo-acoustic sections on the basis of geoseismic modeling. — Geophys. Trans. **29** (1983) 3, 229—242.

HERGLOTZ, G.: Über das Benndorfsche Problem der Fortpflanzungsgeschwindigkeit von Erdbebenstrahlen. — Phys. Z. **8** (1907), 145—147.

LAWSON, C. L.; HANSON, R. J.: Solving least squares problems. — Prentice-Hall, Englewood Cliffs, New Jersey 1974.

LINDSETH, R. O.: Synthetic sonic logs and stratigraphic traps. — Cont. Education Prog. SEG, 1980.

LINES, L. R.; TREITEL, S.: Tutorial: A review of least-squares inversion and its application to geophysical problems. — Geophys. Prosp. **32** (1984) 2, 156—186.

SCHOOT, A. v. d.; DUIJNDAM, A. J. W.; BERKHOUT, A. J.: Seismische Inversion durch Parameterschätzung und Tiefenmigration. — 6. Mintrop-Seminar, Kassel 1986.

WIECHERT, E.: Bestimmung des Weges der Erdbebenwellen im Erdinnern. — Phys. Z. **11** (1910), 294—311.

Grenzen einer lateralen Extrapolation von Potentialfeldern

W. Neumann[1]

Zusammenfassung: Bei der Aufbereitung geophysikalischer Datenmengen werden laterale Feldfortsetzungen manchmal notwendig. Als Näherungsverfahren erfordern sie in beträchtlichem Maße die Einbeziehung von Hypothesen und Wahrscheinlichkeitsbetrachtungen. Einige praktische Zielstellungen aus dem Aufgabenbereich der geophysikalischen Erkundung erläutern dies. Am Beispiel der Potentialfeldanomalien wird die Bedeutung einer spezifizierten Vorgabe deterministischer Modelle erläutert. Trotz eines in der Praxis oftmals sehr geringen Stichprobenumfangs scheint es möglich, das reale Feld in Meßlücken ausreichend approximieren und die vom Äquivalenzprinzip vorgezeichneten Grenzen versetzen zu können.

Summary: The elaboration of geophysical data sometimes requires efficient methods for a lateral extrapolation of the measured field, specially in such regions where no measurements are available or the signal-anomaly is too much disturbed by local noise and regional phon. Statistical analysis and probability considerations were mainly used for data sampling. But the application of deterministic models can also be the predominant part and tool for solving this problem. In the case of potential methods, e. g. for gravimetric research, the basic model is derivable from a differential equation which contains the fundamental boundary conditions. Special test-nomograms presented here help to find a reliable approximation of the theoretical results to the real situation in the wanted region. It is shown that these considerations are usefull for identification problems.

Vorbemerkungen

Im allgemeinen Sinn ist jede Extrapolation eine hypothetische Ausdehnung irgendwelcher Aussagen über den Erfahrungsbereich hinaus auf experimentell zunächst unzugängliche Gebiete. Als ein notwendiges und wissenschaftlich durchaus auch zulässiges Verfahren basiert sie auf der Annahme von Analogieschlüssen. Da die Aussagen einer Extrapolation wie diejenigen einer Prognose immer Wahrscheinlichkeitscharakter haben, ist es erforderlich, diese in mehreren Varianten auszuarbeiten und dabei ihre praktische und logische Bewährung nicht außer acht zu lassen, sonst „wird die Extrapolation zu einem rein spekulativen Werkzeug".

Im engeren mathematischen Sinn bedeutet Extrapolation die Fortsetzung einer in einem Bereich definierten Funktion auf einen umfassenderen Bereich gemäß den im bekannten Bereich festgestellten Gesetzmäßigkeiten. Hier hat die Extrapolation sehr enge Beziehungen zur Interpolation. Danach kann man die Extrapolation als eine „einseitige Interpolation" für eine Entfernung auffassen, die groß gegenüber dem mittleren Punktabstand ist, den Stützbereich also zu einem neuen Intervall erweitert.

[1] Anschrift des Verfassers:
Dr. sc. nat. W. Neumann, WB Geophysik, Sektion Physik der Karl-Marx-Universität, 7010 Leipzig, Talstraße 35.

Aus dem umfangreichen Kreis geowissenschaftlicher Aufgaben zeigt Tab. 1 einige aktuelle Zielstellungen; auf den Systemcharakter kann hier nur hingewiesen werden. Hervorgehoben ist die geophysikalische Erkundung. Extrapolationen sind Bearbeitungsprozesse, die in der Geophysik, und zwar in extensiver und intensiver Hinsicht, zur Erkenntnisgewinnung ständig genutzt werden. Ihre Anwendung umfaßt ein Gebiet, das von der mathematischen Fortsetzung der Beobachtungsdaten auf andere räumliche oder zeitliche Ebenen bis zur prognostischen Einschätzung der volkswirtschaftlichen Bedeutung einer Region der Erde reicht. Dazwischen liegen die vielfältigen Aufgaben der Elaboration und Interpretation. Mit dem Begriff Elaboration wird die Gesamtheit aller Maßnahmen und Datenbearbeitungen bezeichnet, die der Schaffung einer zweckmäßigen Interpretationsbasis dienen. Die Interpretationsbasis umfaßt das aufbereitete Meßdatenmaterial und die empfohlene Verfahrensweise.

Tabelle 1. Hauptziele einer Extrapolation

	Parameter	
Extrapolationssystem enthält: Datenangebot, konkrete Aufgabenstellung, Situationsanalyse, Trendforschung	räumliche →	**Fortsetzung geophysikal. Felder** in der vertikalen und horizontalen (lateralen) Beobachtungsebene; Elaboration von Anomalienkarten (Lösung durch Approximationsfunktionen, Signifikanzanalyse)
	zeitliche →	**Prognose und Rückschau;** Rekonstruktion des geodynamischen Bewegungsablaufs (Zeitreihenanalyse)
	Qualitäts- →	**Analogieschluß** für das Erkundungsgebiet; Höffigkeitseinschätzung (Merkmals-, Ähnlichkeitsanalyse)

Eine Schlüsselstellung nimmt die Elaboration von Meßprofilen oder Anomalienkarten mitunter in solchen Abschnitten ein, in denen das Datenangebot hinsichtlich seiner Qualität und Quantität sowie der Verteilung der Meßpunkte für spezielle Interpretationsanforderungen ungenügend ist. Diskussionen gibt es auch dort, wo man aufgrund eines geringen Signal/Rauschen-Verhältnisses gezwungen ist, das Merkmalsfeld nachträglich zu erweitern (NEUMANN, 1977). Die Güte der Extrapolation hängt erfahrungsgemäß in starkem Maße von der Wahl der „Schätzfunktion" ab, mit der Daten im Stützbereich approximiert werden.

Fortsetzungsfragen gehören zur Gruppe der sogenannten inkorrekten Aufgaben; sie sind Bestandteil des inversen Problems bei der Lösung von Potentialfeldaufgaben, vorrangig in der Gravimetrie. Nach den Prinzipien der Potentialtheorie, die z. B. für die Integration der LAPLACE-Gleichung gelten, kann von der Kenntnis meßtechnisch gewonnener Randwerte einer Feldgröße ohne gewisse Voraussetzungen nicht eindeutig auf ihre funktionale Verteilung geschlossen werden. Die hier gestellte Aufgabe fällt auch nicht in das Arbeitsgebiet allein der mathematischen Statistik! Demnach kann es nur darum gehen, unter Einbeziehung geophysikalischer Gesetzmäßigkeiten und Randbedingungen praktikable Lösungen zu finden. Die laterale Extrapolation von Potentialfeldern scheint auf den ersten Blick hierfür relativ einfach zu sein, da Situation, Fundamentalbeziehung und Zielstellung leichter überschaubar sind.

Aufgaben lateraler Extrapolationen

Im Aufgabenkomplex der Feldfortsetzungen spielen laterale Extrapolationen zwar nur eine begrenzte Rolle, finden aber bei den Potentialmethoden durchaus keine seltene Anwendung. Die Ausweitung der in Karten oder Profilen bildlich dargestellten Feldwerte über einen gesicherten Abschnitt hinaus kann grundsätzlich sowohl in der x-y- als auch in der z-Ebene erfolgen.

Ein Sonderfall der Problemsituation „Vertikalebene" ist z. B. die Extrapolation von Bohrlochmeßdaten in die seitliche Umgebung des Bohrlochs. Eine solche Aufgabe wird gestellt, wenn geophysikalische Störkörper sehr tief liegen und das Anomalienbild an der Erdoberfläche ihre Anzahl und genaue Lage visuell nicht erkennen läßt. Diese sehr anspruchsvolle Aufgabe nennt man auch „horizontale Sondierung". Lösungen für das Magnetfeld stammen von STRACHOV (1966) und z. B. von SOKOLOVSKIJ u. a. (1972, 1976). Sie zeigten, daß unter vereinfachenden Voraussetzungen (Konstanz der Magnetisierung, vorgegebener Tiefenbereich der magnetischen Quellen und zweidimensionale Situation) mit Hilfe TSCHEBYSCHEWscher Approximationspolynome die Aufgliederung einer kompakten Informationsmenge möglich ist, wodurch die Eisenerzkörper im Untersuchungsgebiet besser lokalisiert werden konnten.

Im Gegensatz zu Feldtransformationen und Feldfortsetzungen auf andere Berechnungsebenen, die immer eine ausreichende primäre Datenmenge erfordern, wird bei der lateralen Extrapolation von einem ungenügenden Datenangebot ausgegangen, bei gleichem Erscheinungsfeld die Beobachtungsebene aber konstant gehalten.

Vielfältig sind die Aufgaben und Zielstellungen:

- Ausfüllung von Lücken in Karten und Profilen (zur Anomalienkonturierung und Rayonierung des Feldes),
- Zugabe von Randbereichen (zur Vermeidung von Randverlusten bei Feldtransformationen beliebiger Art, besonders bei kleinen Untersuchungsflächen, da die Gewichtsfunktionen der Filteroperatoren eine bestimmte Breite besitzen),
- Eliminierung unerwünschter Anomalien im Untersuchungsgebiet (zur Beseitigung oder Unterdrückung von „Phantom-Anomalien", die durch laterale Effekte oder durch Auswerte- oder Konstruktionsfehler entstanden sind),
- Ermittlung des für die Erkundungsaufgabe speziellen Referenzfeldes (als Teiloperation einer stockwerkgegliederten Feldertrennung; zur Restgliedabschätzung),
- Extrapolation von Autokovarianz-Profilen (zur Bestimmung der Störkörperunterkante nach Beseitigung des Regionaleinflusses und Erhöhung des Auflösungsvermögens).

Die einzelnen Operationen zu diesen Aufgaben werden je nach Erfordernis und Aufwand ganz einfach per Hand oder mit moderner Rechentechnik durchgeführt. Die Art der Approximationspolynome spielt keine große Rolle, solange die Extrapolationsweite den mittleren Stützstellenabstand nicht sehr überschreitet. Bewährt haben sich neben einfachen Potenzfunktionen u. a. FOURIER-Reihen, Splinefunktionen und HILBERTsche Bildfunktionen, die Standard-Algorithmen der Spektralanalyse, z. B. die $(\sin x)/x$-Methode sowie diverse statistische Verfahren zur Faktoren- und Trendanalyse. Das Grundproblem der Anwendung besteht darin, daß die Reihenentwicklungen für eine geophysikalische Interpretation geeignet sein müssen. Auch U. WEISSE (1977) warnte davor, mathematische Analogien allzu formal auszunutzen.

Der „Extrapolator" wird gelegentlich mit solchen Territorien konfrontiert, die zur Zeit der geophysikalischen Geländearbeit mit einer anderen wissenschaftlichen Zielstellung vermessen worden waren, bei denen also Meßpunktdichte, Netz- oder Profilanlage und Meßgenauigkeit den augenblicklichen Anforderungen nicht ganz genügen. Trotz der Fortschritte, die bei Arbeiten mit deterministischen Parametern und statistischen Momenten als Strukturbeschreibungsmittel (NEUMANN und RAST, 1980) erzielt wurden und noch erreicht werden, wird die Mathematik fehlende Beobachtungen oder Messungen nicht ersetzen können. Der Extrapolator kann also nur fragen: „Wie ist der Informationsinhalt einer Karte *effektiv* auszuschöpfen, und wie weit darf ich die in meiner Untersuchungsfläche geltenden Gesetzmäßigkeiten und beobachteten Erscheinungen über die Grenzen des Gebiets hinaus ausdehnen?" Er wird davon ausgehen, daß sich seine Isanomalen- oder Meßwertkarte quantitativ, detailliert und anschaulich beschreiben läßt, muß allerdings voraussetzen, daß gewisse Anomaliencharakteristiken über weitere Entfernungen erhalten bleiben.

Die Differentialgleichung gravimetrischer Anomalien

Mit der Aufstellung der Differentialgleichung eines bestimmten geophysikalischen Feldes wird die Verknüpfung allgemeiner mathematischer Größen mit der speziellen *physikalischen* Fundamentalwirkung hergestellt und ein neuer Weg zur lateralen Extrapolation erschlossen. Ist der Wesenszug des zu bearbeitenden Feldes erst einmal richtig erkannt, dann ist die wichtigste Voraussetzung erfüllt, weiterführende Analysenmethoden zu entwickeln und spezifische Lösungsansätze zu finden.

Als anschauliches Beispiel betrachten wir ein gravimetrisches Profil. Vorausgesetzt werden darf in diesem Fall, daß bei genügend großem seitlichen Abstand des Aufpunktes von irgendeinem Störkörper sich dessen Wirkung durch die einer Massenlinie oder eines Massenpunktes hinreichend genau beschreiben läßt. Durch Elimination der Parameter Masse und Tiefenlage kommt man für diese Grundmodelle zu folgendem mathematischen Ausdruck:

$$y'' - b(y')^2/y - y'/x = 0 .$$

y steht für die Schwerestörung, z. B. die Bouguerschwereanomalie, längs der Profilachse x in der horizontalen Ebene. Die Lösung dieser homogenen gewöhnlichen Differentialgleichung 2. Ordnung begründet den Exponentialansatz für Extrapolationen: ein partikuläres Integral ist $y_1 = c_1 \cdot x^{2/(1-b)}$.

Die Ableitungen in der Differentialgleichung lassen sich verhältnismäßig leicht ermitteln, vor allem dann, wenn man die Betrachtung im Wendepunkt der Anomalienkurve ($y'' = 0$) durchführt. Die Auflösung nach dem Koeffizienten b gibt Aufschluß über den Störkörpercharakter; so bedeutet der Wert

$b = 5/3$	das Vorliegen eines Massenpunktes,
$= 2$	einer horizontalen Massenlinie,
$= 3$	eines vertikalen Zylinders, Schlots,
$= 4\ldots10$	einer vertikalen Platte und
> 10	einer horizontalen Platte.

Hiernach ermöglicht die Bestimmung von b eine günstige Wahl des Exponenten für die Extrapolation der Kurvenflanke und liefert Anhaltspunkte für die geophysikalische Modellierung des geologischen Untergrunds.

Sind die Massen merklich in der y-Achse ausgedehnt, dann können die beiden Terme mit der ersten Ableitung wegen der Erfüllung der LAPLACE-Gleichung als eine Funktion der Tiefenverteilung der Inhomogenität angesetzt werden; mit Vorgabe eines passenden Koeffizienten b_0 gilt dann die Beziehung

$$b_0(y')^2/y - y'/x = f(z).$$

Die Lösung auch dieser Gleichung setzt voraus, daß die Auswertegröße y von den störenden Anteilen eines kurzperiodischen Rauschens, des regionalen Phons und von der Nullpunktunsicherheit (Bezugsniveaufrage) vorher befreit worden ist; dies kann im Rahmen der Störquellenidentifizierung auf statistischem Wege z. B. mit Nomogrammverfahren erfolgen.

Für die Magnetik lassen sich ähnliche Differentialgleichungen aufstellen. Jedoch sind die Ausdrücke komplizierter, da für die Körperparameter vektorielle Größen anstelle der skalaren gesetzt werden müssen.

Extrapolation gravimetrischer Profile

Zum genannten Problemkreis werden Approximationen im „Epizentralgebiet“, insbesondere des Anomalienextremums, schon lange mit sehr gutem Erfolg betrieben. Auf die Extrapolation der weiteren Flanke wird gegenwärtig noch zu wenig Wert gelegt, obwohl mit dieser Operation ergänzende Hinweise für die geophysikalische Modellierung zu erhalten wären. Die Ansetzung zusätzlicher Quellpunkte zur Kompensation — wie in der Praxis häufig geübt — ist nämlich nicht immer gerechtfertigt.

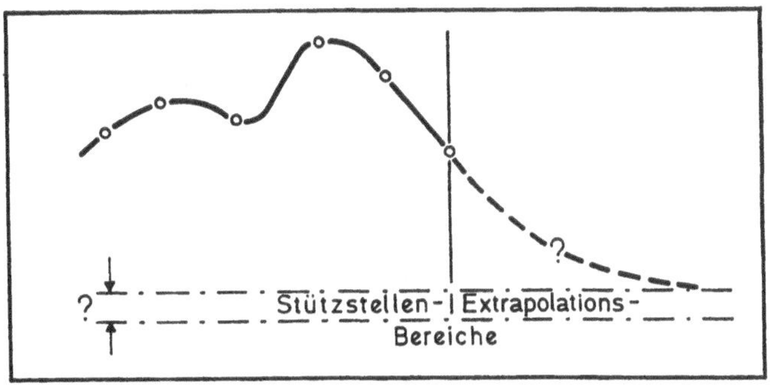

Abb. 1. Zur Formulierung der Extrapolationsaufgabe

Im wesentlichen sind zwei Fragen zu behandeln; sie lassen sich geometrisch anschaulich formulieren (Abb. 1): Wie verläuft die Kurve jenseits des Stützstellenbereichs, wenn man annehmen darf, daß die Beträge der Anomalienwerte zum Rand hin monoton abnehmen, und wo ist ihre Asymptote, d. h., wie ist ihre Abszissenachse festzulegen? Die Kenntnis des Bezugsniveaus wird benötigt für die Abschätzung des Restgliedes bei den Integralen der Schwere (oder der magnetischen Intensität); dieses dient der Berechnung des Betrages der Störmasse (bzw. des Moments) und damit schließlich der Ermittlung der Kontrastwerte petrophysikalischer Eigenschaften im geologischen Untergrund.

Das hier vorgestellte Lösungsverfahren ist auf das Ziel gerichtet, eine kurze Anomalienflanke mittels eines passenden Diagramms als ausgedehnte Gerade abzubilden, deren anschließende Rücktransformation zur bestmöglichen Approximationskurve führt. Der einfachste Weg wird beschritten, wenn man die Meßkurve frei Hand extrapoliert und mit einem normierten Modell vergleicht. Dabei wird die Extrapolationskurve so lange variiert, bis sich eine befriedigende Anpassung — ausgedrückt durch eine Gerade im Nomogramm — ergibt.

Zur schnellen Identifizierung gravimetrischer Störquellen hat sich die Darstellung des Amplitudenverhältnisses $\Delta g/\Delta g_{\max}$ in einem Diagramm als recht zweckmäßig erwiesen. Die Skalenteilung der Ordinate des Anomaliengraphen ist gemäß den Funktionswerten derjenigen Modellkurve festgelegt, die sich aus dem jeweiligen b-Koeffizienten der Differentialgleichung ableiten ließ.

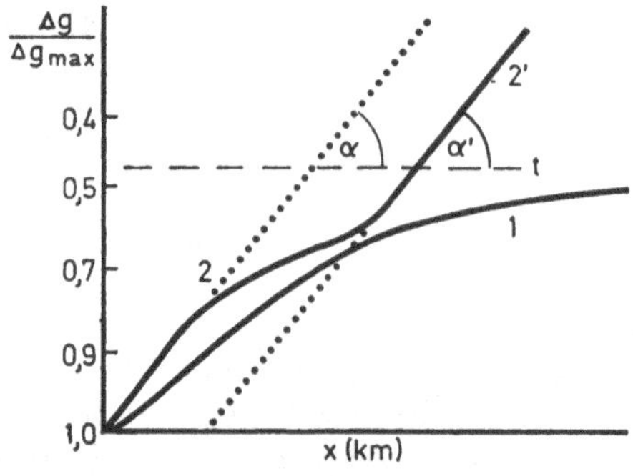

Abb. 2. Schema der Anwendung von Nomogrammen zur lateralen Feldextrapolation; t = Tiefenindikator; punktiert: extrapolierter Verlauf

Abb. 2 enthält in einer Zusammenstellung zwei mögliche Zwischenergebnisse wichtiger Sonderfälle. Kurve 1 resultiert aus Überlagerung mit einem annähernd konstanten regionalen Phon, dessen Betrag etwa genauso groß wie das gemessene Anomalienmaximum ist. Kurve 2—2′ entsteht durch zwei benachbarte Störkörper unterschiedlicher Masse, aber gleicher Tiefenlage ($\alpha = \alpha'$); der ursprüngliche Δg-Verlauf ließ auf den ersten Blick eine solche Trennung nicht erkennen. Angestrebtes Endergebnis ist immer eine einzelne Gerade mit einem der Störkörpertiefe umgekehrt proportionalen Anstieg. Durch gezielte Variation der ersten Freihandkurve ist die Darstellung erreichbar.

Ein ähnliches Bild mit Hinweisen auf die Detailstruktur erhält man, wenn man die Differentialgleichung 2. Ordnung nach x auflöst und $x = f(y, y', y'') = f(x)$ in linearem Maßstab darstellt. Bei vorher richtig ermitteltem Koeffizienten b und nach Elimination unerwünschter Einflüsse muß sich auch hier wieder eine Gerade ergeben.

Zur Kontrolle einer extrapolierten Kurve, die nach einer Freihandzeichnung oder einer Polynom-Trendanalyse vorliegt, eignet sich für den zweidimensionalen Fall der Quotient y'/y^2. Abweichungen von einer vorgegebenen Massenverteilung in der x-z-Ebene zeigen sich in einem typischen Kurvenverlauf. Im Anomaliengraph der Abb. 3 deutet die Kurve *a* auf einen Körper mit größerer Tiefenerstreckung als zunächst erwartet hin, *b* ist für einen Körper mit weiterer Ausdehnung in der x-Achse charakteristisch. Die Mittelkurve belegt, daß die Zielanomalie gefunden, also die richtige Modellauswahl getroffen wurde. Da sie eine Idealkurve ohne regionalen Phon darstellt, bereiten ihre Extrapolation und Rücktransformation keinerlei Schwierigkeiten.

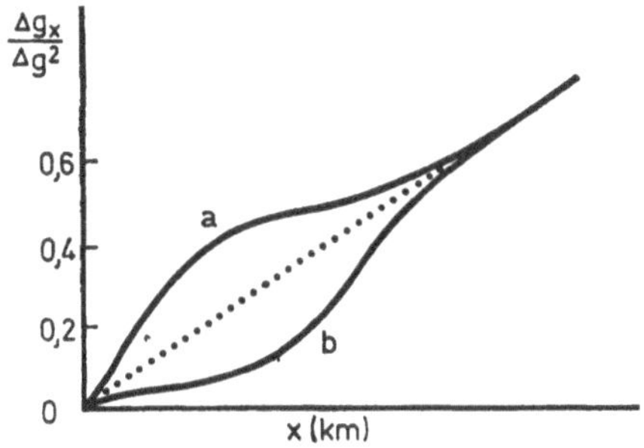

Abb. 3. Test von Situationsmodellen

Schlußbemerkungen

Das hier vorgeschlagene Verfahren der lateralen Extrapolation vereinigt wahrscheinlichkeitstheoretische und deterministische Aspekte der Datenelaboration. Brauchbare Ansätze für eine Lösung dieser Aufgabe liefert eine Differentialgleichung, die in knapper Form wesentliche Merkmale des speziellen geophysikalischen Feldes ausdrückt, eine Beziehung zwischen mathematischen Größen und physikalischen Eigenschaften enthält. Sie bildet die Grundlage für ein effektives Arbeiten mit Anomaliengraphen.

Der Erfolg der Extrapolation hängt in hohem Maße vom Umfang und von der Qualität der primären Felddaten ab, die zur Ermittlung einer repräsentativen Ausgangskurve herangezogen werden können. Auf die Erfahrung eines Interpretators kann dabei nicht verzichtet werden, denn er hat den Bearbeitungsaufwand zu rechtfertigen.

Die laterale Extrapolation zielt letztlich darauf ab, die Wirkung des Äquivalenzprinzips bei den geophysikalischen Erkundungsverfahren einzuschränken, die Grenzen der Interpretierbarkeit von Anomalienkarten weiter nach außen zu versetzen. Erste Erfolge bei der praktischen Anwendung stimmen optimistisch, den eingeschlagenen Weg zu verfolgen, um schwer zugängliche Gebiete zu erschließen, und wie es im Slogan einer bekannten geophysikalischen Zeitschrift heißt: „You've always thought down, now think lateral!".

Literatur

ANTONOV, JU. V.: Aufstellung eines Rechenschemas für die Extrapolation von Potentialfeldern (russ.). Prikladnaja Geofizika **92** (1978) S. 172–185.

BABIŠČEVIČ, P. N.: Numerische Lösung der Aufgabe der Potentialfortsetzung auf die Seite der Störmassen (russ.). Fizika Zemli, H. 7 (1982) S. 31–36.

Černaja, N. N., u. Černyj, A. V.: Approximation von grob vorgegebenen gravimetrischen und magnetischen Anomalien auf einem komplizierten Relief in den Knoten eines irregulären Netzes (russ.). Geof. Sbornik AN SSSR **80** (1977) S. 64–75.

Neumann, W.: Einige Erfahrungen bei der horizontalen geophysikalischen Rayonierung. WTI des ZGI Berlin **18** (1977) Sonderheft 4, S. 159–178.

Neumann, W., u. Rast, H.: Anwendungsbeispiele der statistischen Analyse von Isolinienkarten. Geophysik und Geologie **2** (1980) 2, S. 159–172.

Pal, P. C.: Rapid gravity interpretation by nomograms. Geoexploration **21** (1983) S. 203–220.

Sokolovskij, K. I., Zapol'skaja, G. V. u. a.: Methode der Extrapolation von Magnetfeldern von Bohrungen zur horizontalen Sondierung tiefliegender Körper (russ.). Razvedka i ochrana nedr, H. 7, (1972) S. 31–33.

Sokolovskij, K. I., Zapol'skaja, G. V. u. a.: Eine Polynommethode zur Extrapolation von Potentialfeldern (russ.). Geologija i geofizika, H. 4 (1976) S. 93–101.

Strachov, V. N.: Über die analytische Fortsetzung in seitliche Halbräume (russ.). Fizika Zemli, H. 7 (1966) S. 36–51.

Weisse, U.: Stochastischer Hokuspokus. Z. geol. Wiss. **5** (1977) S. 677–683.

Geophysikalische Umweltfaktoren und ihr Einfluß auf biologische Systeme

U. LAUTERBACH[1]

Zusammenfassung: Die Erkenntnis von der besonderen biologischen Rolle bestimmter Frequenzbereiche oszillierender Felder der Erde, die mindestens ebenso wichtig sind wie deren Intensität, wirft die Frage nach der Bedeutung geophysikalischer Einflüsse für Mensch und Tier auf.

Aus der Vielfalt der geophysikalischen Umweltfaktoren wurden für die Untersuchungen, über die hier speziell berichtet werden soll, der Einfluß der SCHUMANN-Resonanz und des geomagnetischen Feldes mit seinen Variationen auf biochemische und physiologische Parameter ausgewählt.

Die vorliegenden Ergebnisse lassen den Schluß zu, daß jeder einzelne Organismus durch ein äußeres 10-Hz-Feld beeinflußbar ist. Auch wird deutlich, daß neben der Impulsform die Feldstärke eine wesentliche Rolle für die Reaktion der Organismen spielt. Ein Einfluß des geomagnetischen Feldes mit seinen Variationen konnte nur bei den untersuchten biochemischen Parametern, nicht aber bei den physiologischen Parametern festgestellt werden.

Alle vorliegenden Ergebnisse lassen den Schluß zu, daß die Organismen in der Lage sind, auf ihre Umwelt zu reagieren und sich deren Änderung flexibel anzupassen. Dies ist ein starker biologischer Vorzug, der auch für die frühere Evolution von Bedeutung war.

Summary: The recognition of the special biological part of definite frequency ranges of oscillating fields of the earth, which are as important as its intensity, proposes the question for the significance of geophysical influences upon man and animal.

From the variety of geophysical environmental factors are choosen, for this special reported research, the influence of SCHUMANN-resonance and of the geomagnetic field with its variations to biochemical and physiological parameters. The submitted results allow the conclusion that every one organism is open to influence of an external 10 Hz-field. It becomes evident also, that in addition to the shape of the impulse the field-intensity takes an essential part for the reaction of the organisms. An influence of the geomagnetic field and its variations could be stated in the research only for the biochemical parameters, not for the physiolocigal ones however.

All submitted results allow the conclusion, that the organisms are in the position to respond to their environment and to adapt themselves to its modification flexibly. This is a strong biological advantage, that was important also during the earlier evolution.

Biologische Systeme, darunter der Mensch, unterliegen ständig während der gesamten, mindestens 3,5 Milliarden Jahre anhaltenden biologischen Evolution auf der Erde den vielfältigen geophysikalischen Feldern und Einflüssen dieses Planeten. Alle Organismen haben sich im Verlaufe dieses langen Prozesses optimal an die geophysikalische wie geochemische Umwelt angepaßt. Sie wurden von dieser sowohl aufgebaut wie programmiert und haben umgekehrt aus deren Eigenart für die eigene Stabilisierung Nutzen gezogen. Die überzufällige Übereinstimmung eines Teiles des Spektrums biologischer

[1] Anschrift der Verfasserin:
Dr. rer. nat. U. LAUTERBACH, Hauffweg 5a, 7030 Leipzig.

Rhythmen — z. B. der um 10 Hz — mit wichtigen geophysikalischen Periodizitäten führte viele Wissenschaftler zu der Vermutung, daß eine Reihe biologischer Rhythmen durch evolutionäre Adaptation Korrelate entsprechender geophysikalischer Perioden sein müssen. Die Frage ist, inwieweit das paläogeophysikalisch einst gebotene zeitliche Programm in den Organismus eingebaut und genetisch fixiert wurde. Es stellt dann heute nicht mehr die Ursache für den biologischen Rhythmus, sondern vielmehr den Zeitgeber für den wahrscheinlich längst autonom oszillierenden Organismus dar.

Eingehende Untersuchungen der Kosmosforschung zeigten, daß Organismen im Kosmos ohne das Schwerefeld der Erde ebenso wie ohne das geomagnetische und geoelektrische Feld mit deren Variationen sowie ohne die geoelektromagnetischen Phänomene existieren können. Die meisten biologischen Rhythmen sind also inzwischen endogener Natur, allerdings oft genug mit exogener Synchronisation. Der Organismus vermag sich damit flexibel anzupassen, was einen starken biologischen Vorzug darstellt.

Die Erkenntnis von der besonderen biologischen Rolle der Frequenz oszillierender Felder der Erde, die mindestens ebenso wichtig ist wie die Intensität, wirft die Frage nach der Bedeutung geophysikalischer Einflüsse für Mensch und Tier auf. Dies begann mit einer Betrachtung des *Schwerefeldes*, wenn Kosmonauten die Erde verlassen. Auf der Erde sind die extraterrestrisch verursachten Gezeiteneffekte, die sich dem Schwerefeld superponieren, im Hinblick auf die circatidalen Rhythmen von Interesse. Aber auch die Schwerekraft als Ganzes ist von großer Bedeutung, da sie für die Anatomie und Physiologie der Organismen in der heutigen Form verantwortlich ist. Das Schwerefeld hat die biologischen Systeme während ihrer Evolution entsprechend geprägt. So ist z. B. der aufrechte Gang des Menschen wie auch seine Blutmenge und -zusammensetzung oder die Ausbildung der Muskeln von der Schwerkraft abhängig. Bei der Geburt ist die Verbindung des Organismus mit seiner Umgebung weitgehend passiv. Die Passivität nimmt allmählich ab und geht zunehmend in Aktivität über. Gäbe es kein Schwerefeld, so würde das alles völlig anders aussehen. Die Muskeln wären dann überflüssig, das Skelett anders. Kein Tier hätte die ihm eigentümliche Haltung. Knochen müßten keiner Kompression standhalten, Bewegungsgeschwindigkeiten und -abläufe wären gänzlich verändert. Auch das ganze Energie-Schema wäre völlig anders.

Aus der Vielfalt der geophysikalischen Umweltfaktoren wurden für die Untersuchungen, über die hier speziell berichtet werden soll, der Einfluß der SCHUMANN-*Resonanz* und des *geomagnetischen Feldes* mit seinen Variationen auf den Organismus ausgewählt.

SCHUMANN-*Resonanz*

Bei der SCHUMANN-Resonanz handelt es sich um eine strahlungslose Eigenschwingung im Hohlraumresonator Erde—Ionosphäre, die ihren Ursprung in Blitzen hat.

Die natürlichen Resonanzen sind von der Erdkonduktivität, von der Ionendichte, der Temperatur der Gase sowie von der Entfernung Erdoberfläche—Ionosphäre abhängig. Die natürlichen Resonanzen, von SCHUMANN (1954) auf der Grundlage von Daten der Ionosphäre errechnet, liegen bei 10,6, 18,3 und 25,9 Hz. Mehrere neuere Messungen haben Werte bei 7,8, 14,1, 20,3, 26,4 und 32,5 Hz erbracht. Untersuchungen von KÖNIG (1959) ergaben auch variable Frequenzen in Abhängigkeit von der Jahreszeit, der Tageszeit und dem Wetter.

Die SCHUMANN-Resonanz, auch als stehende Welle bezeichnet, mit einer Frequenz von 7,8 Hz ist existent in der Erde—Ionosphäre-Kavität als ein Resultat von extrem niedriger Dämpfung der Wellen.

Untersuchungen des menschlichen Zentralnervensystems haben als möglichen Ursprung für das EEG des Gehirns bioelektrische Grundpotentiale mit Frequenzen zwischen 10 und 50 Hz sowie einer Gleichspannungskomponente ergeben. Neurophysiologen konnten eine Beeinflussung von Amplitude und Impulsform des Alpharhythmus (mit einer Frequenz von 10 Hz) im EEG durch ein äußeres Feld nachweisen.

Nun stellt sich die Frage, inwieweit der Organismus durch ein künstlich erzeugtes 10-Hz-Feld beeinflußbar ist. Untersucht wurden der Blut-pH-Wert, die Blutkörperchensenkungsgeschwindigkeit (BSR), die Kapillarität des Blutes bei Meerschweinchen und das Wachstum von Jungmäusen. Für diese Untersuchungen wurde ein elektromagnetisches 10-Hz-Feld mit Rechteckimpulsen (und zum Vergleich in Sinusform), aber unterschiedlicher Feldstärke verwendet. Das elektromagnetische Feld hatte folgende Feldstärken:

1) $E = 0{,}9$ V/m und $H = 2{,}2 \times 10^{-5}$ Tesla,

2) $E = 10{,}2$ V/m und $H = 4{,}8 \times 10^{-5}$ Tesla.

Dieses bedeutet eine Verzehnfachung der elektrischen Komponente und eine Verdoppelung der magnetischen Komponente des elektromagnetischen Feldes.

Die Versuchstiere wurden für diese Untersuchungen in HELMHOLTZ-Spulen gehalten. Das für die Untersuchungen benötigte Blut wurde den Meerschweinchen durch Herzpunktion entnommen. Alle Versuche, auch die zur Kontrolle, wurden stets zur gleichen Tageszeit vorgenommen. Die im Versuch gewonnenen Werte wurden mit den Werten der Kontrolltiere im Ziegelsteinbau, also ohne jegliche Abschirmung, verglichen. Versuche und Kontrolle liefen zur gleichen Zeit.

An den Abb. 1 und 2 sind der Blut-pH-Wert und die BSR sowie ihre Veränderungen durch das elektromagnetische Feld dargestellt. Es wird ersichtlich, daß der Blut-pH-Wert bei steigender Feldstärke absinkt, d. h., die Wasserstoffionenkonzentration im

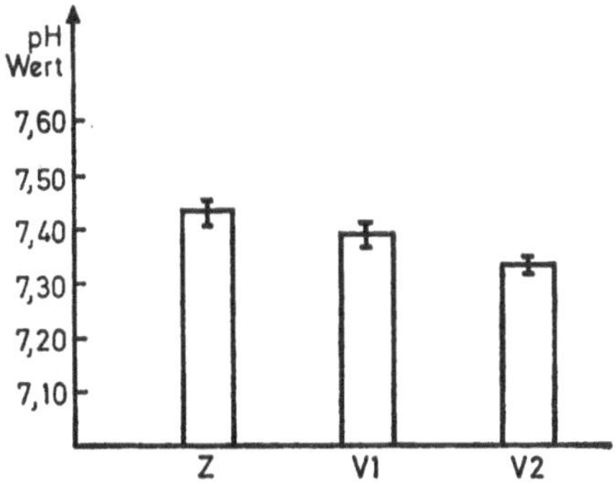

Abb. 1. Veränderung des Blut-pH-Wertes in Abhängigkeit von der Feldstärke eines elektromagnetischen Feldes mit der Frequenz von 10 Hz und Rechteckimpulsen

Z = Kontrolltiere,
$V1$ = Versuchsgruppe 1, $E = 0{,}9$ V/m, $H = 2{,}2 \times 10^{-5}$ Tesla,
$V2$ = Versuchsgruppe 2, $E = 10{,}2$ V/m, $H = 4{,}8 \times 10^{-5}$ Tesla

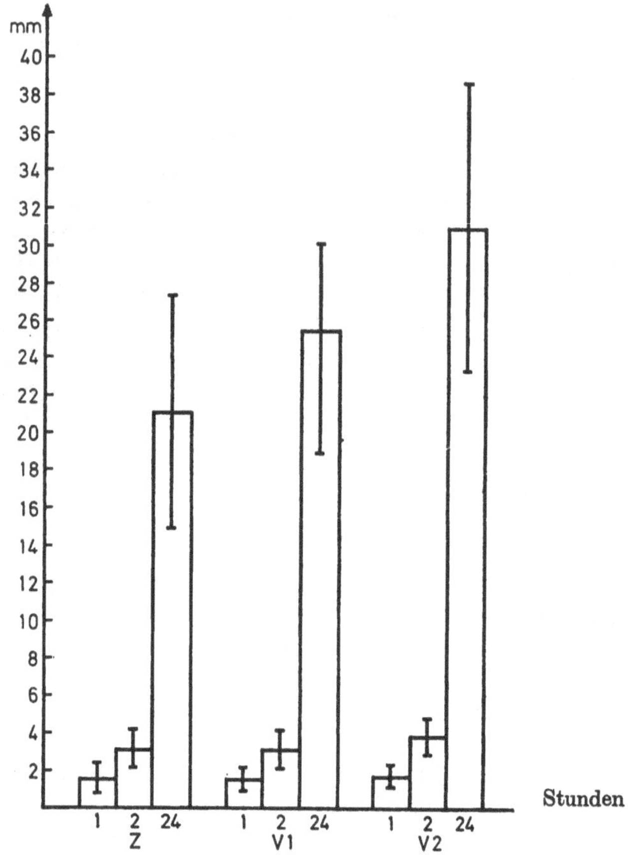

Abb. 2. Veränderung der BSR in Abhängigkeit von der Feldstärke eines elektromagnetischen 10-Hz-Feldes mit Rechteckimpulsen

Z = Kontrolltiere,
V1 = Versuchsgruppe 1, $E = 0{,}9$ V/m, $H = 2{,}2 \times 10^{-5}$ Tesla,
V2 = Versuchsgruppe 2, $E = 10{,}2$ V/m, $H = 4{,}8 \times 10^{-5}$ Tesla

Blut nimmt zu. Der Einfluß der erhöhten Feldstärke auf die BSR wird ebenfalls deutlich sichtbar, sie steigt besonders bei den 2-Stunden- und 24-Stunden-Werten an.

Die Kapillarität des Blutes hat sich unter dem Einfluß der verschiedenen Feldstärken nicht meßbar verändert. Sie beträgt bei allen drei Gruppen 3,6 mm Steighöhe.

Die genannten Ergebnisse zeigen, daß einzelne biochemische Parameter durch ein elektromagnetisches 10-Hz-Feld nach Art der SCHUMANN-Resonanz beeinflußbar sind. Nun stellt sich die Frage, inwieweit der gesamte Organismus in seiner stoffwechselintensivsten Phase, dem Wachstum, durch ein elektromagnetisches 10-Hz-Feld beeinflußbar ist. Für diese Versuche wurde ein empfindlicher Mäusestamm verwendet, der sehr stark auf jede Veränderung in der Umwelt reagiert.

Die Mäuse wurden von der Geburt bis zum 20. Lebenstag im elektromagnetischen Feld gehalten, um hier die Entwicklung der Körpermasse zu untersuchen. Aus Abb. 3 ist ersichtlich, daß die Feldstärke von $E = 0{,}9$ V/m und $H = 2{,}2 \cdot 10^{-5}$ Tesla einen

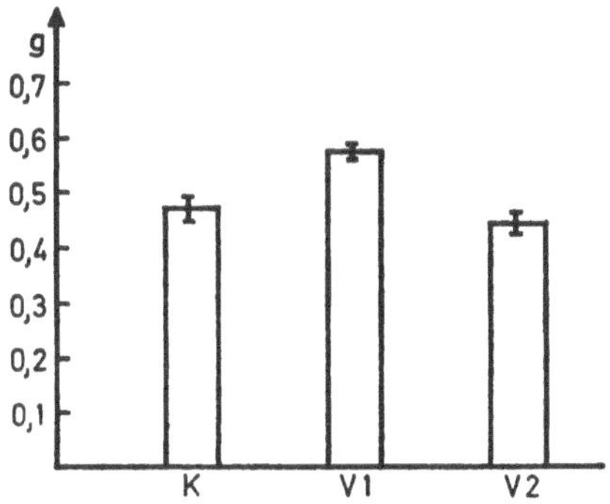

Abb. 3. Die durchschnittliche tägliche Zunahme von Mäusen von der Geburt bis zum 20. Lebenstag in Abhängigkeit von einem elektromagnetischen 10-Hz-Feld mit Rechteckimpulsen und den Feldstärken von 0,9 V/m und $2{,}2 \times 10^{-5}$ Tesla (*V1*) sowie 10,2 V/m und $4{,}8 \times 10^{-5}$ Tesla (*V2*) in Gramm,

K = Kontrollgruppe, *V1* = Versuchsgruppe 1, *V2* = Versuchsgruppe 2

deutlich positiven Einfluß auf die Körpermasseentwicklung der unter Feldbedingungen aufgezogenen Tiere hat. Eine Erhöhung der Feldstärke hat eine negative Entwicklung der Körpermasse zur Folge, hier liegt die durchschnittliche tägliche Zunahme unter der der Kontrolltiere. Um diesen positiven Wachstumseffekt zu überprüfen und um festzustellen, ob die Jungtiere direkt oder nur indirekt über das Muttertier beeinflußt werden, sind Mäuse vom 20.—38. Lebenstag (also nach der Trennung von dem Muttertier) untersucht worden. Hier bestätigte sich der positive Einfluß auf die Körpermasseentwicklung der Jungtiere (Abb. 4).

Natürlich interessierte nun auch der Einfluß eines elektromagnetischen 10-Hz-Feldes in Sinusform mit o. g. Feldstärke 1). Bei den in diesem Feld gehaltenen Mäusen konnte kein Unterschied zu den Mäusen der Kontrollgruppe festgestellt werden.

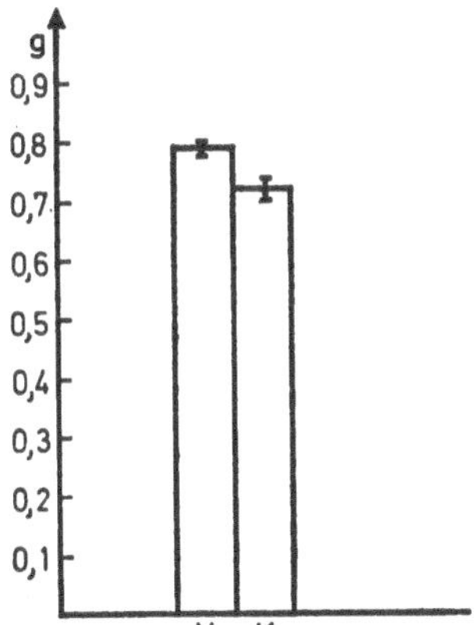

Abb. 4. Die durchschnittliche tägliche Zunahme von Mäusen vom 20.—38. Lebenstag in Abhängigkeit von einem elektromagnetischen 10-Hz-Feld mit Rechteckimpulsen und der Feldstärke von 0,9 V/m und $2{,}2 \times 10^{-5}$ Tesla in Gramm,

V = Versuchsgruppe, *K* = Kontrollgruppe

Alle unter Feldbedingungen gehaltenen Mäuse wurden bis zum 50. Lebenstag beobachtet. Weiterhin wurden von einigen Tieren die Nachkommen, die unter normalen Bedingungen aufgezogen wurden, untersucht. Dabei konnte festgestellt werden, daß die Mäuse, die unter Feldeinfluß geboren und aufgezogen wurden, diesen positiven Wachstumseffekt an ihre Nachkommen weitergaben. Er war abgeschwächt bis zur zweiten Generation nachweisbar. Der negative Effekt nach Feldstärkeerhöhung hatte dagegen keine Auswirkungen auf die Nachkommen.

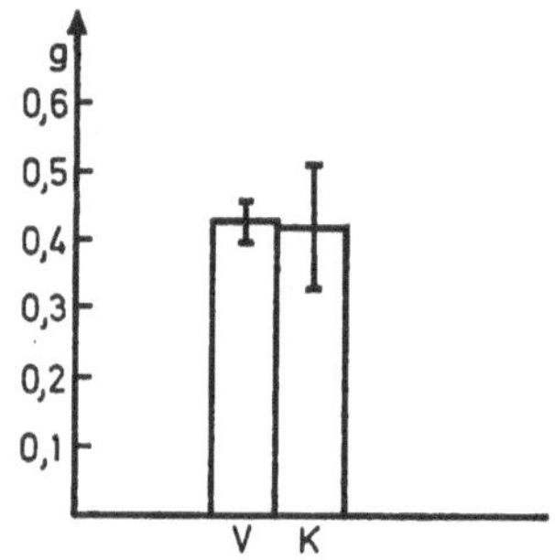

Abb. 5. Die durchschnittliche tägliche Zunahme von Mäusen vom 20.—38. Lebenstag in Abhängigkeit von einem elektromagnetischen 10-Hz-Feld in Sinusform,
V = Versuchsgruppe, K = Kontrollgruppe

Die vorliegenden Ergebnisse lassen den Schluß zu, daß jeder einzelne Organismus durch ein äußeres 10-Hz-Feld beeinflußbar ist. Die Stoffwechselvorgänge lassen sich auf diese Weise steuern. Auch wird deutlich, daß neben der Impulsform auch die Feldstärke eine wesentliche Rolle für die Reaktion der Organismen spielt. Alles deutet darauf hin, daß ein Teil des paläogeophysikalisch gebotenen zeitlichen Programms in den Organismus eingebaut und auch genetisch fixiert wurde, aber äußere Feldeinflüsse dennoch positiv oder negativ wirksam sein können.

Für die Wirkung der Wechselfelder auf den Organismus und für die Veränderungen, die im Organismus durch solche äußeren Wechselfelder hervorgerufen werden, kann man folgenden Wirkungsmechanismus als gegeben annehmen: Durch die äußeren Wechselfelder werden in Abhängigkeit von der Frequenz, der Feldenergie und der Eindringtiefe innere Felder im Organismus induziert, welche die dem Organismus eigenen elektrischen und elektromagnetischen Impulse und Schwingungen sowie chemische Bindungen beeinflussen. Wahrscheinlich ist, daß die durch die äußeren Wechselfelder erzeugten inneren Felder Phasen- und Amplitudenverschiebungen aufweisen. Dabei geht von der induzierten Energie ein Teil verloren bzw. wird in Reibungsenergie und Wärme umgewandelt. Nur bei Erreichen der Resonanzfrequenz ist eine maximale Energieübertragung möglich. Das dürfte jedoch nur bei Frequenzen im ELF-Bereich (sehr wahrscheinlich bei der Frequenz von 10 Hz) der Fall sein. Die durch die äußeren Wechselfelder erzeugten Veränderungen der Schwingungsfrequenz von Molekülen, Molekülgruppen und Ionen sind verbunden mit Veränderungen der Größe und Form sowie der Aktivität von Molekülen und Molekülgruppen, die sich in der Hemmung oder Aktivierung von Stoffwechselvorgängen ausdrücken. Davon ist auch die Freisetzung von erregungsleitenden Stoffen im Nervensystem betroffen. Bei den Veränderungen im Organismus durch äußere

Wechselfelder spielen auch die Beeinflussung der Wassermoleküle, der Struktur der Wasserhülle von Ionen und der Wasserstoffbrückenbindung eine wesentliche Rolle, wodurch der Durchlässigkeitsmechanismus von Zellmembranen beeinflußt wird. Das wiederum hat eine Beeinflussung des Stoffwechsels von Zellen zur Folge.

Das Zentralnervensystem ist bei der Wirkung äußerer Wechselfelder auf den Organismus ein besonders wichtiger Faktor. Es weist selber Frequenzen von 10 bis 50 Hz auf und dürfte besonders empfindlich auf diesen Frequenzbereich wie auch auf die weiteren Frequenzen des ELF-Bereiches reagieren. Es soll Stoffwechselvorgänge regulieren, unterliegt aber selber der Beeinflussung durch äußere Wechselfelder. Da es aber auch eine Gleichspannungskomponente besitzt, dürfte es auch durch äußere Gleichfelder in bestimmtem Maße beeinflußbar sein.

Geomagnetisches Feld

Die Beeinflussung von Organismen durch das geomagnetische Feld mit seinen Variationen und durch äußere Gleichfelder wird nun im folgenden betrachtet. Über die Wirkung des geomagnetischen Feldes und seiner Schwankungen auf die Funktion des Organismus gibt es kaum gesicherte Ergebnisse. Fest steht aber, daß starke Schwankungen des geomagnetischen Feldes einen negativen Einfluß auf die Funktionsfähigkeit der Organismen ausüben.

Die täglichen Schwankungen des geomagnetischen Feldes werden vom Adolf-Schmidt-Observatorium für Erdmagnetismus der Akademie der Wissenschaften der DDR und vom Geophysikalischen Observatorium der Karl-Marx-Universität Leipzig mit verschiedenen Methoden gemessen, die übereinstimmende Ergebnisse liefern. Für die Untersuchungen wurden die Ergebnisse des Geophysikalischen Observatoriums Collm der KMU verwendet. Es sollte festgestellt werden, ob Erdmagnetfeldschwankungen im Bereich von 10^{-8} Tesla einen Einfluß auf den Blut-pH-Wert, die BSR und das Wachstum von Mäusen haben, wobei beachtet werden muß, daß das Erdmagnetfeld und seine Schwankungen keinerlei Abschirmung unterliegen.

Für diese Untersuchungen wurden alle unter normalen Bedingungen gemessenen Werte o. g. Parameter verwendet und zu den Erdmagnetfeldänderungen in Beziehung gesetzt. Dabei stellte sich heraus, daß der Blut-pH-Wert einer Beeinflussung unterliegt (Abb. 6), die Wasserstoffionenkonzentration im Blut steigt an. Auch die BSR wird

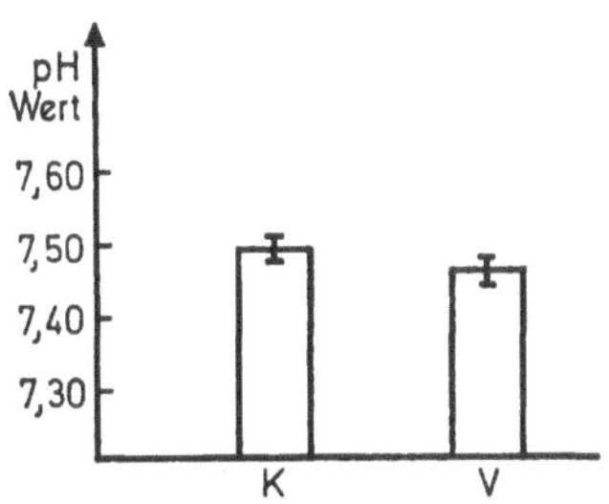

Abb. 6. Beeinflussung des Blut-pH-Wertes durch die täglichen Schwankungen des geomagnetischen Feldes,

K = Kontrollgruppe, V = Versuchsgruppe

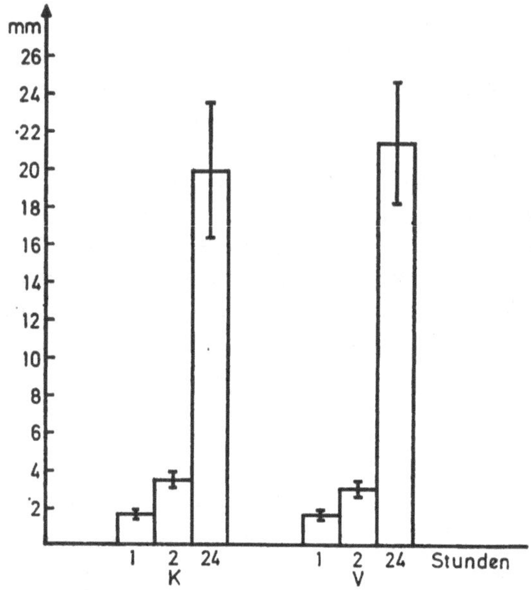

Abb. 7. Beeinflussung der BSR durch die täglichen Schwankungen des geomagnetischen Feldes,
K = Kontrollgruppe, V = Versuchsgruppe

geringfügig beeinflußt (Abb. 7), hier jedoch ist zu beachten, daß sich der Senkungsvorgang über Stunden erstreckt, während die Erdmagnetfeldänderungen in der Regel nur von kurzer Dauer sind. Ein Einfluß der Erdmagnetfeldschwankungen auf die Kapillarität des Blutes konnte ebenfalls festgestellt werden (Abb. 8). Er war auch aufgrund der elektrischen und magnetischen Beeinflußbarkeit der Oberflächenspannung zu erwarten. Das Wachstum der Mäuse unterliegt keiner meßbaren Beeinflussung durch die Schwankungen des geomagnetischen Feldes.

Anschließend an diese Untersuchungen wurden noch Versuche mit künstlich erzeugten magnetischen Gleichfeldern durchgeführt. Hier wurde ebenfalls das Wachstum der Mäuse

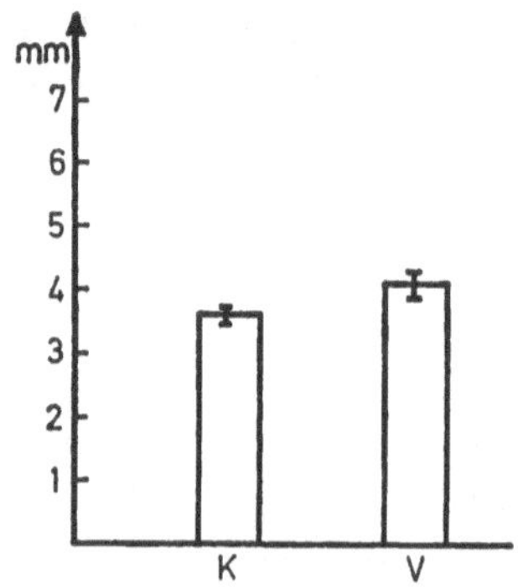

Abb. 8. Beeinflussung der Kapillarität des Blutes durch die täglichen Schwankungen des geomagnetischen Feldes,
K = Kontrollgruppe, V = Versuchsgruppe

untersucht. Die magnetischen Gleichfelder wurden mit Helmholtzspulen, die an eine Gleichspannungsquelle angeschlossen waren, erzeugt. Die für die Versuche ausgewählten Feldstärken bewegen sich um die Feldstärke des Erdmagnetfeldes. Es wurden Feldstärken von 10^{-8} bis 10^{-3} Tesla verwendet. Für die Untersuchungen wurden ein sehr empfindlich reagierender Mäusestamm und ein unempfindlicher, robuster Mäusestamm verwendet. Dies deshalb, weil sich bei der Feldstärke von 10^{-8} Tesla der empfindlich reagierende Mäusestamm nicht vermehrte.

Die Mäuse wurden von der Geburt bis zum 20. Lebenstag im Magnetfeld gehalten und danach bis zum 50. Lebenstag kontrolliert. Die Versuche und Kontrolluntersuchungen liefen zur gleichen Zeit.

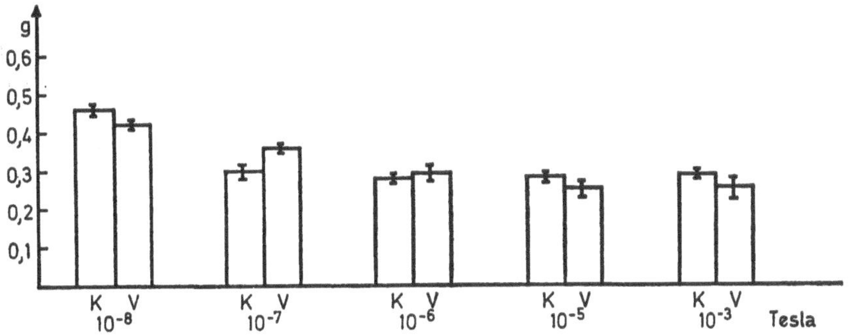

Abb. 9. Die durchschnittliche tägliche Zunahme in Gramm von Mäusen von der Geburt bis zum 20. Lebenstag in Abhängigkeit von der Feldstärke eines Magnetfeldes, K = Kontrollgruppe, V = Versuchsgruppe

Die Ergebnisse der Untersuchungen sind in Abb. 9 dargestellt, aus der ersichtlich wird, daß die Feldstärken von 10^{-6} bis 10^{-3} Tesla einen negativen oder keinen wesentlichen Einfluß auf die Körpermasseentwicklung der Mäuse haben. Die Feldstärke von 10^{-7} Tesla übt einen positiven Einfluß auf die Entwicklung der Körpermasse bzw. auf die durchschnittliche tägliche Zunahme der Tiere der Versuchsgruppe aus. Die Feldstärke von 10^{-8} Tesla beeinflußt dagegen die Entwicklung der Versuchstiere in hohem Maße negativ, hier mußte der robuste, unempfindliche Mäusestamm eingesetzt werden, um überhaupt Ergebnisse zu bekommen, während bei der Feldstärke von 10^{-7} Tesla der sehr empfindliche Mäusestamm positiv reagierte.

Wie kommt es nun zu solchen unterschiedlichen Ergebnissen, besonders bei den sehr niedrigen Feldstärken?

Durch ein äußeres Gleichfeld wird auf den Organismus eine Kraft ausgeübt, und dadurch werden organismuseigene Gleichspannungskomponenten und magnetische Komponenten des Organismus beeinflußt. Die Größenordnung von Para- und Diamagnetismus sind im Organismus ausgewogen. Durch ein Magnetfeld werden etwa gleich große magnetische Kräfte auf die dia- und paramagnetischen Komponenten ausgeübt. Dabei werden einzelne chemische Bindungen gehemmt oder aktiviert. Über die magnetischen Eigenschaften der biologischen Strukturen kann die Beweglichkeit der Ladungsträger durch ein Magnetfeld wirkungsvoll beeinflußt werden. Dabei kommt es zur Polarisation der Ionen. Für die magnetischen Eigenschaften der Strukturen sind die

Molekularströme bestimmend, während die Bewegung der Ionen die magnetische Komponente von Blut und Nerven bestimmt. Für die magnetischen Eigenschaften des Blutes spielen die Erythrozyten mit ihren magnetischen Eigenschaften eine wichtige Rolle, wie auch das paramagnetische Hämoglobin und das diamagnetische Oxyhämoglobin. Über das Dipolmoment, das durch ungleichmäßige Verteilung der Ladungen an Molekülen entsteht, können die Wechselwirkungen von Proteinmolekülen, Wassermolekülen und Aminosäuren mit anderen Molekülen und Ionen beeinflußt werden, im günstigsten Fall kann dem Organismus über ein Magnetfeld Energie zugeführt werden. Es ist anzunehmen, daß sehr hohe Gleichfelder einen negativen Einfluß auf die Organismen haben, während sehr niedrige Gleichfelder einen positiven Einfluß haben können. Die Ursache ist sicherlich in der Absorption der Feldenergie zu suchen, wodurch die einzelnen magnetischen Bestandteile des Organismus beeinflußt werden.

Jeder Organismus versucht sich den veränderten Bedingungen durch Wechsel- oder Gleichfelder anzupassen, was nicht mehr möglich ist, wenn die Grenze der Anpassungsfähigkeit überschritten ist. Der Organismus reagiert dann individuell wie bei anderen Stressoren. Die Folgen einer Überschreitung der Grenze der Anpassungsfähigkeit sind sehr verschiedenartig. Sie reichen von sehr schweren Schäden bis zu mäßigen und schwachen reversiblen Veränderungen, wie z. B. degenerative Zellveränderungen, zeitweise organische Schäden, mäßige Gefäßveränderungen, schwache dystrophische Veränderungen in den Organen oder auch nur Kopf- oder Gelenkschmerzen sowie Konzentrationsschwäche.

Es ist klar, daß endgültige Beweise für die Wirkungsmechanismen der natürlichen Felder in den Organismen nicht vorliegen, aber alles, was bisher bekannt ist, weist einen deutlichen Weg.

Seismologie

An den Schluß der beschriebenen Untersuchungen sei noch eine Beobachtung angefügt.

Für die vielfältigen Untersuchungen war eine große Anzahl von Versuchstieren notwendig, die in Glasbehältern gehalten wurden.

Am 20. Februar 1982 wurde in Leipzig ein leichtes Erdbeben registriert. Das Erdbeben ereignete sich 5.37 Uhr morgens. Als nach dem Beben die Versuchstiere kontrolliert wurden, mußten leider viele Verluste registriert werden. Alle Tiere eines sehr empfindlich reagierenden Mäusestammes waren tot. Aber auch unempfindliche und robuste Labormäuse, einige Meerschweinchen und mehrere Goldhamster waren eingegangen. An diesem Tag wurden in verschiedenen Laboratorien ungewöhnlich hohe Verluste bei Versuchstieren registriert.

Nun, ungewöhnliches Tierverhalten vor Erdbeben ist bekannt, aber über Tierverluste, also den Tod von Tieren durch Erdbeben ist kaum berichtet worden. JACOBS (1985) schreibt dazu: „Höherentwickelte Organismen sind besonders gegen 10-Hz-Schwingungen empfindlich, da sich eine Reihe biologischer Mikrovibrationen — die elektrischen Hirnwellen oder die Nervenreaktionen — in diesem Bereich abspielt. In der mikroseismischen Erdbebenaktivität treten solche Schwingungsperioden ebenfalls verstärkt auf, so daß gewisse Resonanzeffekte im Sinne einer mechanischen „Bebenfühligkeit“ durchaus denkbar sind.“

BECKER (1962) spricht davon, daß Regulierungssysteme dem Zentralnervensystem

Informationen über pathologische Funktionen übermitteln. Er nimmt an, daß gegebene Systeme, die verbunden sind mit der Verteilung der Oberflächenpotentiale, den Organismus und seine Funktionsfähigkeit auch im Zusammenhang mit der Einwirkung von magnetischen und elektrischen Feldern der Erde auf den Organismus kontrollieren.

Nach PRESMAN (1974) ist die Annahme berechtigt, daß der zerebrale Cortex und Zwischenhirnstrukturen (besonders der Hypothalamus) höchst empfindlich auf elektromagnetische Wellen reagieren. Die Wirksamkeit elektromagnetischer Wellen auf das Nervensystem wird offensichtlich entweder durch eine Stimulation von Nervenzellen verursacht oder durch einen Wechsel in den Parametern ihres funktionellen Zustandes. Weiterhin wird von zwei Abwehrsystemen berichtet, durch die sich jeder lebende Organismus gegen externe elektromagnetische Störungen schützt:

1. ein aktives,
2. ein passives Abwehrsystem.

Das passive Abwehrsystem reagiert sehr schnell, es ist das periphere System, das über einen gewissen Parameterbereich elektromagnetischer Störungen angesprochen wird. Der Hauptparameter ist die Feldintensität. Bei Überforderung des passiven Abwehrsystems tritt das aktive Abwehrsystem in Aktion. Das schnell reagierende passive System signalisiert die Ankunft von Störungen dann zu dem langsam reagierenden aktiven (zentralen) System, das sich durch eine Reduzierung der Empfangsempfindlichkeit für derartige Störungen schützt. Ein weiteres und höheres Stadium aktiver Abwehrreaktion ist durch das Zentralsystem gegeben, das physiologische Prozesse in einer Weise modifiziert, die eine Gegenreaktion auf die ungewünschte, extern verursachte Reaktion zur Folge hat.

Sicher ist, daß dem Nervensystem und hier besonders dem Zentralnervensystem eine Schlüsselrolle zukommt. Die Ursache für die „Bebenfühligkeit" von Tieren und die daraus resultierenden Reaktionen ist hier zu finden.

Unsere Versuchstiere, die bei o. g. Erdbeben verendeten, sind menschliche züchterische Produkte, die auf solcherart Streß wesentlich empfindlicher reagieren als die durch natürliche Auslese entstandenen Arten und Rassen. Außerdem darf man auch nicht vergessen, daß in Freiheit lebende Tiere dem Streß „Erdbeben" ausweichen können, während unsere Versuchstiere und auch die landwirtschaftlichen Nutztiere dies nicht können.

Alles Leben wird von ein paar Faktoren bestimmt, die allgemein gelten. Sie haben schon vor rund 3,5 Milliarden Jahren mit der Bildung der ersten Zelle etwas zu tun gehabt. Die erste lebende Zelle brauchte Schutz vor der Strahlung, durch die sie entstanden und von der sie ebenso leicht hätte wieder zerstört werden können. Formen, Oberflächenspannung, das Verhältnis von Oberfläche zum Volumen, die Schwerkraft, das Erdmagnetfeld, innere Prozesse, äußere Veränderungen und Einwirkungen; das alles ist heute ebenso vorhanden und wirksam wie zu Beginn der Evolution, es ist selbstverständlich. Doch das Selbstverständliche ist schwer zu begreifen. Es entzieht sich unserem Zugriff. Wenn wir dem Mechanismus unseres Seins auf Grund und Ursprung kommen wollen, geraten wir in Tiefen, wo kaum zu erkennen ist, ob das, was sich uns entzieht, nicht selbstverständlicher ist als das offenkundig Selbstverständliche.

Literatur

BECKER, R. et al.: The direct current control system. A link between environment and organism. N.Y. State J. Med., 1962.

JACOBS, F.: Immer wieder bebt die Erde. Verlag Neues Leben, Berlin 1985.

KÖNIG, H.: Atmospherics geringster Frequenzen. Z. f. angew. Physik 11 (1959).

PRESMAN, A. S.: Elektromagnetische Signalgebung der lebenden Natur (Org. russ.). „Sowetskoe Radio" Moskau, 1974.

SCHUMANN, W. O.: Über die strahlungslosen Eigenschwingungen einer leitenden Kugel, die von einer Luftschicht und einer Ionosphärenhülle umgeben ist. Z. f. Naturf. 7a (1954).

Weiterführende Literatur

ASCHOFF, J.: Tagesperiodik licht- und dunkelaktiver Tiere. Revue Suisse Zool. 71 (1964).

ASSMANN, D.: Die Wetterfühligkeit des Menschen. Fischer-Verlag Jena, 1963.

BARTELS, J.: Geophysik. Fischer Bücherei Frankfurt, 1960.

COMOROSAN, S.: A new control mechanism of cellular biochemical reactions. Med. Interna. 23 (1971).

DUBROV, A. P.: Erdmagnetfeld und Leben (Org. russ.). Leningrad, 1974.

LAUTERBACH, U.: Der Einfluß elektromagnetischer, elektrischer und magnetischer Felder auf einige biochemische und physiologische Parameter. Diss. Halle, 1985.

PERSINGER, M. A.: ELF and VLF Electromagnetic Field Effects. Plenum-Press, New York and London, 1974.

PICCARDI, G.: The Chemical Basis of Medical Climatology. Charles C. Thomas, Publisher, Springfield, Ill. USA, 1962.

REITER, R.: Meteorologie und Elektrizität der Atmosphäre. Akademische Verlagsgesellschaft Geest und Portig K. G. Leipzig, 1960.

RUDDER, B. DE: Grundriß einer Meteorobiologie des Menschen. Berlin, 1952.

Der Erdbebenschwarm im Grenzgebiet ČSSR/DDR 1985/86

(Daten und Ergebnisse der seismologischen Station Collm im Vergleich mit früheren Schwärmen und mit anderen Stationen)

B. Tittel[1]

Zusammenfassung: Die seismologische Interpretation der Erdbebenschwärme im Grenzgebiet DDR—ČSSR seit Beginn des 20. Jahrhunderts zeigt, daß Quantität und Qualität der Ergebnisse stark vom jeweiligen Stand der Registriertechnik und der Methodik geprägt werden. Bei der Weiterverwendung der entsprechenden Ortungsergebnisse von Datenzentren ist Vorsicht geboten. Aus der großen Menge von Laufzeitdaten lassen sich Richtwerte zur mittleren Longitudinalwellengeschwindigkeit in der Erdkruste auf den Wellenwegen zu verschiedenen Stationen ableiten. Stationsspezifische Magnituden von CLL sind dem Niveau geeigneter Nachbarstationen angepaßt.

Summary: The results of the seismological interpretation of the earthquake swarms in the GDR—Czechoslovakia border region since 1900 shows the dependence of its quantity and quality on the recording technics and on the methods. Using the epicenter locations of the data centers one should be carefully. The lot of travel-time data allows to draw rough values for the average P velocity in the earth's crust on the ways to different stations. Specific magnitudes for the quakes at the CLL station are adjusted to the level of suitable neighbouring stations.

Einleitung

Im Winter 1985/86 ereignete sich im Grenzgebiet nordwestliche ČSSR (Westböhmen) — südliche DDR (Vogtland) ein Erdbebenschwarm. Diese markante Form des Abbaus von geotektonischen Spannungen ist für die Seismizität des genannten Epizentralgebiets in der Kollisionszone zwischen Erzgebirge, Fichtelgebirge und Thüringer Wald seit langem bekannt. Bezüglich der Gesamtzahl von Erdbeben, der Stärke der größten Einzelbeben und der Zeitdauer der Aktivitätsperiode ist der Schwarm mit ähnlichen Ereignissen in den Jahren 1903 und 1908 vergleichbar. Wie schon bei diesen Beben in den Anfangsjahren der seismologischen Messungen — Credner (1904) stellte makro- und mikroseismische Beobachtungsergebnisse von Vogtlandbeben erstmals gekoppelt dar — wurden auch 1985/86 zahlreiche Stöße im Epizentralgebiet von der Bevölkerung gespürt. Einige Beben mit Magnituden über 3 richteten im Epizentralgebiet geringfügigen Schaden an und waren auch an weiter entfernten Orten wahrnehmbar, z. B. in mehreren Bezirken der südlichen DDR.

Die Epizentren der Beben befinden sich (nach Neunhöfer 1986) fast ausnahmslos[2] in der Nähe des Ortes Luby in der ČSSR (50,25N/12,45E); mit dem zweitstärksten Beben am 20. 1. 1986 setzt eine geringfügige Verlagerung nach Norden ein. Die meisten

[1] Anschrift des Verfassers:
Dr. rer. nat. B. Tittel, Geophysikalisches Observatorium Collm der KMU Leipzig, Collm, DDR-7261.

[2] Ausnahmen: einige Epizentren bei Plauen (DDR) und Marktredwitz (BRD).

Beben haben Herdtiefen zwischen 5 und 15 Kilometern. Die Unterschiede in der Herdlage der einzelnen Beben bleiben meist so gering, daß sie höchstens an Stationen im unmittelbaren Nahfeld objektiv nachzuweisen sind. Alle seismologischen Basisstationen liegen in größerer Entfernung; Zeitabweichungen von einem „mittleren Seismogramm" werden dort i. allg. der statistischen Streuung der Meßwerte zugeschrieben.

Im Gegensatz zu *Erdbebenserien*, bei denen meist ein besonders starkes Hauptbeben eine längere Folge von immer schwächer werdenden Nachbeben mit eng benachbarten Herden einleitet, ist für *Erdbebenschwärme* die ähnliche und meist geringe Stärke aller Beben charakteristisch. In diesem Beitrag sollen die mikroseismischen Ergebnisse des Geophysikalischen Observatoriums Collm (CLL) und einige Schlußfolgerungen im Vergleich mit anderen Bebenschwärmen bzw. mit anderen Stationen vorgestellt werden.

Bebenhäufigkeit im Vergleich mit früheren Erdbebenschwärmen

Abb. 1 gibt die Zeitverteilung der in CLL (Epizentraldistanz 125 km) registrierten Beben (Tagessummen) wieder; dabei werden drei Magnitudenklassen unterschieden. Die Magnitudenbestimmung wird in einem späteren Kapitel erläutert. An den Tagen mit den meisten Beben kamen auch die stärksten vor. Man erkennt das Anschwellen und das Abklingen der Aktivität besonders deutlich in Abb. 2, einer kumulativen Darstellung der Tagessummen. Insgesamt wurden in CLL 630 zum Schwarm gehörige Beben erfaßt.

Abb. 3 vergleicht die Zeitverteilungen der jeweils mikroseismisch registrierten Beben für die Bebenschwärme 1903 und 1908 (Station Leipzig, siehe CREDNER, 1904, und ETZOLD, 1909) sowie 1936/37 und 1962 (Station Collm). Aufgrund der damals geringeren

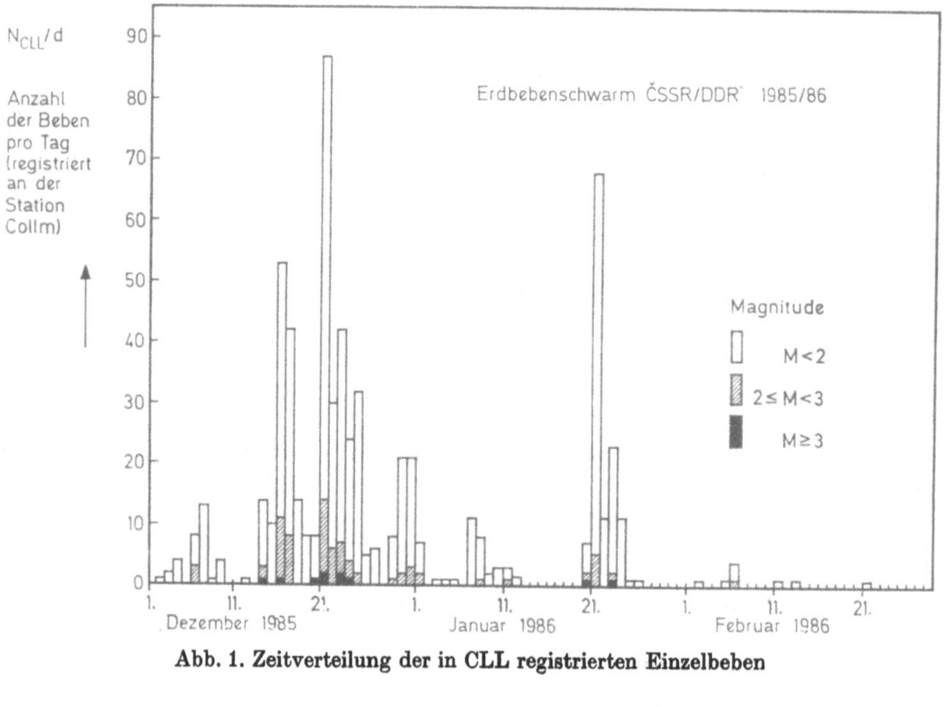

Abb. 1. Zeitverteilung der in CLL registrierten Einzelbeben

Empfindlichkeit der Seismographen wurden an der Station Leipzig bei den früheren ähnlich intensiven Bebenschwärmen mit eng benachbarten Epizentren nur relativ wenige Beben registriert. Vergleiche mit Intensitätsangaben zu den Beben von 1903 zeigen, daß das Wiechert-1,1-t-Pendel in Leipzig (Epizentraldistanz 120 km) etwa alle Beben mit $I_0 \gtrsim$ V erfaßte.

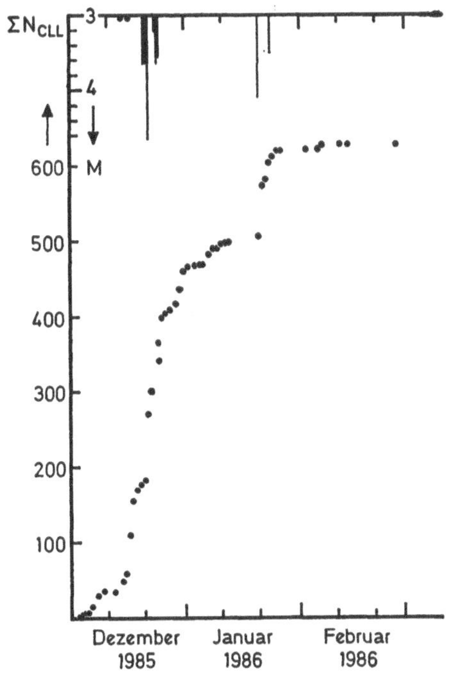

Abb. 2. Erdbebenschwarm ČSSR/DDR 1985/86
unten: kumulative Anzahl der in CLL registrierten Einzelbeben
oben: Einzelbeben mit Magnituden $M \geqq 3$

Epizentralkoordinaten der Datenzentren

Die Epizentren konzentrieren sich für jeden Bebenschwarm auf ein spezielles, eng begrenztes Gebiet, dessen Lage durch die Weiterentwicklung der mikroseismischen Registriertechnik jeweils genauer umrissen werden konnte als in den zurückliegenden Jahren. Herddaten der seismologischen Datenzentren zum Erdbebenschwarm 1985/86 stehen bisher für 331 Beben (NEIS) bzw. 68 Beben (CSEM) zur Verfügung. Insbesondere die Verteilung der NEIS-Epizentren weist jedoch verschiedene Ungenauigkeiten auf. Die Abb. 4 und 5 zeigen die geographische Breite der an den Datenzentren bestimmten Epizentren in Abhängigkeit von der Bebenmagnitude. Auffällig ist, daß die stärkeren Beben (mit den meisten verwendeten Stationsmeldungen) von NEIS ausnahmslos südlich des wahrscheinlichen Epizentrums lokalisiert worden sind. Fast ausschließlich im südlichen Europa befinden sich aber jene Stationen, deren *Pn*-Einsatzzeiten zur Lokalisierung der betreffenden Beben verwendet wurden. Vermutlich ist die bei der

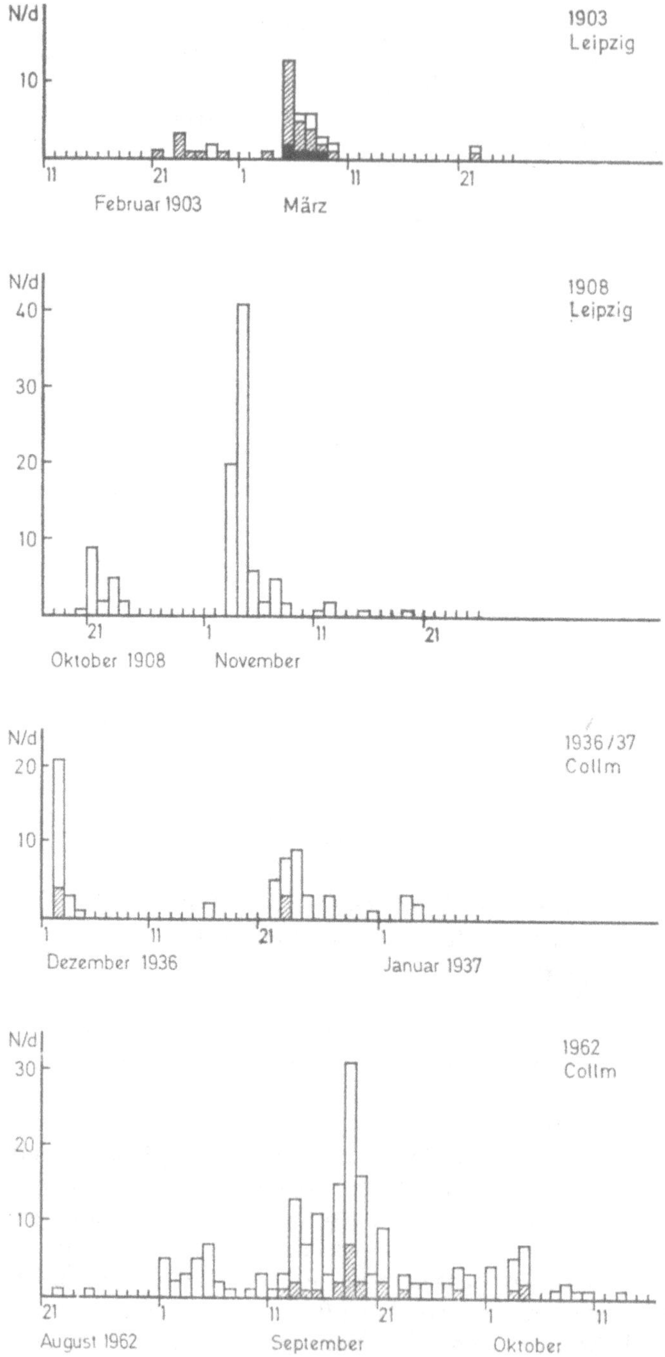

Abb. 3. Frühere Erdbebenschwärme im Grenzgebiet DDR/ČSSR; Zeitverteilung der mikroseismisch registrierten Beben.

Von den Schwärmen 1903 und 1908 wurden an der Station Leipzig nur die stärksten Ereignisse erfaßt; eine weit größere Anzahl von Einzelbeben wurde damals makroseismisch bekannt (Wahr-

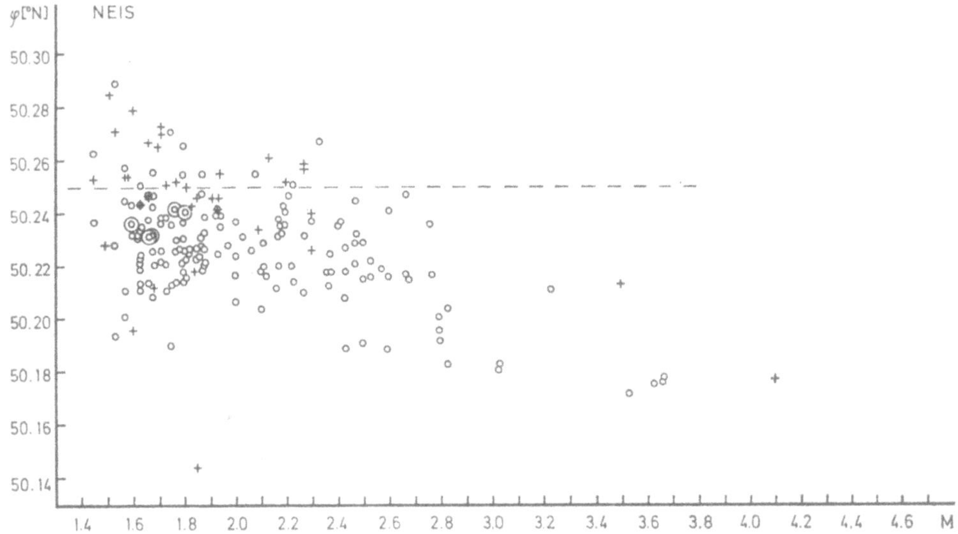

Abb. 4. NEIS — Epizentren (geographische Breite) in Abhängigkeit von der Magnitude
○ Beben vor dem 20. 1. 1986, — — — — geographische Breite des wahrscheinlichen Epizentrums
+ Beben seit dem 20. 1. 1986

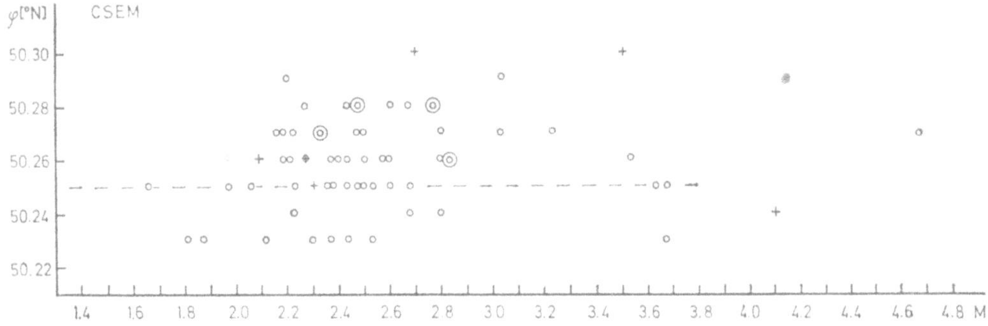

Abb. 5. CSEM — Epizentren sind kaum magnitudenabhängig (vgl. Abb. 4).

nehmungsmeldungen, meist von den „interessevoll ihres Ehrenamtes waltenden Herren Referenten der sächsischen Erdbebenkommission", Zitat CREDNER, 1904).

Ein objektiver Vergleich zwischen den Schwärmen ist für 1936/37, 1962 und 1985/86 (siehe Abb. 1) anhand der Registrierungen in CLL möglich.

Magnituden (Klasseneinteilung wie Abb. 1):

1903 nachträglich aus Amplitudenangaben von CREDNER (1904) mit der Eichfunktion von KARNIK (1968) berechnet,

1908 wegen fehlender Amplitudenangaben nicht bestimmbar,

1936/37 nachträglich aus alten Amplitudenangaben unter Berücksichtigung der Seismographencharakteristik abgeschätzt,

1962 Werte von NEUNHÖFER und GÜTH (1982)

Ortung angesetzte *Pn*-Geschwindigkeit für diese Region zu gering; sie verfälscht ausschließlich die Epizentren der weithin registrierbaren Beben, während sie für die schwächeren (Ortung vorwiegend aus *Pg*-Einsatzzeiten) ohne Einfluß bleibt. Für das stärkste Beben des Schwarms bevorzugt das Datenzentrum NEIS eine von 12 dort zusätzlich berechneten Varianten aus nur 31 von 109 verfügbaren Einsatzzeiten als „bestes" Epizentrum (50,21 N/12,43 E nach Presgrave 1986). Die ungleichmäßige geographische Verteilung der Registrierstationen wirkt sich also auf die Genauigkeit der Ortungsergebnisse aus. Diese Erfahrung könnte ein Argument dafür sein, alle Herddaten für den Bebenschwarm ausschließlich mit Meßwerten der gleichen Stationen zu bestimmen.

Die Benutzung eines anderen, speziellen Geschwindigkeitsmodells (Laufzeitkurven Haslach) im Datenzentrum CSEM führt zu einer geringeren lokalen Streuung der dort berechneten Epizentren. Im Vergleich mit NEIS gelten die CSEM-Epizentren der betrachteten Erdbeben als genauer, zumal sie mit ihrer i. allg. weiter nördlichen Lage besser zu den Ortungsergebnissen aus Daten sehr naher Stationen passen.

In beiden Abbildungen ist zu erkennen, daß die berechneten Epizentren vom 20. 1. 1986 an weiter nördlich liegen als vorher.[3] Ein Vergleich der Einsatzzeiten von *Pg* an den Stationen Wettzell (WET) und CLL bestätigt diese Verlagerung deutlich. Bei 115 Beben vor dem 20. 1. 1986 beträgt die durchschnittliche Zeitdifferenz $(t_{\mathrm{WET}} - t_{\mathrm{CLL}})_{Pg} = -0{,}39$ s, während bei 22 späteren (eingeleitet durch das zweitstärkste Beben) *Pg* an diesen Stationen im Mittel fast gleichzeitig einsetzt (−0,01 s). Vom Datenzentrum NEIS werden für die gleichen Beben Epizentraldistanzen angegeben, deren Differenzen vor dem 20. 1. 1986 durchschnittlich $(D_{\mathrm{WET}} - D_{\mathrm{CLL}}) = -0{,}023°$ und danach $+0{,}004°$ betragen. Aufgrund der geographischen Lage der beiden Stationen bezüglich des Herdgebiets wirken sich die Differenzen im wesentlichen auf die geographische Breite des „mittleren Epizentrums" aus; dieser Punkt liegt seit dem zweitstärksten Beben im Durchschnitt etwa 3 km weiter nördlich als vorher.

Tabelle 1. Vergleich von Einsatzzeiten, Laufzeitdifferenzen und -residuen für 3 Stationen; Mittelwerte aus (n) Einzelbeben

	Station	CLL	BRG	WET
	Epizentraldistanz Herdazimut	125 km 18°	127 km 56°	128 km 166°
Beben mit $M \geqq 1{,}5$	δt_{Pg}		$t_{\mathrm{BRG}} - t_{\mathrm{CLL}}$ $= +0{,}28$ s (186)	$t_{\mathrm{WET}} - t_{\mathrm{CLL}}$ $= -0{,}33$ s (137)
	$t_{Sg} - t_{Pg}$	15,27 s (187)	15,02 s (191)	(*Sg* nicht gemeldet)
alle von NEIS bearbeiteten Beben	Residuum *Pg*	+0,11 s (301)	−0,01 s (293)	+0,01 s (136)

[3] Diese Herdwanderung ist für die in diesem Beitrag behandelten allgemeinen Probleme unerheblich.

Daten verschiedener Stationen im Vergleich

Die nahezu gleichen Epizentraldistanzen der seismologischen Stationen CLL, Berggießhübel (BRG) und WET bieten günstige Möglichkeiten zum Vergleich mittlerer Laufzeiten, Zeitdifferenzen bzw. Wellengeschwindigkeiten. Dabei wird nicht zwischen den Beben vor und seit dem 20. 1. 1986 unterschieden.

Die positiven Einsatzzeitdifferenzen $(t_{BRG} - t_{CLL})_{Pg}$ in Abb. 6a sind mit dem — wenn auch geringen — Entfernungsunterschied der Stationen zu klären. Demgegenüber treffen die *Pg*-Wellen in WET durchschnittlich deutlich früher ein als in CLL. Demnach ist die mittlere Geschwindigkeit der Longitudinalwellen in der Erdkruste unter dem Böhmerwald (Herd → WET, etwa 6,0 km/s) um 0,2 km/s höher als unter dem Erz-

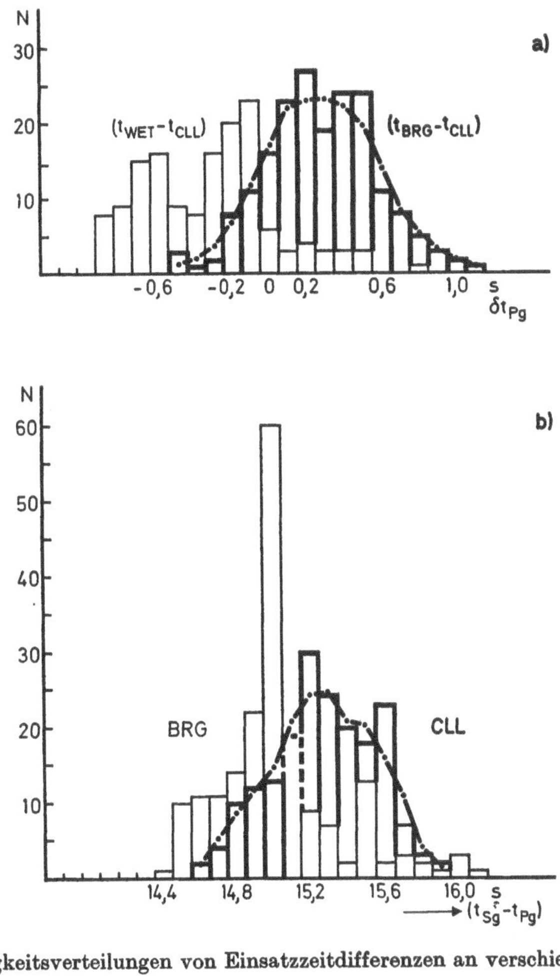

Abb. 6. Häufigkeitsverteilungen von Einsatzzeitdifferenzen an verschiedenen Stationen

a) für *Pg*-Wellen (δt_{Pg})

b) zwischen *Sg*- und *Pg*-Einsätzen $(t_{Sg} - t_{Pg})$

—·—·—·— Glättung mit dreifach übergreifenden Mittelwerten

gebirge (Herd → BRG, etwa 5,8 km/s) und dessen nördlichem Vorland (Herd → CLL, etwa 5,8 km/s). Diese Werte wurden aus mittleren Laufzeiten berechnet.

Den nahezu gleichen *Pg*-Geschwindigkeiten auf den Wellenwegen nach BRG und CLL stehen Unterschiede zwischen den entsprechenden *Sg*-Geschwindigkeiten gegenüber. Während die Laufzeitdifferenzen ($t_{Sg} - t_{Pg}$, Abb. 6b) für CLL erwartungsgemäß streuen, ergeben sich für BRG deutliche Häufigkeitsmaxima bei 15,0 und 15,5 Sekunden, die auf unterschiedliche Genauigkeit der einzelnen Zeitmessungen für *Sg* hindeuten. Deshalb wird hier auf quantitative Angaben zur *Sg*-Geschwindigkeit verzichtet.

Die *Pg*-Residuen (NEIS) sind für alle 3 Stationen in Abb. 7 dargestellt. Der positive Mittelwert für CLL (+0,11 s) ist mit der zu weit südlichen Lage der meisten NEIS-Epizentren zu erklären. Aufgrund des Herdazimuts von BRG widerspiegeln sich die

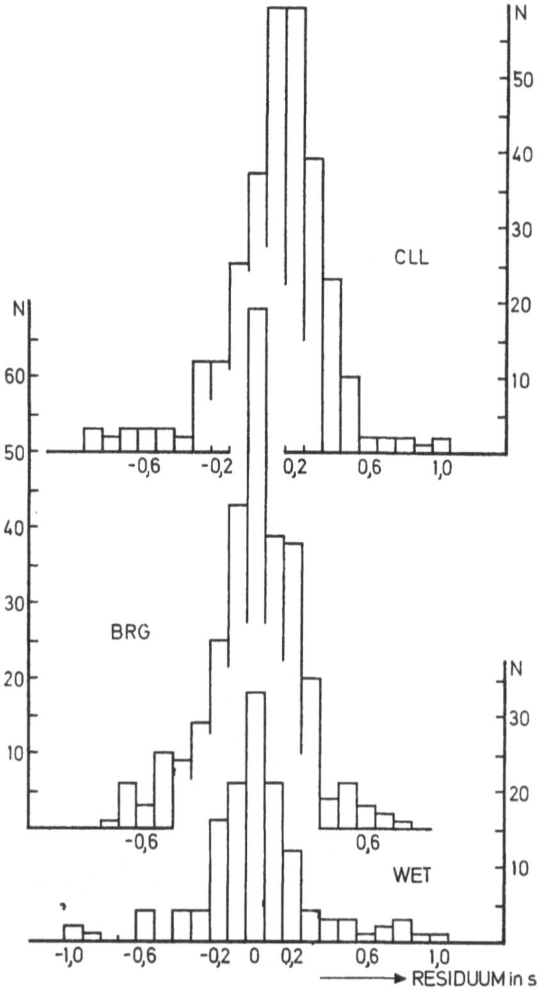

Abb. 7. Häufigkeitsverteilungen der Laufzeitresiduen für *Pg*-Einsätze an verschiedenen Stationen (nach NEIS)

Ortungsfehler nicht in den für diese Station bestimmten Laufzeitresiduen (—0,01 s), während sie in Richtung WET (+0,01 s) durch die oben erwähnte höhere *Pg*-Geschwindigkeit kompensiert werden.

Bestimmung spezieller Magnituden

Das dichte Netz seismologischer Basisstationen in Mitteleuropa gewährleistet an den Datenzentren trotz heterogener Geschwindigkeitsverteilung zwischen den verschiedenen Laufwegen der seismischen Wellen zwar relativ sichere Ortungsergebnisse, doch die Bestimmung der Magnituden der schwachen Beben bildet ein besonderes Problem. Da nur wenige Seismogramme der stärksten Beben des Schwarms an Stationen in über 16° Epizentraldistanz meßbare *P*-Amplituden aufweisen, konnte vom Datenzentrum NEIS nur für ein einziges Beben (20. 1. 1986, 23 h 38 min) von einer Station (Kajaani, Finnland) die Magnitude aus kurzperiodischen Raumwellen (MB) definitionsgemäß angegeben werden. Die angestrebte Energieklassifikation der Beben wird also nur gelingen, wenn geeignete, im Nahbereich unter 10° Epizentraldistanz anwendbare Verfahren bzw. gültige Magnitudeneichfunktionen zur Verfügung stehen.

Es hat sich besonders bei Magnitudenbestimmungen immer wieder gezeigt, daß die besten Ergebnisse erzielt werden, wenn jedesmal ausschließlich Daten der gleichen Stationen berücksichtigt werden.[4]

Da eine Magnitudeneichfunktion für die Bewertung von Nahbebenregistrierungen der Station CLL nur für den Entfernungsbereich um 500 km existiert (PLOMEROVA u. a., 1979), konnten stationsspezifische Magnituden für die betrachteten Schwarmbeben hier nicht sofort bestimmt werden, obwohl die maximalen Amplituden der *Sg*-Welle (größte Schwingung im kurzperiodischen Vertikalseismogramm; Amplitude jeweils $\geqq 1{,}0$ mm; Periodenunterschiede vernachlässigbar) bei 210 Einzelbeben meßbar waren. Darunter sind über 50 Beben, für die die Stationen Moxa (MOX; spezielle Eichfunktion nach NEUNHÖFER und GÜTH, 1982) und Pruhonice (PRU; MLgH nach KARNIK, 1968) sowie die ZIPE-Zentrale Potsdam (Mittelwerte nach WAHLSTRÖM und STRAUCH, 1984) Magnituden angeben konnten. Deren jeweilige Mittelwerte M weisen eine gute Korrelation mit den in CLL gemessenen *Sg*-Amplituden auf (Abb. 8). Die Ausgleichsgerade $M = \lg 2A'_{\text{CLL}} + 1{,}15$ mit A': maximale Seismogramm-Amplitude *Sg* in mm (VSJ — 2) wurde anschließend für kleinere Amplitudenmeßwerte extrapoliert. Damit ließen sich kompatible Magnitudenwerte M für über 150 weitere Beben bestimmen; außerdem konnte für mehr als 400 schwächere in CLL registrierte Beben abgeschätzt werden, daß ihre Magnituden im Bereich $0{,}8 \leqq M \leqq 1{,}4$ liegen, wobei die geringsten Werte mit einem größeren Fehler (Seismogramm-Amplituden < 1 mm) behaftet sein können.

Die Magnitudenunterschiede zwischen den Einzelbeben bleiben auch bei der Benutzung anderer Verfahren der Magnitudenbestimmung erhalten. An einigen Stationen in der BRD und in Österreich wurden i. allg. wesentlich höhere Magnitudenwerte bestimmt, denen ungeeignete Magnitudeneichfunktionen — für Fürstenfeldbruck (FUR) z. B. von AHORNER (1969) — zugrundeliegen.

[4] Die Datenzentren setzen demgegenüber die Gesamtheit aller verfügbaren Stationsdaten ein; sie müssen a priori Genauigkeitsunterschiede zwischen schwachen (nur an wenigen nahen Stationen registrierten) und starken (evtl. weltweit registrierbaren) Ereignissen akzeptieren.

Für etwa 180 Beben, deren CLL-Seismogramme sich nicht mit darauffolgenden überlagern, wurde die Zeitdauer der zugehörigen Schwingungen im kurzperiodischen Vertikalseismogramm (VSJ-2) in Sekunden gemessen (= DUR). Die Korrelation mit der Magnitude M ergibt für die „Dauer-Magnitude" M_{DUR} eine deutliche Änderung des linearen Zusammenhangs bei $M = 2{,}8$ bzw. DUR = 240 s:

$$M_{\mathrm{DUR}} = 1{,}39 \lg \mathrm{DUR} - 0{,}51 \quad \text{für DUR} < 240\ \mathrm{s\ (CLL)}$$

bzw. $$M_{\mathrm{DUR}} = 5{,}59 \lg \mathrm{DUR} - 10{,}67 \quad \text{für DUR} \geqq 240\ \mathrm{s\ (CLL)}.$$

Einen bei ähnlichen Magnituden liegenden Knick weist die Abhängigkeit der *Pg*-Amplituden von der Magnitude M auf. Diese Effekte können mit der Änderung der Vorzugsfrequenzen bei größeren Beben zusammenhängen.

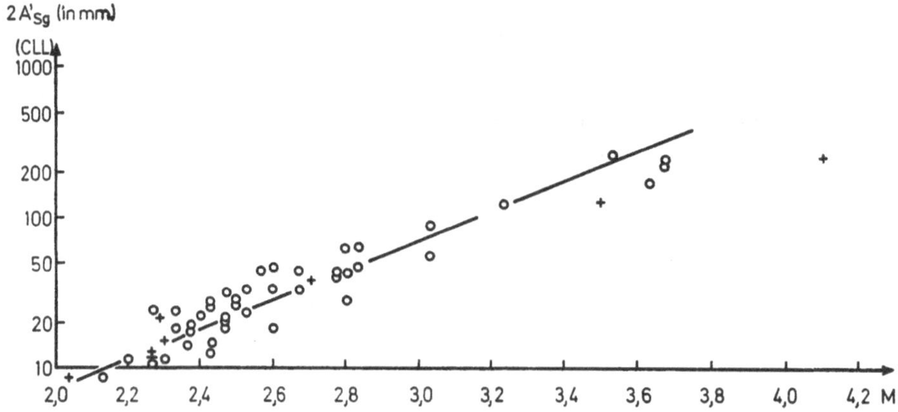

Abb. 8. Zur Bestimmung der Magnituden-Eichfunktion für *Sg* aus CLL-Amplituden (Symbole wie Abb. 4)

Die Unterschreitung der erwarteten Amplituden für die beiden Beben mit $M \geq 3{,}5$ seit dem 20. 1. 1986 ist wahrscheinlich auf die Veränderung des Herdvorganges bzw. die Herdwanderung zurückzuführen.

Die kurzperiodischen CLL-Registrierungen des stärksten Bebens sind übersteuert.

Die betrachteten Erdbeben im Vergleich mit anderen

Mit der Bebenmagnitude erhöht sich die Anzahl seismologischer Stationen, die die Einzelbeben registriert und an die Datenzentren gemeldet haben. Ein ähnlicher Zusammenhang besteht für die maximale Registrierentfernung bzw. die Entfernung der weitesten Station, die ein bestimmtes Beben gemeldet hat. Wenngleich diese Abschätzungen durch die Qualität des jeweiligen Stationsdienstes (Erfolgt die aktuelle Datenmeldung oder nicht?) beeinflußt werden und deshalb subjektiv bleiben, resultieren daraus einige bedeutsame Fakten:

– Beben der Magnitude 2 wurden i. allg. bereits von etwa 15 Stationen gemeldet, während bei Magnitude 3 etwa 60 und für die beiden stärksten Beben je über 100 Meldungen zur Ortung verfügbar waren. Für Beben dieser Stärke sind das außergewöhnlich hohe Anzahlen. Die Belegung Mitteleuropas mit seismologischen Stationen ist also „ausreichend" dicht, wenn auch regional zu ungleichmäßig.

– Auch die zehn stärksten Beben des Schwarms waren im globalen Maßstab noch „kleine" Erdbeben, denn ihre Registrierbarkeit blieb im wesentlichen auf Europa beschränkt. Von nur einer einzigen außereuropäischen Station (Yellowknife Array, Kanada) wurden ausschließlich Einsatzzeiten der beiden größten Beben ($M > 4$) gemeldet.

Die Magnituden-Häufigkeitsverteilung (Abb. 9) verdeutlicht den Schwarm-Charakter der in CLL registrierten Bebenfolge. Der Anstieg b der logarithmischen Geraden ist steil und mit den entsprechenden Werten für den Bebenschwarm 1962 (CLL) und der mittleren Jahreshäufigkeit für die Herdregion (siehe GRÜNTHAL, 1981) vergleichbar. In den gleichen Magnitudenklassen wurde die Verteilung der Bebenserie Friaul 1976 dargestellt. In CLL waren dabei ähnlich viele Einzelbeben registriert worden wie beim Bebenschwarm 1985/86.

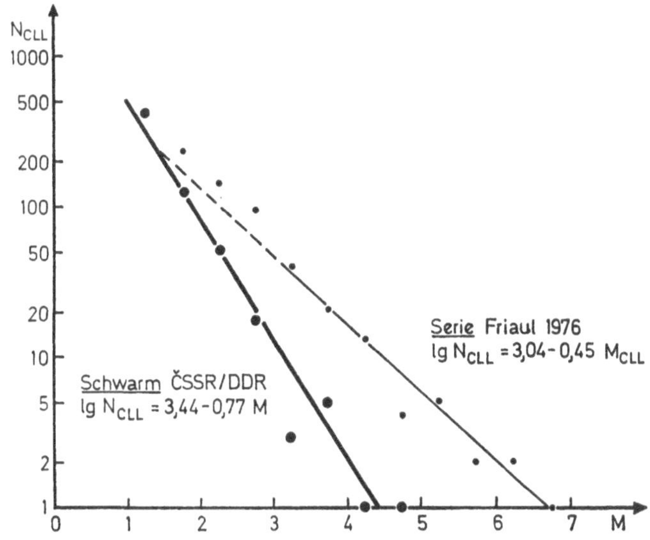

Abb. 9. Magnituden-Häufigkeitsverteilung der in CLL registrierten Beben, N: Anzahl der Beben pro Magnitudenklasse

Literatur

AHORNER, L.: Beitrag in: Handbook on Earthquake Magnitude Determinations (compiled by M. BATH). Seismol. Inst. Uppsala, 1969.

CREDNER, H.: Der vogtländische Erdbebenschwarm vom 13. 2. bis zum 18. 5. 1903. Kgl. Sächs. Ges. Wiss., Leipzig 1904, S. 419–530.

Datenreihen: Seismologische Berichte und Geophysikalische Meßreihen des Geophysikalischen Observatoriums Collm, Jahrgänge seit 1935.

NEIS (= National Earthquake Information Service) Denver Colorado, USA, Dezember 1985 bis Februar 1986.

CSEM (= Centre Sismologique Euro-Mediterraneen) Strasbourg, Frankreich, Dezember 1985 bis Februar 1986.

ETZOLD, F.: Elfter Bericht der Erdbebenwarte zu Leipzig. Kgl. Sächs. Ges. Wiss., Leipzig 1909, S. 62–91.

GRÜNTHAL, G.: Zur Seismizität des Territoriums der DDR. Gerl. Beitr. Geophys. **90** Leipzig (1981) S. 202–211.

KARNIK, V.: Seismicity of the European Area. Part I, Academia, Prague 1968.

NEUNHÖFER, H., und GÜTH, D.: Bulletin der Mikroerdbeben im Gebiet des Vogtlandes 1962–1981. Zentralinst. Physik der Erde (= ZIPE), AdW der DDR, Mitteilung N° 1002, Berlin 1982.

NEUNHÖFER, H.: persönliche Mitteilung, 1986.

PLOMEROVA, J., u. a.: New Calibrating Functions for Short Period Body Waves of Friuli Earthquakes. Studia Geoph. et Geod. Prague **23** (1979) S. 189–196.

PRESGRAVE, B. W.: persönliche Mitteilung, 1986.

TITTEL, B., MERKEL, H.: Zur seismischen Aktivität 1976. Geophys. und Geol. Berlin II (1979) 1, S. 87–91.

WAHLSTRÖM, R., STRAUCH, W.: A Regional Magnitude Scale for Central Europe Based on Crustal Wave Attenuation. Seismol. Inst. Uppsala, Report 3–84, 1984.

Bemerkungen zur nachfolgenden Arbeit „Wellenbewegung und Erdbeben“ von August Schmidt, Stuttgart 1888

F. JACOBS[1]

Vor 100 Jahren bereitete es noch erhebliche Mühe, aus den fast ausschließlich makroskopischen Beobachtungen von Erdbeben den Herd des jeweiligen Ereignisses mit befriedigender Genauigkeit zu orten. Zum einen hatte die Ablösung der Erschütterungen lediglich anzeigenden Seismoskope („Erdbebenmelder“) durch die Bodenbewegungen registrierenden Seismographen gerade erst begonnen. Zum anderen bestand über den Charakter der Wellenausbreitung in der festen Erde noch keineswegs Klarheit, obwohl selbst die damals führenden Geowissenschaftler keine Gelegenheit versäumten, insbesondere die von den aktuellen mitteleuropäischen Erdbeben ausgehenden Wirkungen einer gewissenhaften Untersuchung zu unterziehen.

In dieser Zeit der Morgendämmerung der heutigen modernen Seismologie war in einer süddeutschen Heimatzeitschrift — Periodika geophysikalischen oder gar seismischen Inhalts existierten noch nicht — der Professor am Realgymnasium Stuttgart, Dr. AUGUST SCHMIDT mit einer in vielerlei Hinsicht bemerkenswerten Arbeit an die Öffentlichkeit getreten. A. SCHMIDT gebührt das Verdienst, einer völlig neuen Betrachtungsweise der Ausbreitung von mechanischen Wellen in der Erde zum Durchbruch verholfen zu haben: dem heute selbstverständlichen Gedanken der stetigen Richtungsänderung der „Stosslinien“ der Wellenbewegung, dem Konzept des gekrümmten Strahlenweges.

Im folgenden seien einige spezielle Bemerkungen den Ausführungen A. SCHMIDTS hinzugefügt:

1. Die Gesetze der Wellenbewegung

Das Elementarwellenprinzip nach HUYGENS und das Brechungsgesetz nach SNELLIUS werden vollgültig auf die Erdbebenwellen übertragen, wodurch die uneingeschränkte Anwendung der Gesetze der geometrischen Optik möglich ist. Da A. SCHMIDT weiter von der richtigen Annahme ausgeht, daß „mit der Tiefe unter der Erdoberfläche sich die Bedingungen ändern, von welchen die Geschwindigkeit der Fortpflanzung abhängt“, verbietet sich mit logischer Konsequenz die Geradlinigkeit der Erdbebenstrahlen.

Die im Originalartikel angegebene Begründung für die Tiefenabhängigkeit der Geschwindigkeit c gleich Quadratwurzel aus dem Quotienten von Elastizität e und Dichte d der Substanz gilt allerdings nur für Scherwellen, wobei e den Schermodul, also den Widerstand gegen aufgezwungene Scherungen symbolisiert. Die kleine Unkorrektheit schwächt aber SCHMIDT dann gleich selbst ab, indem er anstelle der zunächst

[1] Anschrift des Verfassers:
Dr. sc. nat. F. JACOBS, WB Geophysik, Sektion der Karl-Marx-Universität, Talstr. 35, 7010 Leipzig.

erwähnten Druckfestigkeit des Gesteins (was ja dem Kompressionsmodul entspräche) die Verbiegungsfestigkeit (entspräche dem Schermodul) ins Spiel bringt. Interessant ist in diesem Zusammenhang, daß SCHMIDT an der genannten Formel festhält, obwohl die mit ihrer Hilfe berechneten Geschwindigkeit damals scheinbar im Widerspruch zu den Beobachtungstatsachen standen (8 mal zu groß). Niemand ahnte freilich vor 100 Jahren, daß diese Diskrepanz nicht am fehlenden „Glück der Mathematiker" lag, sondern umgekehrt an den mangelhaften Wahrnehmungen der Beobachter, denen damals noch die energieschwachen Ersteinsätze der Wellen entgingen. Zu große Laufzeiten und zu geringe Geschwindigkeiten waren die Folge.

2. Die Wahrnehmungen in Bergwerksschächten

Die scheinbar paradoxe Tatsache, daß Bebenwirkungen in der Tiefe — also in der Regel näher zu den verursachenden Kräften — mit weniger Intensität verspürt werden, liegt nicht an den „kleineren Exkursionen" der schwingenden Punkte. Ursache dieses Effektes sind die geringeren Schwinggeschwindigkeiten bzw. -beschleunigungen der Raumwellen gegenüber denen der andersgearteten Oberflächenwellen, was damals noch nicht bekannt war. Trotz unzureichender Beweisführung aber gelangt SCHMIDT auch hier zur richtigen Erkenntnis: Zunahme der Wellengeschwindigkeit mit der Tiefe.

3. Verbesserung des Gesetzes von HOPKINS

In diesem Abschnitt offenbart sich die bedeutende Leistung SCHMIDTS bei der Erkennung der gekrümmten Ausbreitung seismischer Strahlen in der Erdkruste. Die Formulierungen sind nach nunmehr 100 Jahren vollgültig übertragbar auf die Charakterisierung von Tauchwellen, wie sie bei den modernen tiefenseismischen Untersuchungen zur Anwendung kommen.

4. Verschiedenheit der Erdbebengeschwindigkeiten

Die hier angegebenen Fortpflanzungsgeschwindigkeiten — ermittelt aus künstlichen Versuchen — sind in den meisten Fällen um den Faktor 10 zu niedrig. Die zitierten extremen Geschwindigkeiten der natürlichen Bebenwellen gehen andererseits weit über die realen Werte hinaus. SCHMIDT äußert seine Skepsis zu diesem Durcheinander und vermutet richtig, daß im Falle der natürlichen Ereignisse „bei der Zeitbeobachtung bedeutende Fehler unterlaufen" sind. Die Erklärung der Minusabweichungen der bei Sprengversuchen ermittelten Geschwindigkeiten gelingt unserem Autor nicht, denn er sucht die Fehlerursache in der Theorie. Heute ist klar, daß die Pioniere der Sprengseismik die als erste an ihren Seismoskopen eingetroffenen, relativ energieschwachen P-Wellen gar nicht erkennen konnten. Sie hielten die kräftigeren Impulse der langsameren S- oder Oberflächenwellen fälschlicherweise für die Einsätze von Longitudinalwellen. Zwar hatte POISSON bereits 1830 die Existenz der langsameren Transversalwellen aus theoretischen Betrachtungen vorhergesagt, aber erst 1897 gelang OLDHAM der experimentelle Nachweis dieses Wellentyps. Die Theorie der Oberflächenwellen wurde gar erst 1885 von Lord RAYLEIGH ausgearbeitet und hatte in SCHMIDTS Überlegungen — wie auch in die der anderen Erdbebenforscher seiner Zeit — noch keinen Eingang gefunden. Erst die Entwicklung und Konstruktion empfindlicher Seismographen gegen Ende des vorigen Jahrhunderts (EWING, MILNE, WIECHERT) ermöglichte die richtige Identifizierung der verschiedenen Wellentypen im Meßbild. Damit standen dann die für Geschwindigkeitsbestimmungen zu benutzenden Laufzeiten mit hinreichender Genauigkeit zur Verfügung.

5. *Der Beweis des Gesetzes*

SCHMIDT behandelt in vollkommen korrekter Weise die Scheingeschwindigkeiten jener Wellen, die wir heute als direkte Wellen und als Tauchwellen bezeichnen. Und er bemerkt richtig, daß der reziproke Anstieg im Wendepunkt der Laufzeitkurve ein Maß für die wahre Geschwindigkeit im Herdbereich ist. Diese gedankliche Leistung ist bemerkenswert, und dennoch fehlte SCHMIDT nur ein winziger Schritt zur Entdeckung eines noch fundamentaleren Gesetzes. Vielleicht hätte er nur die Strahlenwege und die Laufzeitkurve in seiner Fig. 2 etwas weiter in die Breite zeichnen sollen, und man hätte bereits 1888 gewußt: der reziproke Anstieg der Laufzeitkurve und damit die Scheingeschwindigkeit *aller* Tauchwellen ist gleich der wahren Ausbreitungsgeschwindigkeit dieser Wellen im Scheitelpunkt ihres Weges durch die Erdkruste. Ohne diese Erkenntnis wäre heute die quantitative Interpretation tiefenseismischer Untersuchungen nicht denkbar. Der entscheidende erste Schritt auf diesem Wege gelang erst ein knappes Vierteljahrhundert nach SCHMIDTS Veröffentlichung durch die Arbeiten des Leipziger Mathematikers HERGLOTZ im Jahre 1907 und des Göttinger Geophysikers WIECHERT 1910.

6. *Der Erdbebenhodograph*

SCHMIDT führt den Begriff des Hodographen (griech. hodos = Weg, graphein = schreiben) in die Geowissenschaften ein. Heute wird dafür oft auch die Bezeichnung Laufzeitkurve verwendet.

7. *Die Erdbeben vom 6. März 1872 und 22. Oktober 1873*

Anhand der „bestuntersuchten der bekannten Erdbeben“ beweist der Verfasser, daß der Hodograph eine Kurve mit Wendepunkten und keine Hyperbel ist. Allerdings stehen ihm nur ungenaue Beweismittel zur Verfügung, denn die Zeitbestimmungen sind aufgrund der Mängel bei der Wellenerkennung und -zuordnung oft unsicher. Insbesondere bleibt zu vermuten, daß es sich bei der beobachteten Oberflächengeschwindigkeit nicht um die Scheingeschwindigkeit einer Raumwelle, sondern um die Oberflächenwellengeschwindigkeit des real existierenden Typs der RAYLEIGH- oder LOVE-Welle handelt.

8. *Die Tiefenbestimmung*

SCHMIDT versucht, die Tiefe des Erdbebenherdes aus der Gestalt des Hodographen zu bestimmen. Er muß dazu eine Annahme über „das Gesetz der Geschwindigkeitsänderung nach unten“ bemühen und entscheidet sich für proportionale Zunahme mit der Tiefe. Das ist sicher so abwegig nicht und bliebe mit den Realitäten noch einigermaßen verträglich. Aber ihm gelangten nur Absolutwerte der „Oberflächengeschwindigkeit“ zur Kenntnis, die viel zu niedrig sind. Damit gerät der Herd des Mitteldeutschen Bebens vom 6. März 1872 — des stärksten jemals auf dem Gebiet des Territoriums der heutigen DDR beobachteten — in viel zu große Tiefen (5—10 geographische Meilen gleich 37—75 km statt 8—9 km nach neueren Untersuchungen von SPONHEUER und GRÜNTHAL).

SCHMIDTS Vorschlag zur Herdtiefenbestimmung hat sich auch aus prinzipiellen Gründen nicht durchgesetzt. Die heute angewendete makroseismische Tiefenermittlung geht auf KÖVESLIGHETY 1906 zurück und nutzt die flächenhafte Abnahme der Bebenintensität. SCHMIDT hatte zwar schon formuliert, „dass diese Tiefe umso grösser sein wird, je grösser der Radius der inneren Erschütterungszone“ ist, konnte aber den angesprochenen Sachverhalt noch nicht in einen quantitativen Algorithmus fassen. Stehen darüber hinaus instrumentelle Aufzeichnungen zur Verfügung, dann läßt sich die Herdtiefe von Krustenbeben zweckmäßigerweise aus Laufzeitdifferenzen verschiedener Wellenarten und aus der Dispersion von Oberflächenwellen ermitteln.

Bei der Aufstellung von Geschwindigkeits-Tiefen-Funktionen ist man heute auch nicht mehr auf Annahmen angewiesen, sondern gewinnt die Geschwindigkeitsdaten direkt aus den Laufzeitkurven — also den Hodographen der Erdbeben — oder aus sprengseismischen Aufzeichnungen. SCHMIDT schien auch das bereits erkannt zu haben, wenn er in seinem Schlußsatz nach „der öfteren Wiederholung künstlicher Versuche“ verlangt, da diese „über die den einzelnen Tiefenstufen zukommenden Fortpflanzungsgeschwindigkeiten die besten Aufschlüsse gewähren“.

Wellenbewegung und Erdbeben — Ein Beitrag zur Dynamik der Erdbeben[1]

Aufsatz von A. Schmidt, *1888*[2]

1. Die Gesetze der Wellenbewegung

Die grosse Frage nach der Ursache der Erdbeben, mit welcher ich mich hier nicht beschäftigen will, steht im engsten Zusammenhang mit der Frage nach dem örtlichen Ursprung der Beben, und diese letztere Frage bildet ein physikalisch-mathematisches Problem, für welches die Natur und die Beobachter die Rechnungselemente, die Mathematiker die Rechnungsmethode und die Resultate zu stellen haben. Die Methoden von Mallet, Seebach, Falb, welche sich die Aufgabe stellen, aus den gemachten Beobachtungen von Richtung oder von Zeit der Erdbebenstösse oder aus beiden zusammen die Tiefe des Erdbebencentrums zu berechnen, sind dadurch nicht veraltet, dass die neueren Forschungen nachgewiesen haben, dass die Voraussetzung eines Zentrums nicht für jedes Erdbeben zutreffe, dass es nicht nur zentrale, sondern auch lineare und auch Flächenbeben gäbe. Denn auch das kompliziertere Problem der Ausbreitung einer Wellenbewegung von einer Fläche aus kann die Mechanik doch nur lösen auf Grund der Gesetze, die sich für die Ausbreitung von einem Punkte aus ergeben.

Dass ein sich fortpflanzendes Erdbeben eine Wellenbewegung ist, dass die allgemeinen Gesetze der Wellenbewegung darauf anwendbar sind, scheint mir eines Beweises nicht zu bedürfen oder erst dann zu bedürfen, wenn sich zeigen sollte, dass man mit dieser Anwendung in Widerspruch mit den Thatsachen käme.

Die in einem irgendwie gestalteten Zentrum entfesselte mechanische Energie pflanzt sich mit messbarer Geschwindigkeit von Punkt zu Punkt allseitig fort, bis sie, sei es im Innern der Erde, sei es an der Oberfläche, aus der Form mechanischer Energie in eine andere Energieform, nämlich durch Reibung und Stoss in Wärme umgewandelt wird. Jeder Punkt im Innern, durch welchen die Energie sich fortpflanzt, wird eben damit, dass er während einiger Zeit Träger eines Teils der Energie ist, zu einem selbständigen Zentrum, von welchem aus sich sein Energieanteil allseitig ausbreitet; die Gesamtwelle entsteht aus dem Zusammenwirken der unendlich vielen Elementarwellen.

Obgleich nun die Ausbreitung der Energie von einem Punkt im Innern der Erdkruste aus wegen des Wechsels der Mineralien, wegen der Mannigfaltigkeit von Schichtung und Zerklüftung eine höchst mannigfaltige und im einzelnen unregelmässige sein wird, so lässt sich doch erwarten, dass eben durch das Zusammenwirken der Elementarwellen

[1] Im Rahmen einer Auswahl von Arbeiten der Klassiker der Geophysik (siehe auch „Über den heutigen Stand der Erdbebenforschung" von G. Gerland, 1897, im Band III, Heft 2 von Geophysik und Geologie) drucken wir nachfolgend im Originaltext eine Arbeit von August Schmidt aus dem Jahre 1888 ab, die sich mit Problemen der seismischen Wellenbewegung befaßt.

[2] Aus: Jahreshefte des Vereins für vaterländ. Naturkunde in Württemberg, 1888, S. 248f.

die kleinen Unregelmäßigkeiten sich ausgleichen, die im selben Sinn sich wiederholenden zu besonderen Gesetzmässigkeiten sich vereinigen werden, so dass in der Ausbreitung der Gesamtwelle sich eine im einzelnen durch kleine Störungen unterbrochene Regelmässigkeit im grossen muss erkennen lassen, ähnlich wie wenn die Welle in homogenem Material sich ausgebreitet hätte. Das Gesetz im grossen, die Störungen im kleinen ist der Charakter aller Naturerscheinungen, ist die Form, in welcher die menschliche Erkenntnis sich derselben bemächtigt.

Diese Vorstellungsweise, nach welcher jede Welle durch Summierung unendlich vieler Elementarwellen entsteht, jeder bewegte Punkt selbständiger Mittelpunkt von Elementarwellen ist, verdanken wir dem Genie des Niederländers HUYGHENS.

Diese fruchtbare Vorstellungsweise liefert uns die Begründung der wichtigsten physikalischen Gesetze für die Ausbreitung der Wellen, Gesetze, welche in der Theorie der Lichtbewegung so gut wie in der der Schallbewegung die mannigfaltigsten Erscheinungen erklären, Gesetze, welche wir mit demselben Rechte auch auf die Erdbebenwellen übertragen, in die „Abyssodynamik“ einführen dürfen, wie man die noch wenig befestigte Wissenschaft zu nennen beliebt. Nur sprechen wir in der Erdbebenmathematik gewöhnlich nicht wie in der Optik von Wellenflächen, sondern von homoseistischen Flächen und Linien und statt von den auf den Wellenflächen senkrechten Strahlen, welche ein Bild der Richtung geben, in welcher in jedem Punkte die Energie sich fortpflanzt, redet man hier von Stosslinien. Aber abgesehen vom Namen bedeutet in der einen, wie in der andern Wissenschaft der kleinere oder grössere Weg, um welchen eine Wellenfläche von Minute zu Minute weiterrückt, auch eine kleinere oder grössere Fortpflanzungsgeschwindigkeit der Energie, es bedeutet ein Auseinandertreten der Strahlen ein Zerstreuen, ein Zusammentreten der Strahlen eine Verdichtung der Energie, Vermehrung der Intensität.

Das für unsern Zweck wichtigste der Gesetze, welche die Physik aus dem HUYGHENS'schen Prinzip ableitet, ist das CARTESIUS-SNELLIUS'sche Brechungsgesetz. Denken wir uns eine Reihe verschiedener durchsichtiger Substanzen, etwa Glas, Wasser, Öl, Luft in parallelen Schichten übereinander gelagert, jeder derselben kommt ein besonderer Wert c derjenigen Geschwindigkeit zu, mit welcher sie das Licht fortpflanzt, der ersten Substanz z. B. c_1, der zweiten c_2, der dritten c_3 u. s. w. Auf die erste Substanz falle Licht schief von oben, dessen Strahlen mit der senkrechten Richtung (dem Einfallslot) den Winkel α_1 bilden. Beim Eintritt in die erste Schicht erfahren diese Strahlen eine Ablenkung, die neue Richtung macht mit dem Einfallslot einen andern Winkel α_2. Zwischen den beiden Winkeln besteht nun die gesetzmässige Beziehung $c_1/\sin\alpha_1 = c_2/\sin\alpha_2$. Beim Übergang ins zweite Mittel ändert sich der Winkel α_2 in einen Winkel α_3 und es ist $c_3/\sin\alpha_3 = c_2/\sin\alpha_2 = c_1/\sin\alpha_1$ u. s. f. Und wenn wir eine beliebige Anzahl verschiedener Mittel je mit verschiedenem c übereinander in parallelen Schichten gelagert haben, selbst wenn die Zahl der Schichten eine unendliche sein sollte, so besteht zwischen dem ersten und letzten Winkel α_1 und α_n und der ersten und letzten Geschwindigkeit c_1 und c_n die Gleichung: $c_n/\sin\alpha_n = c_1/\sin\alpha_1$.

Dieses Gesetz ist aber kein spezifisch optisches Gesetz, es gilt für jede Wellenbewegung, auch für die Erdbebenwellen und Stossstrahlen, mit einer jeden Änderung der Fortpflanzungsgeschwindigkeit c ist die durch das Gesetz ausgesprochene Änderung der Strahlrichtung bedingt. Ist die Veränderung von c eine stetige, so ändert sich auch die Strahlrichtung stetig, der Strahl bildet eine krumme Linie.

Wie wird nun eine Erdbebenwelle in mineralisch vollkommen homogenem Gestein von einem erschütterten Punkte aus sich verbreiten? Diese Frage haben, wie ich im folgenden nachweisen will, die Erdbebenmathematiker zu leicht genommen, sie haben die Voraussetzung einer allseitig gleichförmigen Ausbreitung gemacht, sie nehmen die Erdbebenwellen als konzentrische Kugeln, die Strahlen als zu den Kugelflächen senkrechte gerade Linien an, als ob sich das eigentlich bei unveränderter mineralischer Beschaffenheit ganz von selbst verstünde. Diese Geradlinigkeit der Erdbebenstrahlen ist eine durch nichts gerechtfertigte Hypothese, welche zwar die Rechnung erleichtert, aber zu sehr zweifelhaften Resultaten führt in der Messung der Fortpflanzungsgeschwindigkeiten und in der Berechnung der Tiefen der Erdbebenzentren, welche ausserdem das Verständnis, die Erklärung einer Reihe von Beobachtungsthatsachen verhindert. Die Geradlinigkeit der Erdbebenstrahlen, der Fortpflanzung der Erdbebenenergie ist deswegen unmöglich, weil mit der Tiefe unter der Erdoberfläche sich die Bedingungen ändern, von welchen die Geschwindigkeit der Fortpflanzung abhängt. Um dies zu begründen, müssen wir ein zweites Gesetz zu Hilfe nehmen, welches die Dynamik aus der Elastizitätslehre ableitet und auf die Formel bringt: $c = \sqrt{e/d}$. Die Geschwindigkeit c, mit welcher die Energie der Wellenbewegung durch eine Substanz hindurch sich fortpflanzt, ist gleich der Quadratwurzel aus dem Quotienten von Elastizität und Dichte der Substanz. Zwar kann man nicht behaupten, dass die Mathematiker mit dieser Formel in der Erdbebentheorie bis jetzt ebenso viel Glück gehabt hätten als z. B. in der Lehre vom Schall, sie finden leider mit derselben Werte von c, welche wenigstens 8mal zu gross sind, aber doch liegt in dieser Formel der Grundsatz anerkannt, dass die Fortpflanzungsgeschwindigkeit nicht nur von der mineralischen Beschaffenheit und der Dichte abhänge, sondern auch von der Elastizität. Und wer wollte behaupten, dass ein Gestein in der Tiefe, unter dem Druck vieler hundert Atmosphären, denselben Elastizitätsfaktor habe, wie an der Oberfläche? Der Elastizitätsfaktor muss mit der Tiefe unter der Erdoberfläche wachsen wegen des zunehmenden Drucks von oben, er muss sich ausserdem ändern wegen der mit der Temperatur sich ändernden Kohäsionskräfte. Und wenn eine genauere Untersuchung der die Bewegung der Gesteinsmassen begleitenden Kräfte vielleicht einmal zu dem Resultat führen sollte dass es weniger die Druckfestigkeit des Gesteins ist, welche wir mit dem Faktor e zu messen haben, als vielmehr die Verbiegungsfestigkeit — ich lasse diese Frage offen — wer wollte dann noch an der Veränderlichkeit der letzteren, je nach dem auflastenden Gebirgsdruck, zweifeln?

Nicht einmal die Strahlen der Wellen des der Schwere entrückten Lichtäthers, welche im freien Weltraum von mathematischer Geradlinigkeit sind, können sich an der Erdoberfläche dem mittelbaren Einfluß der Schwere ganz entziehen, sie krümmen sich in der dichteren Atmosphäre und werden nach unten konkav, wodurch die Erscheinung der astronomischen Strahlenbrechung entsteht. Und die Schallstrahlen in der Luft, obgleich in dieser Dichte d und Elastizität e einander proportional sind, bleiben nur geradlinig in Luftschichten gleicher Temperatur, sie sind bei nach oben abnehmender Temperatur nach unten konvex. Die starren Mineralien aber folgen bekanntlich dem MARIOTTE'schen Gesetze nicht, für sie fällt jeder Grund der Geradlinigkeit der Strahlen weg. Es lässt sich a priori sonach erwarten, dass die Fortpflanzungsgeschwindigkeit der Bebenwellen sich mit der Tiefe beträchtlich ändern werde in einem Masse, das nicht einmal näherungsweise Vernachlässigung gestattet, es lässt sich erwarten, dass die Wellen exzentrische Flächen, die Strahlen krumme Linien bilden werden.

2. Die Wahrnehmungen in Bergwerksschachten

LASAULX[3] berichtet, dass bei dem Herzogenrather Erdbeben vom 22. Oktober 1873 die Arbeiter in der Tiefe der Steinkohlenbergwerke in der Nähe von Herzogenrath deutliche Wahrnehmungen des Erbebens machten. „Am deutlichsten merkten diejenigen den Stoss, welche standen oder sassen, und geben letztere an, förmlich in die Höhe geschleudert worden zu sein. Dagegen haben mehrere Oberbeamte, die als sehr aufmerksame Beobachter gelten können, gar nichts in der Grube bemerkt, vermutlich weil dieselben gerade in Bewegung waren". Von der Oberfläche aber in Herzogenrath wird berichtet, dass durch die zwei kurz aufeinanderfolgenden Erdstösse Schornsteine einstürzten, das Pflaster aufgerissen wurde, Häuser bedenkliche Sprünge bekamen. Wenn schon in diesem Berichte eine in der Tiefe verminderte Wahrnehmbarkeit des Bebens ausser Zweifel ist, so bildet er doch insofern eine Ausnahme, als eine Reihe anderer Beobachtungen vorliegen, nach welchen Erdbeben in genügender Tiefe der Schachte überhaupt nicht vernommen werden, auch wenn sie an der Oberfläche sehr heftig auftreten. Zwei solcher Berichte finden sich bei SEEBACH[4] und der wohl eingehendste bei HÖRNES[5] in einem Bericht über das Agramer Erdbeben 1880. Die Arbeiter bis zu 30 m Tiefe hörten noch die Zimmerung krachen, fühlten den Boden wanken und wandten sich zur Flucht, in den tieferen Arbeitsorten aber, 60—120 m, hat niemand auch nur das Geringste bemerkt. Die Ausnahme, welche der erwähnte Bericht von Herzogenrath bietet, erklärt sich, wenn man bedenkt, dass dort der Bergwerksschacht keine halbe Meile vom Oberflächenmittelpunkt des Bebens, dem Epizentrum entfernt, also auch dem Zentrum sehr nahe war. Wie aber erklärt sich die Regel? Darf man daraus mit HÖRNES schliessen, dass vorzugsweise nur die oberen Schichten der Erdkruste die Erschütterung fortpflanzen, die tiefer liegenden unbeteiligt bleiben? Das wäre zu weit gegangen. Denn gerade in der Tiefe, wo durch gegenseitigen Druck die Gesteinsteile in eng geschlossenem Verbande sind, sind die Bedingungen für die Fortpflanzung viel günstigere. Wir können zunächst nur annehmen, dass die Bewegungsart des Gesteins in der Tiefe so beschaffen ist, dass sich die Bewegung auf die an der Sohle und den Schachtwänden lose aufliegenden Körper weniger vernehmlich überträgt, als in der Höhe. Was sich mit dem Erdbeben fortpflanzt, die Energie, ist Arbeit. Arbeit aber ist Produkt aus Kraft und Weg, je grösser der eine Faktor, um so kleiner ist der andere, je grösser der Druck wird, unter welchem das Gestein steht, um so kleinere Exkursionen machen die schwingenden Punkte, um so weniger können aufliegende Körper mitbewegt werden. Ferner muss der veränderten Schwingungsart in der Tiefe eine veränderte Fortpflanzungsgeschwindigkeit entsprechen, dem grösseren e ein grösseres c, daraus folgt ein zweiter Grund der verminderten Vernehmlichkeit. Wie nämlich das Wasser eines Kanals einen kleineren Querschnitt zeigt, so es rasch fliesst, einen grösseren wo es langsam fliesst, so müssen in einem Energiestrom die einzelnen Punkte Träger einer um so grösseren Energiemenge sein, je langsamer sie die Energie fortpflanzen und umgekehrt.

Erst mit diesem zweiten Momente dürfte die allen Beobachtern auffallende Erschei-

[3] Lasaulx, Das Erdbeben von Herzogenrath. Bonn 1874. pag. 20.

[4] Seebach, Das mitteldeutsche Erdbeben vom 6. März 1872. Leipzig 1873. pag. 20 u. 58.

[5] Gaea, Bd. XVII von 1881. pag. 8.

nung der in der Tiefe verminderten Vernehmlichkeit der Beben ihre volle Erklärung finden und so allerdings auch die oberen Schichten der Erdkruste Träger der Erdbebenenergie sind. Für uns liegt in der besprochenen Thatsache ein Beweis, mindestens ein starker Wahrscheinlichkeitsbeweis für die Zunahme der Wellengeschwindigkeit mit der Tiefe unter der Erdoberfläche.

3. Verbesserung des Gesetzes von HOPKINS

Denken wir uns nun von einem Zentrum in der Tiefe eine Welle allseitig sich ausbreitend, so wird sie von Minute zu Minute grössere Flächen bilden. Eine durch das Zentrum gelegte Vertikalebene schneidet alle diese aufeinanderfolgenden homoseistischen Flächen und schneidet auch die Erdoberfläche, nehmen wir an, letztere nach einer

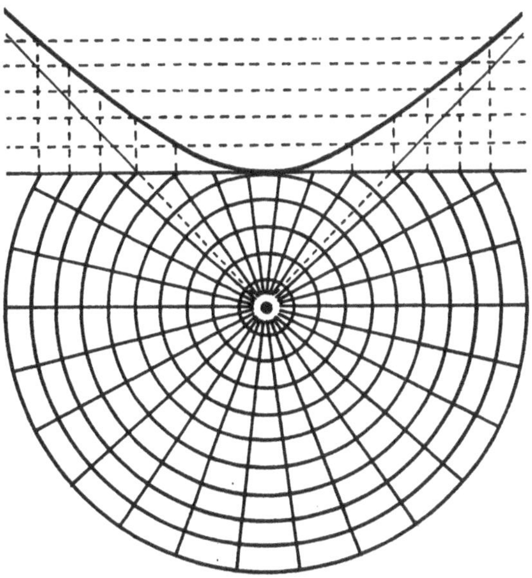

Tafel V-1

horizontalen geraden Linie. Unsere Taf. V, Fig. 1 u. 2 gibt in ihren unteren Teilen je ein Bild der aufeinanderfolgenden Lagen der homoseistischen Flächen von Minute zu Minute. Fig. 1, mit ihren konzentrischen Homoseisten, alle in gleichem Abstand voneinander, mit ihren geradlinigen Stossstrahlen, entspricht der Vorstellung unserer Erdbebenmathematiker. Fig. 2, mit ihren exzentrischen, nach oben näher und näher zusammenrückenden Vertikalhomoseisten, mit ihren gekrümmten, nach unten konvexen Strahlen entspricht unserer neuen Vorstellung. Die horizontale Gerade, welche den unteren Teil der Figur gegen den oberen begrenzt, repräsentiert in beiden Figuren die Erdoberfläche. In Fig. 1 u. 2 verteilen sich die Stossstrahlen vom Zentrum aus zunächst vollkommen gleichmässig im Raume nach allen Richtungen, die in Fig. 1 bleiben gleichmässig verteilt, die in Fig. 2 aber müssen, um zu den Wellenflächen in ihrem ganzen Verlaufe senkrecht zu bleiben, um zu denselben ein System orthogonaler Trajektorien zu bilden, nach unten viel rascher divergieren, als nach oben, indem sie nach unten konvex werden. Notwendig kann die Fig. 2 nur einem bestimmten Gesetz der Zunahme der Wellengeschwindigkeit mit der Tiefe entsprechen (diese Zunahme ist der Tiefe proportional angenommen), der allgemeine Charakter der Figur aber mit nach unten konvexen Stossstrahlen bleibt erhalten, wenn auch das Gesetz dieser Zunahme ein anderes ist. Wollte man eine Figur für dasselbe Gesetz, aber für einen anderen, etwa

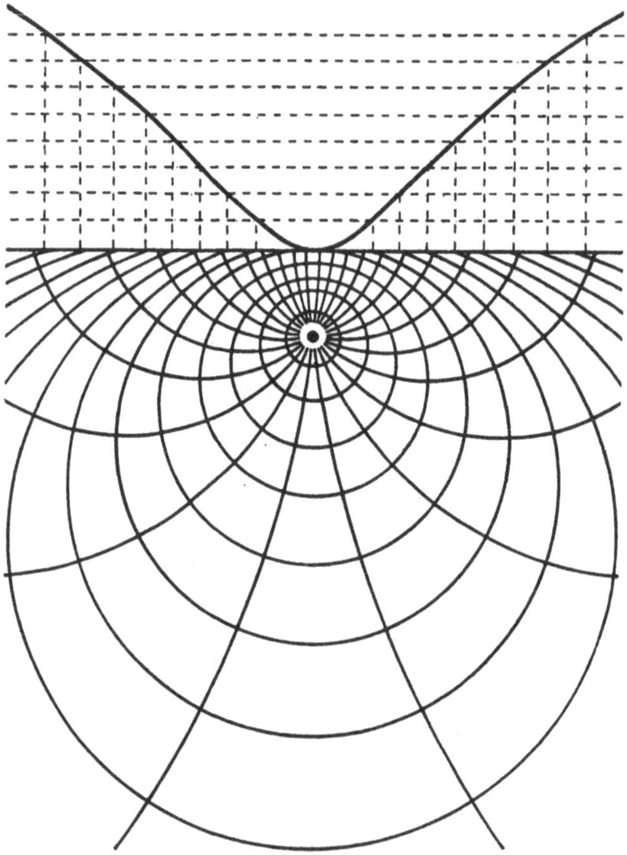

Tafel V-2

kleineren Betrag der Zunahme bei gleicher oder anderer Tiefe erhalten, so dürfte man nur die Erdoberfläche dem Zentrum näher legen und den Massstab des Ganzen entsprechend verändern. Eine Vergleichung der beiden Figuren lässt nun leicht weitere Unterschiede zum Vorteil von Fig. 2 erkennen. Wie nämlich die durch einen Brennspiegel zusammengedrängten Sonnenstrahlen dort, wo sie am dichtesten stehen, die grösste Intensität von Licht und Wärme erzeugen, so entspricht auch der dichtere oder dünnere Stand der Stossstrahlen einer grösseren oder geringeren Erdbebenintensität. Die Gegend um das Epizentrum ist nun in Fig. 2 viel mehr bevorzugt, als in Fig. 1, was den Beobachtungen über die Wirkungen in den Gebieten stärkster Erschütterung besser entspricht. Während ferner in Fig. 1 die Energie nach allen Seiten, auch nach dem Erdinnern, fortschreitet, wendet sich dieselbe in Fig. 2 von der Seite des wachsenden Widerstandes mehr und mehr ab und macht sich Luft nach oben, nach der Seite des kleinsten Widerstandes, um sich schliesslich ganz an der Erdoberfläche zu entladen, denn nur ein mathematisch vertikaler Strahl wird sich ganz ins Innere der Erde verirren.

Was uns aber bei der Vergleichung am wichtigsten ist, das sind die Stücke der Erdoberfläche, welche zwischen den einzelnen Homoseisten liegen. Diese Stücke geben jedes ein Mass für den Weg, um welchen die Welle an der Erdoberfläche von Minute zu Minute fortzuschreiten scheint. In Wirklichkeit schreitet ja die Welle schief von unten her in der Richtung der Stosslinien fort, der wirkliche Weg, um welchen sie vorwärts rückt, ist kleiner, als der scheinbare. Wir Bewohner der Oberfläche können aber nur die scheinbare Geschwindigkeit der Erdbebenwelle beobachten, wir verzeichnen, eine genügende Zahl guter Beobachtungen vorausgesetzt, nach den Angaben über die Zeit, zu welcher das Erdbeben an diesem und jenem Orte beobachtet wurde, auf der Landkarte die Schnittkurven der homoseistischen Flächen mit der Erdoberfläche, die Horizontalhomoseisten, und bestimmen aus dem Abstande dieser die scheinbare Geschwindigkeit. Diese scheinbare Oberflächengeschwindigkeit ist in beiden Figuren im Epizentrum am grössten, sie nimmt nach aussen hin ab. In Fig. 1 nähert sie sich mehr und mehr, asymptotisch, demjenigen Betrage, der die wahre Geschwindigkeit in der Richtung der Stosslinien ist. Dies ist das Gesetz von Hopkins, welches dieser im Jahre 1847 aufgestellt hat. In Fig. 2 aber bleibt an der Oberfläche die scheinbare Geschwindigkeit stets grösser als die wahre, sie nimmt, wie man sich durch Anlegen eines Massstabs überzeugen mag, ziemlich schnell ab bis zu demjenigen Betrage, der die wahre Geschwindigkeit in der Tiefe des Zentrums vorstellt, weiterhin jedoch nimmt die scheinbare Geschwindigkeit nach aussen wieder allmählich zu. Man mache die Probe, man verschiebe die Erdoberfläche parallel nach unten, es zeigt sich immer dasselbe Gesetz, die Strecke von Homoseiste zu Homoseiste ist im Epizentrum am grössten, sie nähert sich schnell dem Betrage, der als Radius der ersten Homoseiste im Zentrum angenommen ist, um weiterhin diesen Betrag allmählich zu überschreiten. Ob also der Erdbebenherd der Oberfläche näher oder ferner liegt, ob der Unterschied der Wellengeschwindigkeit zwischen oben und unten gross oder klein sein mag, das Gesetz, welches unsere Figur uns zeigt und welches wir unten allgemein beweisen und genauer auf den Begriff bringen werden, bleibt dasselbe:

Die scheinbare Oberflächengeschwindigkeit ist mindestens gleich der Zentrumsgeschwindigkeit und mit dieser veränderlich.

4. *Verschiedenheit der Erdbebengeschwindigkeiten*

Nach derjenigen Theorie, welche den Einfluss des Drucks auf die Elastizität unberücksichtigt lässt, sollte jeder Substanz ihr eigener, nur von ihrer inneren Beschaffenheit abhängiger Wert von c zukommen, von derjenigen Geschwindigkeit, mit welcher Elasticitätsschwingungen sich in ihr fortpflanzen, es sollte derselben Felsart und auch derselben Gegend, wenigstens solange die Fortpflanzungsrichtung dieselbe ist, auch zu allen Zeiten dieselbe Geschwindigkeit der Erdbebenwellen eigen sein; der Grenzwert, welchen das Hopkins'sche Gesetz der scheinbaren Geschwindigkeit der Bebenwellen zuweist, sollte, in derselben Gegend wenigstens, immer derselbe sein. Wie bestätigt sich das in der Erfahrung?

Künstliche Versuche von PFAFF, MALLET und ABOT[6] zeigen, wie allerdings zu erwarten, verschiedene Geschwindigkeiten in verschiedenen Substanzen, MALLET fand 250 m pro Sekunde im Sand, über 500 m im Granit, 330 m im gefalteten Schiefer, über 700 m im Schiefer mit ungestörten Schichtenlagen, im Durchschnitt verschiedener Gesteinsarten etwa denselben Wert, wie die Geschwindigkeit das Schalls in der Luft. Aber diese Versuche zeigten zugleich wesentliche Differenzen je nach der Stärke des ersten Anstosses. Bei dreifacher Pulverladung ergaben sich im Schiefer statt 330 m, 412 m. ABOT erreichte durch eine kräftige Dynamitentladung 2864,8 m pro Sekunde. Dass diese Zahlen hinter den theoretisch berechneten meist weit zurückbleiben, haben wir oben erwähnt, da liegt eben der Fehler noch in der Theorie. Dass aber die Stärke der Erschütterung auf die Fortpflanzungsgeschwindigkeit einen so grossen Einfluss haben soll, liesse sich nur dann begreifen, wenn bei jeder einzelnen Fortpflanzung einer Stosswelle die Geschwindigkeit im Verhältnis der abnehmenden Intensität vom Zentrum nach der Peripherie abnehmen würde. Eine solche rasche Abnahme der Geschwindigkeit ist aber nirgends beobachtet worden. Noch grössere Differenzen als die künstlichen, zeigen die natürlichen Bebenwellen und hier gerade sind häufig die Beben geringerer Intensität solche, welche sich rascher fortpflanzen, als Beben grosser Intensität in derselben Gegend. LASAULX hat eine Tabelle von Erdbebengeschwindigkeiten veröffentlicht, in welcher als kleinste Zahl 260 m, als grösste 742 m auftreten. Für das Erdbeben von Agram aber vom 9. Nov. 1880 gibt HANTKEN von Prudnik[7] eine Oberflächengeschwindigkeit von 22000 m, denn es hat sich in 12 Sekunden von Agram bis Wien fortgepflanzt, diese Zahl ist fast 30mal so gross, als die grösste Zahl bei LASAULX. Der Berichterstatter bemerkt dazu: „dieses Resultat weicht von allen ähnlichen Berechnungen derart ab, dass es fast den Anschein gewinnt, als ob bei der Zeitbeobachtung bedeutende Fehler unterlaufen wären.“ Aber bei JULIUS SCHMIDT, Studien über Vulkane und Erdbeben, findet sich eine noch grössere Zahl, er gibt für das Erdbeben vom 24. Juni 1870 im Gebiet des Mittelmeers an, dass seine Geschwindigkeit zwar nicht bestimmbar, aber sehr gross gewesen sei und für das vom 12. Okt. 1856 im Mittelmeergebiet findet er als passendste Annahme 300 Meilen pro Minute oder mehr, d. h. gegen 40000 m pro Sekunde. Diese grosse Zahl ist freilich sehr unsicher, ich finde, dass der 16. Teil der Zahl, etwa 2500 m pro Sekunde, den Beobachtungen auch genügen dürfte, wenn man die mit groben Fehlern behafteten von der Rechnung ausschliesst. Andererseits findet J. SCHMIDT auch wieder sehr kleine Zahlen. So für das Erdbeben von Aigion am 26. Dez. 1861 nur 180 m. Man bedenke, dass eine und dieselbe Gegend, welche 1861 von dem letzterwähnten Erdbeben mit kleiner Geschwindigkeit bei grosser Nähe des Herdes betroffen wurde, auch 1870 an dem grossen Mittelmeerbeben mit jedenfalls 10 mal grösserer Geschwindigkeit und dies bei grosser Entfernung des Erdbebenherdes beteiligt war. Diese Differenzen spotten des HOPKINS'schen Gesetzes, sie erfordern, um nach der alten Vorstellungsweise erklärt zu werden, für die Beben mit grosser Geschwindigkeit ganz ungehäuerliche Herdtiefen, eine erhebliche Annäherung an den Erdmittelpunkt, denn ein dort entspringendes Erdbeben würde allerdings an der Erdoberfläche überall gleichzeitig anlangen. Bei unserer neuen Vorstellungsweise aber sind solche Differenzen notwendig, denn die Oberflächengeschwindigkeit ist eben verschieden je nach der

[6] Vergl. J. Roth: Über die Erdbeben. Berlin 1882. pag. 24.

[7] Hantken von Prudnik, Das Erdbeben von Agram i. J. 1880. Budapest 1882.

Zentrumsgeschwindigkeit, sie ist mindestens gleich dieser. Wenn wir eine Zunahme der Geschwindigkeit mit der Tiefe für möglich halten, so können wir vom Erdmittelpunkt auch bei den grössten Werten der Geschwindigkeit in respektvoller Entfernung bleiben.

5. *Der Beweis des Gesetzes*

Der Satz, dass die Oberflächengeschwindigkeit mindestens gleich der Zentrumsgeschwindigkeit ist, enthält für die besondere Annahme gleichförmiger Geschwindigkeit auch das HOPKINS'sche Gesetz in sich. Das deutet schon an, dass diesem Satze eine allgemeine Gültigkeit zukommen wird, dass er gültig bleibt, welches auch das Gesetz der Änderung der Wellengeschwindigkeit mit der Tiefe sei. Und in der That ist der mathematische allgemein gültige Beweis für diesen Satz eigentlich schon geführt durch die in der Einleitung erfolgte Citierung des Sinusgesetzes der Brechung. Unterscheiden wir nämlich genau die drei Arten und Werte von Geschwindigkeit, um die es sich handelt: 1. Die Wellengeschwindigkeit im Zentrum, sie werde mit c_1 bezeichnet; 2. Die wahre Wellengeschwindigkeit an der Oberfläche, d. h. das Stück eines Stossstrahls, um welchen die Welle in der Minute weiterrückt, die werde mit c bezeichnet, und 3. Die scheinbare Oberflächengeschwindigkeit, d. h. das Stück der Erdoberfläche zwischen den Homoseisten zweier aufeinanderfolgender Minuten, sie heisse v. Wählen wir als Repräsentanten der Grösse v in unserer Figur die horizontale Länge z. B. zwischen der vierten und fünften Homoseiste vom Epizentrum an gezählt, als zugehörigen Repräsentanten von c das zwischen denselben Homoseisten in nächster Nähe der Erdoberfläche liegende Strahlstück und als Repräsentanten von c_1 das Stück desselben Strahls vom Zentrum bis zum ersten der dasselbe umschliessenden Kreise. Nun erkennt man leicht, dass an der Erdoberfläche Strahl und Einfallslot des Strahls einen ebenso grossen Winkel α einschliessen, als Homoseiste und Erdoberfläche, oder es lässt sich ein rechtwinkliges Dreieck bilden, in welchem die Beziehung stattfindet $v = c/\sin\alpha$. Derselbe Stossstrahl aber, dem an der Erdoberfläche der Einfallswinkel α zukommt, bildet im Zentrum mit der Erdbebenaxe einen Winkel α_1 und dem angeführten Sinusgesetz gemäss ist nun: $v = c/\sin\alpha = c_1/\sin\alpha_1$.

Nun verfolge man die Stossstrahlen der Reihe nach, die vom Zentrum ausgehen. Der erste mache mit der Erdbebenaxe den Winkel $\alpha_1 = 0$, er trifft die Erdoberfläche im Epizentrum, dort findet sich $v = c_1/0$, d. h. v unendlich gross. Dann folge ein zweiter, der mit der Axe einen kleinen Winkel, etwa $\alpha = 1°$, einschliesse. Wo dieser die Erdoberfläche erreicht, hat v den Wert $v = c_1/\sin 1°$, da $\sin 1°$ eine sehr kleine Zahl ist, so ist v sehr gross in diesem Punkte. Dann folgt der Strahl mit $\alpha_1 = 2°$, dann mit 3° u. s. f. Der Wert von $\sin\alpha_1$ wächst mehr und mehr, also nimmt v ab. Endlich für $\alpha_1 = 90°$ haben wir denjenigen Strahl, der in horizontaler Richtung vom Zentrum ausgeht, da für diesen $\sin\alpha_1 = 1$ ist, so wird an der Stelle, wo dieser ausgezeichnete Strahl die Erdoberfläche trifft, $v = c_1$ sein. Weiterhin werden die Winkel α_1 stumpf, der Wert von $\sin\alpha_1$ nimmt wieder ab, also nimmt v wieder zu, zwar langsam, weil die Stossstrahlen sehr weit auseinandertreten, aber in unendlicher Ferne müsste v wieder unendlich werden wie im Epizentrum.

Also die mathematische Formel für unser Gesetz lautet: $v = c_1/\sin\alpha_1$, und der Beweis dafür lautet: $c/\sin\alpha = c_1/\sin\alpha_1$. Der Satz ist nur an die eine Voraussetzung geknüpft, dass die wahre Wellengeschwindigkeit in unveränderter Tiefe unverändert bleibe, dagegen darf ihre Änderung mit der Tiefe einem beliebigen Gesetze folgen. Das Gesetz bliebe bestehen, selbst wenn die Geschwindigkeit mit der Tiefe abnehmen würde, nur wären dann die Stossstrahlen gegen unten konkav, nur noch ein kleiner Teil derselben würde die Oberfläche erreichen. Da wir aber Ursache haben, eine Zunahme von c mit der Tiefe anzunehmen, so ergibt sich eine Konvexität der Strahlen nach unten, nicht nur der ursprünglich horizontale, sondern nach und nach alle Strahlen kehren sich nach oben. Das ganze Erschütterungsgebiet an der Erdoberfläche zerfällt in zwei Zonen, einen inneren Kreis, für welchen die scheinbare Geschwindigkeit v vom Epizentrum aus abnimmt, und einen äusseren Ring, für welchen v nach aussen hin wächst ins Unbegrenzte, zugleich freilich die Intensität ins Unmerkliche abnimmt. Der innere Kreis ist das Gebiet der direkten Stossstrahlen, der äussere Hof ist das Gebiet der durch Refraktion aus der Tiefe zurückkehrenden Erdbebenenergie. Die kleinste Geschwindigkeit v, welche an der Grenze zwischen beiden Zonen stattfindet, ist ein Mass für die Fortpflanzungsgeschwindigkeit der Erdbebenwellen in der dunklen Tiefe des Zentrums. Was den bisher nicht berücksichtigten Einfluss der Krümmung der Erdoberfläche betrifft, so muss derselbe hauptsächlich darin bestehen, die langsame Zunahme der Fortpflanzungsgeschwindigkeit v an der Erdoberfläche im äusseren Hof etwas zu verstärken.

6. Der Erdbebenhodograph[8]

Das Gesetz, nach welchem die scheinbare Oberflächengeschwindigkeit sich ändert, erläutern wir am besten mit den oberen Teilen unserer Fig. 1 u. 2. Es sind dort in den Schnittpunkten der homoseistischen Kreise mit der Erdoberfläche Lote errichtet, auf diesen sind der Reihe nach als Masse der Zeit vom Epizentrum aus die Längen 0, 1, 2, 3 u. s. f. abgetragen und durch die so erhaltenen Endpunkte wurde eine stetige Kurve gezogen, der Hodograph. Diese Kurve lässt aus ihrer im einzelnen Punkte grösseren oder geringeren Steigung unmittelbar die Geschwindigkeit v der Erdbebenwelle im darunter liegenden Punkt der Erdoberfläche erkennen. Je steiler an einer Stelle die Kurve ist, um so kleiner ist die entsprechende Geschwindigkeit und umgekehrt, wo die Kurve horizontal ist, ist die Geschwindigkeit unendlich gross, wo konvex nach unten, nimmt die Geschwindigkeit nach aussen ab, wo konkav, nimmt sie zu. Überträgt man eine solche Kurve auf ein, etwa in Quadratzentimeter geteiltes Netz, dessen horizontale Längen Meilen, dessen vertikale Längen Minuten repräsentieren, so kann man für jeden Punkt unter Anlegung eines Lineals in der Tangentenrichtung sogleich ablesen, wieviele Meilen pro Minute dem betreffenden Punkte entsprechen. Der Hodograph der Fig. 1 ist eine Hyperbel, die SEEBACH-MINNIGERODE'sche Hyperbel, welche mit ihren Asymptoten nach demjenigen Punkt der Erdbebenaxe weist, welcher der Zeit des Anfangs der Erschütterung entspricht. Da wir in unserer Fig. 1 als Mass der Zeiteinheit den der Zeiteinheit entsprechenden Weg gewählt haben ..., so ist die Hyperbel eine

[8] Der Name „Hodograph" wurde von Hamilton einer Kurve gegeben, welche zur graphischen Darstellung der veränderlichen Geschwindigkeit eines bewegten Punktes dient. Freilich können wir die Geschwindigkeit einer Bewegung von unveränderter horizontaler Richtung nicht durch den Hamilton'schen Hodographen mittelst Vektoren darstellen, aber ebendeshalb ist bei Anwendung des Namens in unserem Sinn keine Begriffsverwirrung zu fürchten.

gleichseitige und weist ihre Asymptote nach dem Zentrum selbst. In Fig. 2 ist der Hodograph keine Hyperbel mehr, er ist im Epizentrum ebenfalls horizontal und nach unten konvex, der abnehmenden Geschwindigkeit entsprechend, er nähert sich aber schnell der geradlinigen Richtung mit stärkster Steigung, um in einem Wendepunkt aus der konvexen in die konkave Biegung überzugehen, mit welcher er ins Unendliche verläuft, wobei er sich der horizontalen Richtung immer mehr nähert. Verfolgt man im unteren Teil der Figur denjenigen ausgezeichneten Stossstrahl, der das Zentrum in horizontaler Richtung verlässt, bis zur Erdoberfläche und errichtet man in diesem Punkte im oberen Teil der Figur ein Lot, so führt dieses genau auf den Wendepunkt des Hodographen.

Es ist wichtig, die Formänderung des Hodographen zu verfolgen, wenn man den Erdbebenherd näher und näher zur Erdoberfläche verlegt. Es zeigt sich: die beiderseitigen Wendepunkte nähern sich mehr und mehr dem Epizentrum, der nach unten konvexe Teil der Kurve wird also kleiner; je geringer die Herdtiefe, um so kleiner ist die innere Zone des Erschütterungsgebietes. Fallen aber gar Zentrum und Epizentrum zusammen, so verschwindet der konvexe Teil der Kurve ganz samt dem inneren Erschütterungsgebiet, der Hodograph besteht nur noch aus zwei symmetrischen, nach unten konkaven Ästen, welche im Zentrum ein Eck bilden. Das gibt einen Fingerzeig zur Erklärung der Resultate bei den Messungen der Geschwindigkeiten künstlicher Erdbeben. Bei einer von einem Punkte der Erdoberfläche ausgehenden Erschütterung muss die Fortpflanzungsgeschwindigkeit der Stosswelle von innen nach aussen wachsen, trotz des Hopkin'schen Dogmas, zu welchen auch Abot sich bekennt. Je grössere Pulverladungen, um so größere Entfernungen stehen der Geschwindigkeitsmessung zu Gebote, um so grössere Mittelwerte kommen heraus. Die Gestalt des Hodographen wird also, je nach der Tiefe des Zentrums, eine mannigfaltige sein und sie muss auch, je nach dem Gesetze, nach welchem die Geschwindigkeit der Wellen mit der Tiefe sich ändert, eine verschiedene sein. Es ist sogar wahrscheinlich, dass unsere Figur mit ihren kugelförmigen Wellen und kreisförmigen Strahlen von dem richtigen Gesetze noch ziemlich abweicht, dass also auch unser Hodograph noch nicht die Gestalt hat, welche dem richtigen Gesetze entspricht. Aber welches auch das unbekannte Gesetz sei, im Epizentrum muss der Hodograph konvex nach unten sein, dann mit wachsender Steigung in einen Wendepunkt verlaufen und hierauf schwach konkav werden, dies folgt einfach aus dem Sinusgesetz bei Annahme irgendwelcher Zunahme der Geschwindigkeit mit der Tiefe. Ehe wenigstens für Ein zentrales Erdbeben eine genügend grosse Anzahl ganz zuverlässiger Zeitbestimmungen gemacht wird, welche die genaue Feststellung der Horizontalhomoseisten und des Epizentrums auf der Landkarte gestatten, welche gestatten, die Entfernungen der einzelnen Orte vom Epizentrum samt den an diesen Orten beobachteten Zeiten in dem Hodographennetze einzutragen und so ein deutliches Gesamtbild der Beobachtungen zu gewinnen, solange wird es auch nicht möglich sein, aus der Form des Hodographen auf das Gesetz der Geschwindigkeitsänderung mit der Tiefe einen gültigen Schluss zu machen. Das dürfen wir nie erwarten, dass in dem Hodographennetze alle Punkte auf eine stetig verlaufende Kurve fallen, dies wird selbst bei der exaktesten Zeitermittlung nie zu erwarten sein. Aber das darf man erwarten, dass bei einer genügend grossen Anzahl von Beobachtungen die in das Netz eingetragenen Punkte sich gleichmässig zu beiden Seiten einer stetig verlaufenden Kurve gruppieren werden. Der Hodograph entsteht ja nicht bloss aus den in einer einzigen durch das Zentrum gelegten Vertikalebene liegenden Beobachtungspunkten, er enthält die Beobachtungspunkte der durch die Erdbebenaxe in allen Richtungen gelegenen Ebenen in eine einzige Ebene vereinigt. Wenn die Fortpflanzungsgeschwindigkeit vom Zentrum aus in verschiedenen Richtungen und innerhalb derselben Richtung in verschiedenen Teilen infolge von Störungen verschieden ist, so werden doch im Gesamtbilde die Abweichungen bei genügender Zahl von Beobachtungen sich ausgleichen, auf eine Durchschnittskurve führen, welche einen von Störungen befreiten Verlauf des Erdbebens repräsentiert.

7. *Die Erdbeben vom 6. März 1872 und 22. Okt. 1873*

Siehe die beigegebenen Hodographennetze auf Taf. VI.

Wenn auch die Zeit der exakten Feststellung eines Erdbebenhodographen noch nicht gekommen ist, in den bestuntersuchten der bekannten Erdbeben dürfte doch soviel Material nicht bloss gesammelt, sondern vollkommen vorbereitet sein, um wenigstens die Frage zu entscheiden, ob der Hodograph eine Hyperbel oder ob derselbe eine Kurve mit Wendepunkten ist, ob das Gesetz von Hopkins durch die Beobachtungen bestätigt wird, oder ob im äusseren Hof der Erschütterungsgebiete sich eine Zunahme der Oberflächengeschwindigkeit bemerklich macht.

Das beste Material für diese Untersuchung liefert die Bearbeitung des mitteldeutschen Erdbebens vom 6. März 1872 durch von Seebach und Minnigerode. Es genügt ein Blick auf die Homoseistenkarte des Buches, um sich zu überzeugen, dass in der Gegend Göttingen—Leipzig, 16 Meilen vom Zentrum, die Horizontalhomoseisten auffallend nahe zusammenrücken. Dementsprechend sehen wir auf dem Hodographennetz, wie schlecht sich die Hyperbel den Beobachtungen anschmiegt. Gleich die für die Bestimmung des Epizentrums deswegen am wertvollsten Punkte, weil sie demselben am nächsten liegen, welche untereinander die schönste Übereinstimmung zeigen, müssen für die Konstruktion des hyperbolischen Hodographen verworfen werden, so dass das Erdbeben auf der Oberfläche der Erde erst beginnen darf, nachdem $1^1/_2$ Minuten vorher an 5 Orten in 5—6 Meilen Entfernung vom Epizentrum faktisch das Erdbeben verspürt worden ist. Bis in die Entfernung 16 Meilen vom Epizentrum lässt die Hyperbel die besten Beobachtungen alle unter sich, von da an verläuft sie vollkommen geradlinig und lässt nun nahezu alle Punkte über sich, um in der Entfernung von 57 Meilen einen in Breslau gesteckten Grenzpunkt zu erreichen. Wie steht es aber mit diesem Grenzpunkt? In Breslau hat Prof. Galle um $4^h\,5'\,25''$ Berliner Zeit einen magnetischen Apparat in Schwingungen begriffen angetroffen, ohne Zweifel durch das Erdbeben erschüttert, Galle erklärt aber ausdrücklich, dass dieser Moment nicht der Moment der Erschütterung war, dass diese möglicherweise 15 Minuten früher stattgefunden haben könne. Warum ist nun die Hyperbel doch genau durch diesen Grenzpunkt geführt, warum darf es nicht 1 oder 2 oder mehrere Minuten früher sein? Antwort, weil sonst die Linie Breslau—Göttingen in ihrer nach unten konvexen, hyperbolischen Fortsetzung einen noch höher liegenden Scheitel der Hyperbel liefern, den berechneten Moment des Beginns des Erdbebens an der Erdoberfläche mit den wirklichen Beobachtungen in noch grösseren Konflikt bringen würde. Wir können Seebach und Minnigerode deswegen keinen Mangel an Objektivität vorwerfen, sie geben uns im Texte des Buches alle diese Schwierigkeiten zu erkennen, sie gestehen die ungelösten Bedenken, welche die schlechte Übereinstimmung der Hyperbel mit einer Reihe solcher Punkt ihnen verursacht, die durch die Zuverlässigkeit der Berichterstattungen und durch die Harmonie ihrer Angaben bei der Bestimmung des Epizentrums sich als besonders wertvoll erweisen. Wenn die

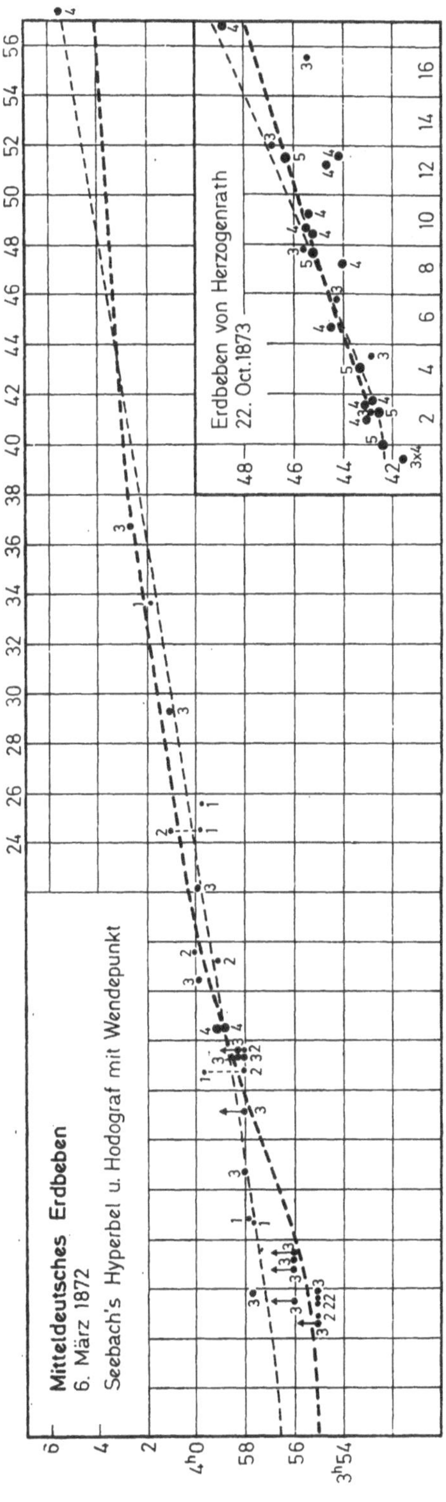
Mitteldeutsches Erdbeben
6. März 1872
Seebach's Hyperbel u. Hodograf mit Wendepunkt
Erdbeben von Herzogenrath
22. Oct. 1873

Tafel VI

Hyperbel als Form des Hodographen durch die Mathematik vorgeschrieben ist, so bleibt keine andere Wahl, als die Beobachtungen so gut oder schlecht es geht, ihr anzupassen. Man muss schon in der Bewertung der Beobachtungen soweit möglich, die Schraube ansetzen, wo eine Andeutung es zulässt, statt des Moments der gegebenen Minute die ganze folgende Minute als zulässig betrachten. Die Zeitbestimmung von Weimar (5,8 Meilen 57,7 Min.) bekommt die Wertnummer 3 (4 die höchste), obgleich sie die Wahrscheinlichkeit einer Verwechslung an der Stirne trägt. Weimar berichtet nämlich den Zeitpunkt des Erdbebens in Hallenser Zeit und gibt auf die Sekunde denselben Moment an, welchen in dem 9 Meilen weiter vom Zentrum entfernten Halle ein Studiosus sorgfältig für Halle festgestellt hatte. Ebenso bekommt Gera (10,7—58) die Nummer 3, weil hier ein Professor die Zeit auf dem Telegraphenamt erfragt hatte, während eine Reihe direkter Berichte der Telegraphenämter weder zur Konstruktion der Homoseisten und des Epizentrums, noch zu der des Hodographen gebraucht werden können. Pössneck (5,5—55) dagegen, dessen Berichterstatter selbständig $3^h\,55'$ Berliner Zeit ermittelt hat, würde doch wohl eine volle 3 verdienen; denn wenn seine Turmuhr zu gleicher Zeit 4 Uhr zeigt, während doch Pössneck nicht 5, sondern 7 Minuten Zeitdifferenz gegen Berlin hat, so darf man hieraus nicht auf einen möglichen Fehler des Berichterstatters von 2 Minuten schliessen. Pössneck liegt nämlich nicht östlich, sondern westlich von Berlin und die berichtete Ortszeit ist somit keine im astronomischen, sondern Ortszeit im bürgerlichen Sinn, aus praktischen Rücksichten der Eisenbahnzeit vorgehend.

Wenn wir den gemachten Ausstellungen entsprechende Änderungen am Hodographennetze vornehmen, so fallen nahezu alle Stützen der Hyperbel vor und hinter Göttingen (16,5—58,7) weg.

Wie schön dagegen schmiegt sich den Beobachtungen eine Kurve an, deren Scheitel ein Weniges unter $3^h\,55'$ angenommen wird, die nach unten konvex, zwischen 4 und 8 Meilen Entfernung zwischen den Punkten von $3^h\,55'$ und $3^h\,56'$ hindurchpassiert, in etwa 11 Meilen Entfernung mit einer Steigerung von 2,5 Meilen pro Minute ihren Wendepunkt erreicht, alsdann in sanft konkavem Bogen, die einen Punkte links, die andern rechts lassend in 36,7 Meilen Entfernung durch den von stud. med. Gerok gelieferten Tübinger Punkt als letzten sicheren Wegweiser hindurchgeht, um noch mehr als eine Minute vor dem festgesteckten Termin in Breslau anzulangen, zuletzt mit einer Geschwindigkeit von vielleicht 15 Meilen pro Minute! Dies ist alles was man für eine vorläufige Bestätigung erwarten kann. Um die Übereinstimmung dieser Kurve mit dem Hodographen auf Taf. V, Fig. 2 noch vollständiger zu machen, müsste man die Geschwindigkeit im Wendepunkt zum Masse der Zeit machen, also die Zeichnung in die Höhe zwei und ein halbmal vergrössern, oder in die Länge auf $^2/_5$ verkürzen.

Als zweites Beispiel zur Prüfung möge das durch v. Lasaulx und Kortum bearbeitete Erdbeben von Herzogenrath vom 22. Okt. 1873 dienen. Um ein vollkommen unbefangenes Bild zu erhalten, dürfte es sich hier empfehlen, von dem dem Buche beigegebenen Hodographennetze abzusehen und sich selbst diejenigen Punkte, deren Wertnummern 3, 4 und 5 betragen nach den Angaben pag. 123 und 124 in ein Netz einzutragen, was mit Hilfe des im Handel vorkommenden Millimeterpapiers sehr schnell ausführbar ist. Es entsteht hier ein ganz anderes Bild. Ähnlich dem gekrümmten Schweif eines Kometen deuten die Punkte auf eine durchaus nach unten konkave Mittellinie als Hodographen, stark gekrümmt in der Nähe des Epizentrums, schwächer mit zunehmender Entfernung. Die Steigung vom ersten zum zweiten Punkt, und diese Punkte gehören zu den zuverlässigsten, von 0,37 bis 1 Meile Entfernung vom Epizentrum, beträgt 42 Sekunden, das gibt nur eine Geschwindigkeit von 0,9 Meilen pro Minute. Wenn der Hodograph einen Wendepunkt hat, so kann derselbe nur entweder innerhalb 0 und 0,37 Meilen liegen oder vielleicht auch noch zwischen 0,37 und 1 Meile Entfernung. Jedenfalls weicht das Bild wenig ab von derjenigen Form des Hodographen, die dem Zentrum auf der Oberfläche entspricht, und die innere Erschütterungszone bildet einen Kreis von nicht über 4 km Radius. Sollte das Erdbeben einen ganz oberflächlichen Herd haben, also der Hodograph in ein Eck auslaufen, so müsste sich im Zentrum eine sehr kleine Geschwindigkeit ergeben, da dieselbe in 3 km Abstand schon unter 0,9 Meilen pro Minute, also unter 111 m pro Sekunde beträgt, eine Zahl die schon weit hinter allen Messungen zurückbleibt. Freilich haben ja alle Messungen nur scheinbare Oberflächengeschwindigkeiten bestimmt, die wahre Oberflächengeschwindigkeit muss unter all' den gefundenen Werten liegen. Soviel zeigt ein Blick auf das Netz, dass eine nach unten konvexe Hyperbel den Beobachtungen schlechter entsprechen wird, als der konkave Hodograph. Wie bei der Hyperbel SEEBACH's, so sind es auch bei der VON LASAULX gezeichneten gerade die für die Bestimmung des Epizentrums so wichtigen Punkte in nächster Nähe des Epizentrums, welche vollkommen unmöglich werden. Es sind die drei Punkte, welche jeder mit Nummer 4 bewertet alle drei auf dem Netz in einem einzigen Punkt in 0,37 Meilen Entfernung zusammenfallen. Wegen ihrer übereinstimmenden Zeitangaben lieferten sie das Mittel, um auf der Homoseistenkarte die Lage des Epizentrums mit unerreichter Genauigkeit zu ermitteln, und nun, da sie für die Ermittlung des Scheitels des Hodographen vom allerhöchsten Werte sein sollten, muss man sie unter die Asymptote der Hyperbel verweisen und für die Feststellung der Homoseisten und des Hodographen als unbrauchbar weglassen. Und wiederum wie bei SEEBACH's Hyperbel rächt sich die Konvexität der Krümmung auch im äusseren Verlauf des Hodographen, wie dort für Breslau der höchst unwahrscheinliche Grenzwert gewählt werden musste, so fallen hier von 9 Meilen Zentralabstand an alle Punkte, — und es sind deren neun, welche weiter abliegen — auf die untere Seite der Hyperbel, keiner auf die obere. Das ist doch höchst unwahrscheinlich, dass diese 9 Zeiten alle zu niedrig sein sollen, die beste um über eine Halbe Minute, zwei mit 4 bewertete um 2 und $2^1/_2$ Minuten und das mit 3 bewertete Brüssel gar um 3 volle Minuten. Allen kann man natürlich nicht gerecht werden, aber doch sollte der Hodograph mitten durch den Schwarm hindurchgehen. Dazu aber muss er konkav werden, er muss entgegen dem HOPKINS'schen Satze eine nach aussen wachsende Geschwindigkeit anzeigen. Soviel also dürfte durch die Prüfung des besten der Erdbebenforschung zu Gebote stehenden Materials erwiesen sein, dass die Beobachtungen der bisherigen Vorstellung von einer konzentrischen Ausbreitung der Erdbebenwellen mit geradlinigen Stossstrahlen und dem daraus abgeleiteten Gesetz HOPKINS' sowie der hyperbolischen Gestalt des Hodographen ungünstiger sind als der Vorstellung einer mit der Tiefe zunehmenden Fortpflanzungsgeschwindigkeit der Erdbebenwellen mit nach unten konvex gekrümmten Stosslinien und der daraus sich ergebenden Form des Hodographen mit Wendepunkt. Und diese neue Vorstellung ist, wie wir im bisherigen gesehen haben, im stande, die grosse Verschiedenheit der Oberflächengeschwindigkeit bei verschiedenen Erdbeben, die Verschiedenheit der Versuchsresultate je nach der Intensität des Anstosses und die erfahrungsmässig verminderte Vernehmbarkeit der Erdbeben mit der Tiefe in einfacher Weise zu erklären, und zwar ohne über das Gesetz der Geschwindigkeitsänderung mit der Tiefe irgend eine bestimmte Annahme zu machen, während die alte Vorstellung mit der Annahme geradliniger Stossstrahlen eine durch nichts gerechtfertigte Hypothese aufstellt.

8. Die Tiefenbestimmung

Wenn wir das Mass und das Gesetz der Geschwindigkeitsänderung nach unten kennen würden, dann wäre es ein vielleicht zwar kompliziertes, aber ausführbares Problem der Mathematik, die diesem Gesetze entsprechenden Wellen, Strahlen und Hodographen zu entwerfen, die Tiefe des Erdbebenherdes zur Gestalt des Hodographen in Beziehung zu setzen, so dass man die letztere aus den Beobachtungen, die erstere, die Tiefe, durch Zeichnung oder Rechnung finden könnte. In unserer Fig. 2 auf Taf. V sind für die einfachste Annahme, dass die Geschwindigkeitszunahmen den Tiefenzunahmen proportional seien, die Wellenflächen zu Kugeln, die Strahlen zu Kreisen geworden; die Mittelpunkte aller Strahlen liegen in derjenigen Horizontalebene, in welcher bei fortgesetzter Abnahme der Geschwindigkeit nach oben diese zu Null würde. Die Abstände der oberen und unteren Scheitel der Wellenflächen von dieser Null-Ebene bestimmen sich, wie der Verfasser in einer früheren Arbeit[9] gezeigt hat, durch die Gleichung $y = ae^{\mp \nu t}$, wobei a die Herdtiefe unter der Null-Ebene, e die Grundzahl der natürlichen Logarithmen, ν das Mass der Geschwindigkeitsänderung und t die der einzelnen Wellenfläche entsprechende Minutenzahl vorstellen. Bei der Willkürlichkeit dieses Gesetzes kann also die Figur nur eine bessere Annäherung an die Wahrheit geben, als die durch Fig. 1 gegebene Vorstellung. Sollte z. B. der Elastizitätsmodule, welcher in der früher aufgestellten Geschwindigkeitsgleichung unter der Wurzel steht, der Tiefenzunahme proportional wachsen, so würde dies für die Änderung der Geschwindigkeit c die Bedeutung haben, dass sie in der Nähe der Erdoberfläche rascher erfolgt, als in der Tiefe, die Strahlen würden daher nicht mehr Kreise bleiben, sondern in der Nähe der Erdoberfläche sich stärker krümmen, in der Tiefe weniger. Dies hätte die Wirkung, dass eine aus dem Gesetz unserer Figur berechnete Herdtiefe zu gross würde. Und die sehr rasche Abnahme der Vernehmbarkeit der Erdbeben mit der Tiefe deutet in der That auf eine verhältnismässig rasche Änderung von c hin unmittelbar unter der Oberfläche. Auch die starke Krümmung des Hodographen des Herzogenrather Erdbebens in der Nähe des Zentrums würde dafür sprechen, wenn man auf die vorliegenden Zeitbestimmungen so gewagte Schlüsse bauen dürfte; ein Fehler von einer Viertelminute in der Bestimmung des ersten oder zweiten Punktes vom Scheitel ab würde die Geschwindigkeit zwischen dem ersten und zweiten Punkte von 0,9 auf 1,4 Meilen pro Minute erhöhen, oder von 111 m auf 175 m pro Sekunde, und ein solcher Fehler ist bei einer Zeitbestimmung auf ganze Minuten sogar zu erwarten. Dann würde aber die Krümmung des Hodographen in der Nähe des Scheitels sich wesentlich vermindern.

Eine zweite Schwierigkeit für die Bestimmung der Herdtiefe liegt im Mangel unserer Kenntnis der wahren Oberflächengeschwindigkeit (nicht der scheinbaren), diese muss jedenfalls kleiner sein, als die schwächsten Pulverladungen bei den Versuchen PFAFF's, MALLET's und ABOT's ergeben haben, denn, wie schon oben gezeigt, müssen diese um so grössere Resultate ergeben, in je weiterer Entfernung vom Zentrum die Messung vorgenommen wird. Würde uns der Hodograph des Herzogenrather Erdbebens, sagen wir nicht auf 111 m, sondern auf 175 m führen, so ist das noch nicht die Geschwindigkeit im Scheitel einer an der Oberfläche entstandenen Erschütterung, sondern es ist die scheinbare Geschwindigkeit in $^1/_2$ bis 1 Meile Abstand vom Epizentrum bei unterirdi-

[9] Programm des Stuttgarter Realgymnasiums vom Jahr 1878

schem Ursprung. Und zu dem allem kommt die Unsicherheit der genauen Gestalt des Hodographen, insbesondere die nicht genau bestimmbare Lage der Abscisse seines Wendepunktes. Ohne eine genaue Anzahl von auf Dezimalen einer Minute genauen Beobachtungen wird die Feststellung der Abscisse des Wendepunkts bis auf einen Kilometer genau nicht ausführbar sein. Trotz alledem bleibt als Anhaltspunkt für eine, wenn auch nur mehr relative, Bestimmung der Herdtiefe die Regel bestehen, dass diese Tiefe umso grösser sein wird, je grösser der Radius der inneren Erschütterungszone, zweifellos stets kleiner als dieser Radius.

Also, da das Herzogenrather Erdbeben eine Wendepunktabscisse von nicht über 4 km gehabt haben wird, so dürfen wir seine Herdtiefe nicht grösser als 3 km annehmen, als untere Grenze ist der Wert 0 km anzunehmen. Kortum gibt in dem Werke von Lasaulx pag. 120 nach Seebach'scher Methode berechnet eine Tiefe von 0,68 Meilen mit einem wahrscheinlichen Fehler von 1,23 Meilen an, also 0—14 km. Für das von Seebach und Minnigerode bearbeitete Erdbeben zeigt unsere Hodographenzeichnung 11 Meilen Wendepunktsabscisse, man könnte aber je nach der Wertschätzung der Beobachtungen auch den Wendepunkt in 13 Meilen Entfernung verlegen. Als Geschwindigkeit im Wendepunkt dürfte man ebenfalls zwischen Werten von 2,3 und 3 Meilen im Zweifel sein, also zwischen 280 m und 375 m pro Sekunde. Nehmen wir an, diese Zentrumsgeschwindigkeit sei etwa 3 mal so gross als die wahre Oberflächengeschwindigkeit, so müssen wir unter Voraussetzung kreisförmiger Stossstrahlen die Herdtiefe zu etwas über $^2/_3$ der Wendepunktsabscisse ansetzen und kommen somit zu einem Werte von unter 10 Meilen Maximum, während ein Minimum sich mittels der Tangente im Wendepunkt feststellen lässt. Um dies zu zeigen, müssen wir noch einmal Fig. 1 und 2 der Vergleichung unterwerfen. Die Tangente an den Wendepunkt in Fig. 2 macht, wie die Asymptote in Fig. 1, einen Winkel von 45° mit dem Horizont, dies rührt daher, weil in beiden Figuren die Zentrumsgeschwindigkeit als Zeitmass benützt wurde. Während in Fig. 1 die Asymptote durch das Zentrum geht, geht in Fig. 2 die Wendepunktstangente über dem Zentrum vorbei. Denken wir uns nun aber die Fig. 2 einer stetigen Änderung unterworfen in der Weise, dass wir die Herdtiefe festhalten, auch die beiden Geschwindigkeiten c_1 im Herd und c an der Oberfläche belassen, dagegen das Geschwindigkeitsgefäll von unten nach oben nicht mehr gleichmässig verteilen, sondern die Geschwindigkeitsänderung mehr und mehr gegen die Oberfläche verlegen. Die Folge wird sein, dass die Stossstrahlen vom Zentrum aus zunächst unter schwacher Krümmung verlaufen, erst an der Oberfläche sich stärker krümmen, insbesondere wird der Hauptstrahl, welcher das Zentrum in horizontaler Richtung verlässt, seinen Emersionspunkt an der Erdoberfläche mehr und mehr nach aussen verlegen, infolge davon rückt der Wendepunkt des Hodographen mehr und mehr in die Ferne, die Tangente an diesen Wendepunkt mit ihrer Neigung von 45° bewegt sich nach unten, sich selbst parallel bleibend, und, sobald das ganze Geschwindigkeitsgefäll in die Oberfläche selbst verlegt wird, wird der Hodograph zur Seebach'schen Hyperbel, die Wendepunktstangente zur Asymptote und geht durch das Zentrum hindurch.

Hieraus folgt wohl zweifellos, dass die Wendepunktstangente unter allen Umständen ein kleineres Stück von der Erdbebenaxe abschneidet, eine kleinere Zahl von Minuten uns liefert, als man nötig hätte, um in dieser Minutenzahl die Herdtiefe zu erhalten, wie in Fig. 1. In dem Hodographennetz des mitteldeutschen Erdbebens schneidet nun die Wendepunktstangente mindestens ein Stück von 2 Minuten, vom Hodographenscheitel an gemessen, von der Erdbebenaxe ab, und da die im Wendepunkt zu messende

Zentrumsgeschwindigkeit bei dieser Herdtiefe mindestens gleich 2,4 Meilen zu setzen ist, so muss die Herdtiefe grösser sein als 2 × 2,4, also als 4,8 Meilen, so dass wir berechtigt sind, als untere Grenze volle 5 Meilen zu setzen. Herr v. SEEBACH hat nach MALLET's Methode, und zwar aus einer einzigen Beobachtung der Stossrichtung, die Tiefe zwischen 1,94 und 2,91 Meilen berechnet. Diese MALLET'sche Methode, welche aus durch das Erdbeben erzeugten Mauerrissen und aus der Wurfrichtung umgeworfener Körper auf die Richtung der Stossstrahlen schliesst, muss, wenn die Stossstrahlen krummlinig sind, notwendig zu vollkommen falschen Resultaten über die Tiefe führen. Unsere Fig. 2 zeigt, dass die Tangente an den Emersionspunkt eines Stossstrahls die Erdbebenaxe in einem viel zu tiefen Punkte schneidet, um so mehr, je weiter der Emersionspunkt vom Zentrum entfernt ist. Dass aber Herr v. SEEBACH einen viel zu kleinen Wert für die Tiefe findet, beweist eben, dass aus einer einzigen Beobachtung mit dieser Methode überhaupt nichts abgeleitet werden kann. In der That denke man sich z. B. einen vertikalen Stoss von unten. Ist es denkbar, dass durch einen solchen horizontale Risse in einer Mauer gebildet werden? Unter hundert wohl nicht einer, und doch würde die Verschiedenheit der entstandenen hundert Richtungen wohl auf eine horizontale Richtung als mittlere hindeuten, also die Gesamtheit der Beobachtungen die Stossrichtung erkennen lassen. Unter Zugrundelegung eines den gegebenen Beobachtungen möglichst gut angepassten Hodographen findet sich also für die Tiefe des Herdes des mitteldeutschen Erdbebens vom 6. März 1872 ein Betrag von über fünf und von unten zehn geographischen Meilen und für das von Herzogenrath vom 22. Okt. 1873 ein Betrag von nicht mehr als 3 km. Es hat sich glücklich geschickt, dass diese zwei deutschen Erdbeben jedes einen eigenen Typus repräsentieren, das Herzogenrather den Typus I mit sehr wenig tiefem Herde, mit verschwindendem inneren Erdbebengebiete, das mitteldeutsche den Typus II mit ziemlich gleichmässiger Ausprägung beider Zonen bei grösserer Herdtiefe, denkbar ist noch ein Typus III mit grosser Herdtiefe, beziehungsweise kleiner Intensität bei nicht zu kleiner Tiefe, bei welchem der Wendepunkt des Hodographen über die Wahrnehmbarkeitszone hinausfällt, der Hodograph also durchaus konvex bleibt. Unter den bisher beobachteten Erdbeben, deren mittlere Fortpflanzungsgeschwindigkeit bekannt ist, dürften wir die mit kleiner mittlerer Fortpflanzungsgeschwindigkeit, die sich alle auch durch ihre geringe lokale Verbreitung auszeichnen, sicher dem Typus I zuzählen.

Hoffen wir, das zunehmende Interesse der breitesten Bevölkerungsschichten an der Erdbebenfrage werde uns künftig mit reichlichem und gutem Beobachtungsmaterial ausstatten, es werden empfindliche Seismographen in Verbindung mit gut gehenden Uhren uns künftig eine immer genauere Feststellung der Stosszeiten, auch die Stossrichtungen und Stossintensitäten nicht ausgeschlossen, ergeben, um auf Grund solcher Beobachtungen einem gewiss vorhandenen Gesetze der Geschwindigkeitsänderung mit der Tiefe experimentell immer näher zu kommen. Besonders liesse sich für Ergründung dieses Gesetzes sehr viel aus der öfteren Wiederholung künstlicher Versuche gewinnen, denn gerade der Hodograph für ein oberflächliches Zentrum würde über die den einzelnen Tiefenstufen zukommenden Fortpflanzungsgeschwindigkeiten die besten Aufschlüsse gewähren.

Berichte und Referate

Thesen zu Dissertationen zur Promotion A, verteidigt am Wissenschaftsbereich Geophysik der Sektion Physik der Karl-Marx-Universität

Thesen zur Dissertation A

Mathematische Modellierungen zur Charakterisierung der Prozesse der Senkenbildung und des Einflusses der Sedimentation auf das Temperaturfeld der Erdkruste am Beispiel der Norddeutsch—Polnischen Senke

vorgelegt von ANDREAS BERTHOLD

1. Senkungsstrukturen der Erde sind gegenwärtig Objekt verstärkter geowissenschaftlicher Forschungen, da ein Großteil der Lagerstätten von Energieträgern (95% der Kohlenwasserstoff-Lagerstätten) an diese geotektonischen Großformen gebunden ist.
2. Die Mehrzahl der Geowissenschaftler führt die Senkenbildung in der Lithosphäre auf Auswirkungen thermaler Konvektion in der Asthenosphäre zurück. Bei diesem Vorgang verändern sich die Struktur der Lithosphäre und ihre geologisch-geophysikalischen Parameter. Es ist bekannt, daß sich in einem bestimmten Entwicklungsstadium der Senke Verhältnisse einstellen können, die zur Genese von Kohlenwasserstoffen führen. Auf die Bildung und Erhaltung solcher Lagerstätten haben neben dem Zeitfaktor vor allem Temperatur und Dynamik der Lithosphäre einen wesentlichen Einfluß.
3. Die wichtigsten Aufgaben für tektonophysikalisch orientierte Forschungen an Senkungsstrukturen sind:
   - Ermittlung der Ursachen der Beckenbildung und der tektonischen Prozesse, die Absenkungsbewegungen auslösen,
   - quantitative Bestimmung fossiler Absenkungsbeträge aus geologisch-geophysikalischen Beobachtungsdaten,
   - Untersuchung der Variation des geothermischen Feldes, insbesondere der Temperatur-Tiefen-Verteilung,
   - Bestimmung von thermodynamischen Bedingungen der Lagerstättengenese.
4. Das Anliegen dieser Arbeit ist es, einen Beitrag zur Lösung dieses Problemkomplexes zu leisten. Dabei stellen die Mehrdeutigkeit der Interpretation geologisch-geophysikalischer Untersuchungsergebnisse und die Unvollständigkeit der bisher zur Verfügung stehenden Daten eine besondere Schwierigkeit dar. Im Mittelpunkt der Betrachtungen stehen die kontinentalen Sedimentbecken. Die Untersuchungen werden am Beispiel der Norddeutsch-Polnischen Senke (NPS) durchgeführt.
5. In der Arbeit werden ausgehend von den mobilistischen Vorstellungen der Plattentektonik die thermische Kontraktion, die spannungsgesteuerte Deformation und die Absenkung infolge der gravitativen Wirkung der Sedimentauflast als die wesentlichsten Prozesse der Beckenbildung bestimmt.
6. Die Beckenmorphologie der Norddeutsch-Polnischen Senke ist auf Grund der Mehrdeutigkeit der Interpretation geophysikalischer Meßergebnisse bis heute noch nicht ausreichend geklärt. Im Beckenzentrum wird die Existenz eines Grabens vermutet, der mit Sediment-Vulkanit-Wechsellagerungen gefüllt ist. Die Bestimmung der Temperaturverteilung und der Bouguerschwere an 20 verschiedenen Strukturmodel-

len der NPS stützen die Annahme eines krustalen basischen Tiefenkörpers hoher Dichte und Magnetisierung unterhalb des Beckenzentrums.

7. Aus den Berechnungen zur Lösung der stationären Wärmeleitungsgleichung ergeben sich rezente Temperaturen von 600–800 °C an der MOHOROVIČIĆ-Diskontinuität und 200–300 °C an der Grundgebirgsoberkante in der NPS.

8. Die analytischen Modellierungen zur Absenkung der NPS führen zu dem Resultat, daß sich 10–20% der heutigen Beckentiefe auf initiale Dehnung, 10% auf thermische Kontraktion und 50% auf Sedimentauflast zurückführen lassen. Der restliche Betrag könnte z. B. mit Stoffumwandlungen, Meeresspiegelschwankungen und isostatischer Kompensation dichter subkrustaler Massen verbunden sein.

9. Unter der Annahme eines konstanten Volumens der Erdkruste während der Beckengenese wird anhand mathematischer Untersuchungen für die NPS eine horizontale Dehnung von ca. 30 km ermittelt. Der daraus abgeleitete relative Dehnungsbetrag von 15% liegt in der Größenordnung der an anderen Senken nachgewiesenen Werte.

10. Die Unterteilung der NPS in 12 verschieden große Gebiete, die sich in ihrer Sedimentationsgeschichte voneinander unterscheiden, ist das Ergebnis der durchgeführten Auswertungen stratigraphischer Kartendarstellungen und der Rayonierung von HARFF u. a. (1981) zur Rekonstruktion der fossilen Senkungsbewegungen.

11. Die in vorliegender Arbeit aus Mächtigkeitsanalysen der Sedimentbedeckung der NPS erhaltene Absenkungs-Alters-Beziehung für den Zeitraum Karbon–Känozoikum ist Ausgangspunkt für die Untersuchung der fundamentalen Frage, inwieweit Beckenbildungsprozesse auf die Temperatur-Tiefen-Verteilung der Lithosphäre zurückwirken und diese verändern.

12. Es wurde nachgewiesen, daß die analytischen Berechnungen von TURCOTTE und AHERN (1977) für die Charakterisierung der Variation des Temperaturfeldes während der Bildung kontinentaler Becken unzureichend sind. Der Autor entwickelt deshalb mehrere EDV-Programme zur numerischen Lösung der instationären Wärmeleitungsgleichung mit der Methode endlicher Differenzen. Wesentlich konkretere Ergebnisse ergaben sich bei der Nutzung eines Programms der Lomonossow-Universität Moskau (GALUSHKIN 1984). Neben thermischen Aktivierungsphasen und unterschiedlichen geothermischen Parametern der Sedimente konnten erstmals die Erosion und Kompaktion bei der Bestimmung des Temperaturfeldes berücksichtigt werden. Die numerische Berechnungen brachten folgende Resultate:

12.1. Die Absenkung der Sedimente in größere Tiefen führt zur Erhöhung ihrer Dichte und Verringerung ihrer Schichtmächtigkeit. Es zeigt sich, daß die Sedimentationsraten 30–40% höher liegen als die bisher ausschließlich aus rezenten Schichtmächtigkeiten ermittelten ohne Berücksichtigung der Kompaktion.

12.2. Die Kompaktion verändert die geothermischen Parameter der Sedimente. In Abhängigkeit von der Absenkungstiefe erhöhen sich die Werte der Wärmeleitfähigkeit und der Wärmeproduktion maximal um den Faktor 2,5.

12.3. Thermische Aktivierungen, in diesem Fall durch den Vulkanismus des Autun, beeinflussen das Ausgangstemperaturfeld sehr stark. Die damit verbundene Wärmewelle kann zur Bildung sekundärer Schmelzherde in der Erdkruste führen. Dieses Ergebnis liefert eine Erklärung für den sauren bis intermediären Charakter der Vulkanite des Untersuchungsgebietes.

12.4. Die nach der thermischen Aktivierung vor mehr als 200 Millionen Jahren einsetzende Abkühlung muß noch heute an den Tiefenisothermen nachweisbar sein. Es bestehen somit noch keine stationären Verhältnisse.

12.5. Mit der Ablagerung von Sedimenten treten infolge ihrer geringen Durchlaßfähigkeit für Wärmewellen Wärmestaueffekte auf. Diese Erwärmung der Sedimente und der darunterliegenden Schichten konnte durch die mathematischen Modellierungen bestätigt werden.

12.6. Die Erosion ist mit einer Abkühlung der Sedimentschichten verbunden. Da der Anteil der Erosion an den Vertikalbewegungen in der NPS zwischen 10—15% für den betrachteten Zeitraum liegt, verändert sich die Temperaturverteilung nur unbedeutend ($\Delta T \approx 10$ K).

13. Mit der Einbeziehung der Dimension der Zeit wird die Aussagekraft geothermischer Modellierungen gegenüber den bisher durchgeführten stationären Berechnungen wesentlich erhöht. Durch die Bestimmung der zeitlichen Veränderung des Temperaturfeldes wird die Voraussetzung geschaffen, den Einfluß thermodynamischer Prozesse auf die Temperatur-Tiefen-Verteilung und die Genese von Lagerstätten zu untersuchen.

14. Entsprechend dem untrennbaren Zusammenhang zwischen der Genese von Kohlenwasserstoffen und dem geothermischen Feld bestimmt der Autor mit der Methode von Lopatin (1971) aus dem thermischen Beanspruchungsgrad der Sedimente während der Beckenentwicklung die Tiefenintervalle der Kohlenwasserstoff-Genese für alle Teilgebiete der NPS. Als Richtwerte dieser Methode dienen die thermischen Bedingungen des Inkohlungsprozesses.

15. Aus den geothermischen Berechnungen wird die Aussage abgeleitet, daß in den tieferen Sedimentschichten der NPS (Karbon/Perm) unter Berücksichtigung der Modellparameter günstige thermische Voraussetzungen für die Bildung von Kohlenwasserstoffen, speziell von Erdgas, bestehen. Für Erdgas ergibt sich ein Tiefenintervall mit Karbon/Perm-Ablagerungen, für Erdöl mit Sedimenten der Trias.

16. Bei Berücksichtigung eines dem Riftstadium entsprechenden hohen Wärmeflusses zu Beginn der Beckenentwicklung ist eine Kohlenwasserstoffbildung in der NPS vor ca. 325 Millionen Jahren möglich.

17. Für detailliertere Aussagen zu lokalen Bereichen ist es erforderlich, die geothermischen Bedingungen während der Absenkung, z. B. durch künftige Tiefbohrungen und geothermische Messungen, näher zu bestimmen. Der Autor schlägt deshalb vor, die raum-zeitliche Charakterisierung von thermischen Aktivierungsphasen in den Mittelpunkt zukünftiger Untersuchungen zu stellen.

18. Mit der vorgestellten Rekonstruktion der thermischen Geschichte der NPS und ihren Aussagen zur Kohlenwasserstoff-Genese wurde die Bedeutung geothermischer Modellierungen für die Komplexinterpretation von Senkungsstrukturen und die volkswirtschaftlich wichtigen Fragen der Lagerstättenprognose nachgewiesen. Die aus geothermischen Untersuchungen erhaltenen Resultate müssen mit den Erkenntnissen anderer geowissenschaftlicher Teildisziplinen verbunden werden, um das komplexe Verhalten der Lithosphäre während thermodynamischer Prozesse der Senkenbildung zu bestimmen. Eine weitere Vervollkommnung der mathematischen Modelle, z. B. die Erhöhung der Parameterzahl, ist anzustreben.

Thesen zur Dissertation A

Untersuchung der Partikelgrößenverteilung des urbanen Aerosols unter Berücksichtigung ausgewählter meteorologischer Parameter, der Probenahmehöhe, sowie der Blei- und Cadmiumanteile

vorgelegt von Winfried Böcker

Die Nutzung der Braunkohle als Hauptenergieträger bewirkt u. a. neue Dimensionen der Schwebstaubbelastung der Atmosphäre. Durch die Verwendung eines Andersen-Kaskadenimpaktors ist es möglich, die Partikelgrößenverteilung des atmosphärischen Schwebstaubes sowie der ausgewählten Inhaltsstoffe Blei und Cadmium im Bereich von ca. 0,43—ca. 25 µm aerodynamischen Äquivalentdurchmessers zu bestimmen.

Die Probenahme erfolgte im Zentrum von Karl-Marx-Stadt in vier unterschiedlichen Höhen. Auf allen Meßpunkten waren ständig Probenahmegeräte, die nach der Filtrationsmethode arbeiteten, im Einsatz, während der Impaktor nach jeder Messung umgesetzt wurde. Die Bestimmung des Schwebstaubes erfolgte gravimetrisch. Zur Ermittlung der Blei- und Cadmiumgehalte der einzelnen Proben fand das Verfahren der Atomabsorptionsspektroskopie Anwendung.

Bei der Betrachtung der partikelgrößenabhängigen Schwebstaub-, Blei- und Cadmiumverteilungen wurden die Einflußgrößen Probenahmehöhe, Windgeschwindigkeit, Windrichtung, Niederschlagsdauer, Niederschlagshöhe, relative Luftfeuchtigkeit und Wetterlage berücksichtigt. Die mit dem Impaktor erhaltenen integralen Resultate wurden mit denen der Membranfiltermethode verglichen.

1. Die nach beiden Methoden ermittelten integralen Schwebstaubkonzentrationen stimmen sehr gut überein. Der Jahresmittelwert einer Methode liegt jeweils im 95-%-Vertrauensbereich der anderen. Der Regressionskoeffizient ersten Grades beträgt 0,92.

2. Die Partikelgrößenverteilung des Schwebstaubes zeigt einen bimodalen Charakter. Die Verteilung ist mit der anderer mitteleuropäischer Industriestädte vergleichbar.

3. Im Bereich der untersuchten Probenahmehöhen wurde eine relative Gleichverteilung der Schwebstaubkonzentrationen gefunden.

4. Die Differenz zwischen den Schwebstaubkonzentrationen in der Heiz- und der Nichtheizperiode ist gering. Im Winter befindet sich, bezogen auf den betrachteten Partikelgrößenbereich, relativ mehr lungengängiger Staub in der urbanen Atmosphäre als im Sommer.
   Der Jahresgang der Konzentrationen zeigte nur im Februar ein deutliches Maximum (ausgeprägte Inversionswetterlagen).

5. Sowohl die integralen Konzentrationen als auch die Partikelgrößenverteilungen des Schwebstaubes werden von der Windgeschwindigkeit, auftretenden Niederschlägen und der Wetterlage signifikant beeinflußt. Alle drei meteorologischen Faktoren wirken sich etwas stärker auf den Grobteilchenbereich als auf den Akkumulationsbereich aus.

6. Die Bleikonzentrationen sind, ebenso wie die des Schwebstaubes, signifikant von der Windgeschwindigkeit, der Wetterlage und den Niederschlägen abhängig.
7. Bei Ostwind ist in Karl-Marx-Stadt mit höheren Bleikonzentrationen, vor allem im Akkumulationsbereich, zu rechnen.
8. Die Jahresmittelwertverteilung des Bleis über das Korngrößenspektrum trägt nur einen schwach bimodalen Charakter. Das Minimum der Verteilung und das Maximum im Akkumulationsbereich sind mit den entsprechenden Werten der Schwebstaubverteilung identisch, während sich für den Grobteilchenbereich kaum ein Maximalwert festlegen läßt. Die starke Überhöhung des Akkumulationsbereiches zeigt eine Anreicherung von Blei in den inhalierbaren Fraktionen an.
9. In der Heizperiode sind trotz eines niedrigeren KFZ-Aufkommens wesentlich höhere Bleikonzentrationen nachzuweisen. Die Verbrennung fossiler Energieträger leistet einen erheblichen Beitrag zur Bleiimmission.
10. Cadmium zeigt ein völlig anderes Verhalten als Blei. Die Cadmiumkonzentrationen in der Atmosphäre sind signifikant von deren Feuchtegehalt abhängig. Bezüglich der Windgeschwindigkeit und -richtung sowie der Wetterlage waren keine Korrelationen erkennbar.
11. Die Cadmiumverteilung zeigte in keinem der untersuchten Fälle einen ausgeprägten Modencharakter, so daß andere Ausbreitungsmechanismen als beim Blei zu wirken scheinen.
12. In der Heizperiode wird mehr als die doppelte Menge Cadmium in der Atmosphäre gefunden als in der Nichtheizperiode. Dieser Fakt weist eindeutig auf die Heizungsanlagen als dominierende Emissionsquellen für Cd hin.
13. Das Maximum der gemessenen integralen Cd-Konzentrationen fällt in den Monat der höchsten mittleren relativen Luftfeuchtigkeit (November). Austauscharme Wetterlagen wirken sich nicht erhöhend auf die absolute Cd-Konzentrationen aus.
14. Die mit der Membranfiltermethode erfaßten Cd-Konzentrationen betrugen im Jahresmittel nur etwa 20% der vergleichbaren, mit dem Impaktor ermittelten Werte. Diese Differenz ist durch einen hohen Anteil nicht filtrierbaren Cadmiums in der Atmosphäre bedingt. Die Cd-Konzentrationen sind mit der Membranfiltermethode prinzipiell nicht erfaßbar.
15. Die Untersuchung zeigt, daß die Partikelgrößenverteilung des Schwebstaubes in Karl-Marx-Stadt, trotz Vorliegen einer DDR-spezifischen Energieträgerstruktur, mit der anderer mitteleuropäischer Industriestädte vergleichbar ist.
    Erstmals wird dem komplizierten Ausbreitungsverhalten des Cadmiums größere Aufmerksamkeit gewidmet.

Thesen zur Dissertation A

Beiträge zur Klassifizierung granitoider Gesteine auf der Grundlage aktivierungsanalytischer Bestimmungen seltener Elemente

vorgelegt von Günter Just

Untersuchungen zur Geochemie von Haupt- und Spurenelementen in granitoiden Gesteinen liefern Informationen über mögliche Mineralkonzentrationen. Als wichtige Gesteine der kontinentalen Erdkruste sind die Granitoide bedeutende Erzmobilisatoren und können aktiv zur Bildung von Lagerstätten beitragen. Besonders für den Südteil der DDR wiesen darauf Lange u. a. (1972) und Tischendorf (1969) frühzeitig hin. Mit der vorliegenden Arbeit wurde der Versuch unternommen, auf der Grundlage umfangreicher Untersuchungen zur Verteilung wichtiger Spurenelemente in den prävariszischen und variszischen Granitoiden die vorhandenen Gesetzmäßigkeiten einer geochemischen und magmengenetischen Entwicklung zu erkennen und nach einheitlichen Kriterien zu diskutieren. Dazu wurden bisher wenig untersuchte Spurenelemente systematisch bearbeitet und die Ergebnisse der geologischen Industrie zur Verfügung gestellt. Korrelationsbeziehungen zwischen den untersuchten Spurenelementen und den interessierenden Erzelementen (Sn, W, U) wurden nach verschiedenen Darstellungsweisen unter Einbeziehung moderner statistischer Bearbeitungsverfahren im Hinblick auf eine Betonung des Entwicklungsgedankens genutzt, um eine relative Alterseinstufung nach geochemischen Kriterien zu ermöglichen. Im Ergebnis war es möglich, die geochemische Entwicklung auf der Grundlage komplexer Merkmale (Diskriminanzmodelle) einzustufen und Aussagen zur Wahrscheinlichkeit des Auftretens an hochdifferenzierte Granitoide gebundener Erzlagerstätten zu treffen. Eine besondere Bedeutung kommt dem dargestellten Verfahren im Zusammenhang mit der Erkundungstätigkeit in bisher wenig untersuchten Gebieten zu (Entwicklungsländer). Die breite Anwendung der verwendeten analytischen Methode, der Neutronenaktivierungsanalyse, als hochproduktive Routinemethodik wurde in der Literatur bisher nicht im Sinne einer Kombination von Grundlagenforschung und Lösung konkreter geologischer Erkundungsaufgaben diskutiert. So zeigten analoge Untersuchungen an Bodenproben, die aus den granitoiden Gesteinen hervorgegangen sind, lediglich geringe Fehlklassifikationen, und es wurde möglich, über die Untersuchung von Bodenproben eine lithogeochemische Charakterisierung zu erhalten und Beiträge zur Interpretation pedogeochemischer und aeroradiometrischer Vermessungen zu liefern.

Die folgenden experimentellen Grundlagen, sowie Auswerte- und Interpretationsmethoden wurden zur Bearbeitung der Aufgabenstellung herangezogen:

1. Es wurde eine moderne und leistungsfähige Variante der Neutronenaktivierungsanalyse auf die rasche Bestimmung wichtiger seltener Elemente in geologischen Materialien ausgerichtet. In enger Zusammenarbeit mit dem Zentralinstitut für Kernforschung der AdW der DDR wurde eine rechnergesteuerte Spektrometereinheit am Zyklotron zur quantitativen Analyse großer Probenserien modifiziert. Im Be-

arbeitungszeitraum wurden mehr als 2000 einzelne Gesteinsproben aktiviert und gammaspektrometrisch vermessen.

2. Sowohl die Ergebnisse der Einzelmessungen, als auch die mittleren Konzentrationen für die untersuchten Gesteinsvorkommen wurden unter Einsatz von mehrdimensionalen statistischen Bearbeitungsverfahren, so der Faktorenanalyse, der Clusteranalyse, der Korrelationsanalyse und der Diskriminanz- und Varianzanalyse bearbeitet.

3. Darüber hinaus wurden neue geochemische Betrachtungsweisen, so die Interpretation der normierten Spurenelementdifferenzen nach Kaemmel und Just (1985), und die Darstellung magmengenetisch wichtiger Elementverhältnisse wie La/Ta, Rb/Th, Rb/Ba oder La/Sc im Zusammenhang mit den Ergebnissen der mehrdimensionalen statistischen Bearbeitung nach Just und Zwanziger (1985) in die Diskussion einbezogen.

4. Für die untersuchten Elemente La, Ce, Nd, Sm, Eu, Tb, Yb, Lu, Th, U, Co, Cs, Hf, Sc, Rb, Fe, Ta, Ba wurde eine Datenbank geschaffen, die alle untersuchten Gesteins-, Mineral- und Bodenproben enthält und ständig erweitert werden kann.
Auf der Grundlage der erarbeiteten Daten, sowie mit herangezogener Literaturangaben war es möglich, ein Modell der geochemischen Entwicklung granitoider Gesteine vorzuschlagen, welches an Hand der Granitoide des Südteils der DDR erarbeitet wurde, aber auch verallgemeinernde Schlußfolgerungen gestattet.

5. So wurden die untersuchten Granitoide in ein Modell von sechs zu unterscheidenden Entwicklungsstufen eingeordnet und typische Beispiele angegeben:
   - Syenitische Gesteine (im Massiv von Meissen).
   - Granodiorite (im Massiv der Lausitz).
   - Normalgranite (Granit von Aue).
   - Entwickelte Normalgranite (Granit von Schwarzenberg).
   - Übergangsgranite (Granitmassiv von Schellerhau).
   - Hochdifferenzierte Granite (Granit von Ehrenfriedersdorf).

   Wenn man die Syenite als lineamentgebundene Intrusionen aus der unteren Kruste und die Granodiorite als in situ Anatexite einer normalen kontinentalen Kruste betrachtet, lassen sich besonders für die variszischen Granitoide des Südteils der DDR Gesetzmäßigkeiten der geochemischen Entwicklung von den ältesten Normalgraniten über entwickelte Typen der Normalgranite und Übergangsgranite bis hin zu den hochdifferenzierten Leukograniten des jüngeren postkinematischen Intrusivkomplexes und die mit den einzelnen Entwicklungsstufen vergesellschafteten möglichen Erzlagerstätten aufzeigen. So wurde für jede Entwicklungsstufe der Granitoide die Spurenelementcharakteristik erarbeitet und die Richtigkeit der Einordnung in das Modell nach verschiedenen, voneinander unabhängigen Kriterien geprüft.

6. Für die einzelnen regionalgeologischen Einheiten des Südteils der DDR wurden die wichtigsten Granitoide geochemisch charakterisiert und in das Entwicklungsmodell eingefügt:
   - Harz
   - Henneberg
   - Fichtelgebirge
   - Erzgebirge (Ost-, Mittel- und Westerzgebirge sowie Vogtland)

— Elbtalzone
— Granulitgebirge
— Lausitz
— Nordwestsachen
— Mitteldeutsche Kristallinzone.

Dabei konnte belegt werden, daß innerhalb des erarbeiteten Entwicklungsmodells gesetzmäßige Beziehungen zum relativen Alter der Granitoide bestehen. Diese Tatsache wurde nach Ergebnissen anderer Autoren überprüft.

7. Auf der Grundlage des Datenmaterials wurden Betrachtungen zur Mobilisierung granitoider Schmelzen in der kontinentalen Kruste angestellt. Es wurden Thesen gestützt, die von einer permanenten Stoff- und Wärmelieferung des Erdmantels in die untere Kruste und anschließende langzeitig anhaltende Mobilisierungen mit örtlichen und zeitlichen Höhepunkten ausgehen. Es wird eine tektonisch beeinflußte Wechselwirkung zwischen Magmenherden in unterschiedlichen Tiefen diskutiert, die besonders für die regionalen Thorium- und Lanthanid-Spezialisierungen im Bereich des Osterzgebirges verantwortlich sind. Die Entwicklung von Normalgraniten bis hin zu hochdifferenzierten Leukograniten ist mit dem Übergang von einer aplitoiden Tendenz zur pegmatoiden gekoppelt und hat Mobilisierungen von Uran, Wolfram und Zinn zur Folge, wobei die Lagerstätten an bestimmte geochemische Entwicklungsstufen der Granitoide und an tektonische Elemente gebunden sind. Es wird gezeigt, daß die Entwicklung, hält die Wärme- und Stoffzufuhr aus dem Mantel nur lange genug an, bis zum Endstadium der Granitoidbildung führen kann (Erzgebirge), während sonst ein vorzeitiger Abbruch zu verzeichnen ist (Harz).
8. Unter Hinweis auf andere Autoren wurde die dialektische Einheit von verschiedenen Prozessen, die aus unterschiedlichen Residuen (Mantel, Kruste) zu geochemisch und petrologisch sehr ähnlichen Granitoiden führen können, bekräftigt und eine mögliche lang anhaltende Beeinflussung der unteren Kruste während des Varistikums durch die Fernwirkungen von Subduktionsprozessen (Rast 1985) akzeptiert und mit arkogenen Beanspruchungen (Olszak 1985) und Manteldiapirismus (Dahm 1985) verglichen.
9. Das Datenmaterial wurde bisher regional bearbeitet, es bietet sich aber an, sowohl die geochemische Entwicklung innerhalb des Böhmischen Massivs, als auch im Bereich einer Plattform (Ukrainischer Schild) vergleichsweise heranzuziehen. Erste Untersuchungen deuteten brauchbare Resultate der verwendeten Methodik an. Darüber hinaus ist es zu empfehlen, innerhalb der Granitvorkommen mit hoher örtlicher Auflösung die verwendete Analysenmethodik einzusetzen, um hochspezialisierte Granitoide bzw. die Ansätze zu solchen Bildungen rasch erkennen zu können (Analyse von Bohrkernmaterial).

Literatur

Lange, H. u. a.: Geochemie und Petrographie der Granite des Erzgebirges: Geologie, **21**, (1972) 4/5, S. 457–493.

Tischendorf, G.: Über kausale Beziehungen zwischen Granitoiden und endogenen Zinnlagerstätten: Z. angew. Geologie, **15** (1969) S. 333–342.

Kaemmel, Th. und Just, G.: Geochemical Differentiation of Granitoids in the G.D.R. Using Normalized Trace Element Differences: Gerlands Beitr. Geophysik, **94** (1985) H. 4–6.

Just, G. und Zwanziger, H. (1985): Supervised learning methods for geochemical characterization of granitic rocks: COMPANA 85, 3. Tagung Computereinsatz in der Analytik – Jena 1985.

Rast, H.: Zu einer Modellvorstellung über Zusammenhänge zwischen Vulkanismus und Plattentektonik ...: Geophys. u. Geol. Geophys. Veröff. d. KMU Leipzig (1985) Bd. III, H. 2, S. 79 bis 105.

Olszak, G.: Zu einigen tektonophysikalischen Aspekten von plumes-hot spots und Intraplattentektonik: Freiberger Forschungs Hefte, (1985) C 398, S 58–63.

Dahm, K. P.: Bemerkungen zum Granitproblem, ausgehend von einer wahrscheinlichen Mantelbeziehung erzgebirgischer Granite: Z. geol. Wiss., Berlin 13 (1985) 5, S. 559–567.

Tischendorf, G. und Pälchen, W.: Zur Klassifikation von Granitoiden: Z. geol. Wiss., Berlin 13 (1985) 5, S. 615–621.

Thesen zu Diplomarbeiten,
verteidigt am Wissenschaftsbereich Geophysik der Sektion Physik
der Karl-Marx-Universität

Thesen zur Diplomarbeit

Geophysikalische Felder des Territoriums der DDR

vorgelegt von STEFFEN HINTZE und HOLGER SCHMIDT

1. Die Erforschung des tieferen Untergrundes eines Territoriums ist eine Schwerpunktaufgabe der Geowissenschaften. Geophysikalische Forschungsergebnisse haben zunehmend Einfluß auf die Ökonomie, die Planung und soziale Fragen. Das Anliegen der Arbeit besteht darin, geophysikalische Untersuchungsergebnisse allgemeinverständlich darzulegen, einige Zusammenhänge anzudeuten und mögliche geologische Deutungen aufzuzeigen.
2. Die Schwerekarte der DDR: Eine der auffälligsten Schwerestrukturen in Mitteleuropa, die auch die DDR durchzieht, ist die Mitteleuropäische O-W-Struktur. Hierbei handelt es sich um eine Kette positiver gravimetrischer Anomalien (Mecklenburgisches Schwerehoch, Magdeburger und Lausitzer Schwerehoch), die im allgemeinen auf basische, in der Erdkruste entstandene Magmen zurückzuführen sind. Die Glieder dieser Kette streichen dabei herzynisch (NW—SO). Negative Schwereanomalien können durch mächtige granitische Tiefenkörper (Greifswalder und Berliner Schweretief) bzw. durch hohe Krustenmächtigkeit (Schweretief des Erzgebirges) verursacht werden.
3. Die vorläufige Karte der rezenten vertikalen Krustenbewegungen: Das Gebiet der DDR läßt sich hinsichtlich der rezenten vertikalen Krustenbewegungen in den relativ bewegungsruhigen Nordteil und den durch höhere Bewegungsgeschwindigkeiten charakterisierten Südteil unterteilen. Die Trennlinie zwischen beiden Gebieten zeichnet die Mitteldeutsche Hauptlinie und den Lausitzer Hauptabbruch nach. Gebiete erhöhter Sinkgeschwindigkeit sind im allgemeinen durch ein gravimetrisches Hoch und damit verbundene Ausgleichsbewegungen bedingt. Schwereminima führen dagegen meist zu relativer Bewegungsruhe.
4. Die magnetische Karte der DDR: Im magnetischen Anomalienbild zeichnen sich die Elemente des Ostelbischen Massivs durch eine vorherrschend herzynische Streichrichtung aus. Der Mittelteil der Karte wird von breiten flachen Anomalien eingenommen (Tangermünder Achse, Hoch von Schönebeck). Im Südteil finden sich zwei Anomalienzüge, die parallel zueinander, in erzgebirgischer Richtung streichend, von Thüringen bis in die Lausitz reichen. Die magnetischen Anomalien können einerseits durch Hochlagen des kristallinen Untergrundes und andererseits durch die Auswirkung der unterschiedlichen Suszeptibilität innerhalb des Kristallins selbst bedingt werden.
5. Die Isothermenkarte der DDR: Das Isothermenbild der 1000-m-Temperatur für den nördlichen und mittleren Teil der DDR spiegelt vier geothermische Hauptelemente wider: Erstens eine starke Zunahme der 1000-m-Temperatur von Rügen nach SW, zweitens das Abfallen der Temperaturwerte südlich der Mitteldeutsche Hauptlinie,

was mit einem Abtauchen bzw. Wiederauftauchen des Paläozoikums erklärt werden kann. Drittens sind die relativ konstanten Temperaturen im Inneren des Norddeutschen Sedimentbeckens auf die monomineralischen Ablagerungen des Zechsteins zurückzuführen. Viertens erstreckt sich nördlich des Mitteldeutschen Hauptabbruchsystems ein Bereich stark erhöhter 1000-m-Temperatur. Dieser wird durch den Wärmestrom eines mächtigen granitischen Tiefenkörpers verursacht.

6. Die Wärmeflußverteilung in der DDR: In der Wärmeflußverteilung sind einige Elemente erkennbar, die sich auch im Isothermenbild abzeichnen. So zum Beispiel das Gebiet erhöhten Wärmeflusses im NO des Norddeutschen Beckens, wie auch der Bereich im Berliner Raum und westlich davon. Weiterhin ist eine SW—NO gerichtete Zone niedrigen Wärmeflusses zu erkennen, die wahrscheinlich mit dem Ostthüringischen Schiefergebirge und seiner nördlichen Fortsetzung im Zusammenhang steht. Für das Maximum des Wärmeflusses im Erzgebirge dürfte dagegen sein kristallines Fundament verantwortlich sein.

7. Die Seismizitätskarte der DDR: Die seismische Aktivität des Territoriums der DDR ist zwar gering, doch angesichts der erhöhten Sicherheitsanforderungen zum Beispiel bei der Errichtung industrieller Großanlagen nicht vernachlässigbar. Auf dem Territorium der DDR zeichnen sich 5 seismische Regionen ab, die sich in regionalen Charakteristika der seismischen Aktivität unterscheiden. Die meisten Beben wurden in der Region V, der Region der Vogtländischen Schwarmbeben, registriert. Hier führen der geologische Bau der Erdkruste und das gleichzeitige Auftreten von Kompression und Scherstrain zu erhöhter Seismizität. Auch im SW-Teil der DDR sind starke horizontale Spannungsüberhöhungen zu verzeichnen, die jedoch meist durch bergbaubedingte Seismizität abgebaut werden. Das Gebiet der Stärke 7 auf der Isoseistenkarte ist durch das Mitteldeutsche Beben von 1872 verursacht.

8. Die geologische Karte der DDR: Einige geologische Körper, die für bestimmte geophysikalische Anomalien verantwortlich sind, sind auch in der schematischen Darstellung des geologischen Untergrundes der DDR erkennbar. Im Harz wie auch im Erzgebirge existieren magmatische Aufdringungen, die zum Beispiel das Schwereminimum von Kirchberg—Eibenstock verursachen. Auch das kristalline Fundament des Erzgebirges ist in der Darstellung enthalten. Der Norden der DDR wird vollständig von den salinaren Ablagerungen des Zechsteins bedeckt.

Thesen zur Diplomarbeit

Betrachtungen zur Global- und Himmelsstrahlung an verschiedenen Meßstationen der DDR im Zeitraum 1976 bis 1982

vorgelegt von Gerd Bergmann und Thomas Panitzky

Infolge der sich ständig erhöhenden Industrieproduktion kommt es zu einer immer stärkeren Belastung der Umwelt, vorwiegend durch SO_2, CO_2, CO und kleine feste Teilchen, die Aerosole. Diese natürlichen und anthropogenen Aerosole beeinflussen stark den Strahlungshaushalt der Erde. Eine Veränderung des Strahlungshaushaltes der Erde würde zwangsläufig zu einer Klimaänderung führen. Um Aussagen über eventuelle Veränderungen des Strahlungshaushalts der Erde zu treffen, ist es wichtig, über längere Zeit kontinuierliche Messungen der Strahlungsangebote durchzuführen.

In der vorliegenden Diplomarbeit (Thema: Betrachtungen zur Global- und Himmelsstrahlung an verschiedenen Meßstationen der DDR im Zeitraum 1976 bis 1982) wurden Betrachtungen zur Globalstrahlung an folgenden Stationen durchgeführt: Halle/Kröllwitz, Leipzig/Talstraße, Leipzig/Universitätshochhaus, Gallen bei Leipzig und Zingst. An den Stationen Leipzig/Universitätshochhaus und Leipzig/Talstraße werden zusätzlich die Himmelsstrahlungen registriert. An Hand der verwendeten Registrierungen kamen wir zu folgenden Aussagen:

1. Ein Vergleich der Meßdaten wurde durch die Bildung des Quotienten aus realer und theoretischer Globalstrahlung bzw. realer Globalstrahlung und Globalstrahlung unter Rayleighbedingungen ermöglicht.
2. Eine Differenz des Strahlungsangebotes konnte zwischen ländlichen und städtischen Stationen festgestellt werden. Ein Unterschied im Strahlungsangebot existiert auch zwischen Stationen im Stadtzentrum und am Stadtrand, was auf eine unterschiedliche Trübung der Atmosphäre an den einzelnen Stationen hindeutet.
3. Da an den Leipziger Stationen sowohl die Global- als auch die Himmelsstrahlungen registriert werden, konnte für diese Stationen der Trübungsfaktor bestimmt werden. Der Trübungsfaktor ist ein Maß für die atmosphärische Trübung.
4. Es wurde festgestellt, daß der Trübungsfaktor in der Heizperiode höher liegt als in der Nichtheizperiode. Die Ursache dafür liegt an der erhöhten Emission von Aerosol in dieser Jahreszeit.
5. An der Station Leipzig/Talstraße liegt der Trübungsfaktor stets höher als an der Station Leipzig/Hochhaus (120 m über Grund). Der Trübungsfaktor an der Station Leipzig/Talstraße unterliegt einem stärkeren Jahresgang als der des Hochhauses.
6. Zum Vergleich der beiden Stationen Gallen (Leipzig-Land) und Leipzig/Talstraße wurde der Quotient der Globalstrahlungen von diesen beiden Stationen gebildet. Der Quotient liegt im Winter höher als im Sommer und ist fast immer größer als 1.
7. Ein Zusammenhang zwischen Globalstrahlungsangebot und Windrichtung der Stationen Gallen und Leipzig/Talstraße besteht nicht.

Buchbesprechung

Angewandte Geophysik

Herausgegeben von H. MILITZER und F. WEBER

Band 1: Gravimetrie und Magnetik

(353 S., 226 Abb., 35 Tab.) 58,—M

Band 2: Geoelektrik — Geothermie — Radiometrie — Aerogeophysik

(371 S., 208 Abb., 44 Tab.) 58,—M

Springer-Verlag Wien—New York und Akademie-Verlag Berlin

Band 1: 1984, Band 2: 1985

Die ersten beiden Bände eines dreibändig geplanten Lehrbuches der angewandten Geophysik liegen nun vor. Zur Bedeutung der angewandten Geophysik stellen die Herausgeber fest, daß sie bei der geologischen Erforschung größerer wie kleinerer Territorien ebenso eine wichtige Rolle spielt wie bei der Aufsuchung nutzbarer Lagerstätten.

Das Buch ist für Geophysiker, Geologen und Montanwissenschaftler sowie Studenten der zugehörigen Fachrichtungen geschrieben und hat insoweit bereits allgemeine Anerkennung gefunden.

Die Herausgeber heben mit Recht hervor, daß im *Band 1* über Gravimetrie und Magnetik das Bemühen im Vordergrund steht, Gemeinsames beider Verfahren in einer modernen Form hervorzuheben, zumal sie auch oft genug gemeinsam eingesetzt werden.

Die theoretischen Grundlagen beider Methoden werden von Prof. Dr. R. RÖSLER (Bergakademie Freiberg) im 1. Kapitel ausführlich behandelt. Auf einige wichtige Eigenschaften der Potentialfunktion wird mit den Schlußfolgerungen für die Interpretation gravimetrischer und magnetischer Messungen eingegangen, wobei die wichtigsten Interpretationsmethoden herausgegriffen werden. Dabei wird die allen Verfahren gemeinsame theoretische Basis in den Vordergrund gestellt. Für ein gründliches theoretisches Studium ist die wichtige Literatur angegeben.

Das 2. Kapitel befaßt sich mit der angewandten Gravimetrie. Es ist von Prof. Dr. MILITZER (Freiberg), Dozent Dr. WALACH (Leoben) und Dr. Harald LINDNER (Freiberg) verfaßt. Nach den Meßgrößen und Meßgeräten wird die Aufnahmetechnik (Regional- bis Mikroaufnahme) dargelegt. Auch See- und Flugzeugmessungen werden ebenso wie die verschiedenen Arten der Reduktionen behandelt.

Das Kapitel wird abgeschlossen mit den Dichtewerten der Gesteine (Klassifikation, Bestimmung im Labor und mittels gravimetrischer Verfahren).

Die angewandte Magnetik wird von Prof. MILITZER (Freiberg), R. SCHEIBE (Leipzig) und Prof. W. SEIBERL (Wien) dargelegt. Nach einführenden Abschnitten werden die verschiedenen Meßverfahren vorgestellt: Feldwaagen, Sättigungskernmagnetometer, Kernpräzessionsmagnetometer, Absorptionszellenmagnetometer, und anschließend werden apparative Besonderheiten behandelt. Es schließt sich eine umfassende Darlegung der Aufnahmetechnik an, die auch auf Aeromessungen und Aufnahmen über der See eingehen. Den Abschluß des Kapitels widmen die Verfasser den Korrekturen und Reduktionen. Das anschließende 4. Kapitel (Paläo- und Archäomagnetik) schließt der Verfasser (Prof. MAURITSCH, Leoben) an das vorige Kapitel an. Es befaßt sich zunächst mit der Magnetisierung von Gesteinen und Mineralien. Nach der Probenahme wird die Messung der Remanenz behandelt. Anschließend werden die paläomagnetischen Ergebnisse dargestellt und interpretiert.

Das 5. Kapitel (Dr. H. LINDNER, Prof. Dr. H. MILITZER, Prof. Dr. R. RÖSLER und R. SCHEIBE, erstere Freiberg, letzterer Leipzig) befaßt sich mit der Bearbeitung und Interpretation der gravimetrischen und magnetischen Meßergebnisse. Hier werden Verfahren wie z. B. Wellenlängenfilterung, Vertikalgradient, zweite Ableitung, Polreduktion, Profilberechnung, Abdeckverfahren, modellgebundene Masterkurven, störkörpergebundene Filterung, Spektralanalyse u. a. behandelt. Beispiele komplexer gravimetrischer und magnetischer Untersuchungen behandelt anschließend das Kapitel 6 (Prof. WEBER und Dozent WALACH, Leoben). Hier werden Beispiele der Aufsuchung verschiedener Strukturen und Lagerstätten gegeben.

Im *Band 2* werden die Komplexe Geoelektrik, Geothermie, Radiometrie und Aerogeophysik von H. AIGNER, H. JANSCHEK, K. KÖHLER, H. MAURITSCH, H. MILITZER, CH. OELSNER, G. PORSTENDORFER, R. RÖSLER, R. SCHMÖLLER, W. SEIBERL, P. STEINHAUSER und F. WEBER abgehandelt.

Im 1. Kapitel steht die Geoelektrik zur Debatte. Anfangs gibt Prof. R. RÖSLER eine theoretische Einleitung, dann folgen die Gleichstrommethoden von den Professoren H. MILITZER, G. PORSTENDORFER, R. RÖSLER (sämtlich Freiberg) sowie F. WEBER (Leoben). Die Niederfrequenzmethoden behandeln Prof. G. PORSTENDORFER, Prof. R. RÖSLER (beide Freiberg) und Dozent R. SCHMÖLLER (Leoben) ausführlich. Von Prof. Dr. mont. H. JANSCHEK, Prof. Dr. mont. H. MAURITSCH (beide Leoben) und Prof. Dr. R. RÖSLER und Prof. P. STEINHAUSER (ersterer Freiberg, letzterer Wien) werden ausführlich die Hochfrequenzmethoden dargelegt. Dazu gehören u. a. die VLF-Methode, die Radiowellendurchstrahlung, Radarmessungen. Zu diesen Verfahren wird die Theorie, die Darstellung der Meßergebnisse und die Anwendungen angegeben. Im Abschnitt: Methoden auf der Grundlage physiko-chemischer Felder (Dr. AIGNER, Leoben, Prof. Dr. MILITZER, Freiberg) werden die Eigenpotential- und Filtrationsmethode, die Methode der induzierten Polarisation und deren Anwendung behandelt.

Das folgende Kapitel befaßt sich mit der Geothermik (von Prof. Dr. MILITZER, Dozent Dr. CHR. OELSNER, Prof. Dr. F. WEBER). Dabei wird auf Wärmestrommessungen wie auf die geothermische Oberflächenerkundung eingegangen.

Daran schließt sich im Kapitel 3 die Radiometrie und Kerngeophysik (von Dozent Dr. K. KÖHLER) an. Physikalische und petrophysikalische Grundlagen stehen am Anfang. Es folgen die Verfahren der radiometrischen Analyse und schließlich die radiometrische Aufnahme. Dann werden Beispiele für die radiometrischen Verfahren im Bergbau auf radioaktive Erze gegeben. Dieses Kapitel schließt mit der Kerngeophysik und ihren Anwendungen.

Im letzten Kapitel werden von Prof. W. SEIBERL (Wien) ausgewählte Beispiele der Aerogeophysik gegeben. Es werden die vielfältigen Möglichkeiten der aero-elektrischen bzw. -elektromagnetischen Methoden sowie die Aeroradiometrie behandelt.

Es ist den Herausgebern gelungen, trotz der Vielzahl der Autoren ein Werk „wie aus einem Guß" zu schaffen. Überschneidungen sind vermieden, moderne Entwicklungstendenzen werden erstmalig in Lehrbuchform verständlich aufgenommen. So ist das Buch sowohl für den Studenten wie den geo- und montanwissenschaftlichen Fachmann sehr gut geeignet und kann ohne Einschränkung empfohlen werden. Es verdient eine weite Verbreitung sowohl im nationalen wie internationalen Buchhandel. Es ist das beste und umfassendste Lehrbuch der angewandten Geophysik, das bisher in deutscher Sprache erschienen ist. Den Verlagen und den Verfassern ist zu danken.

R. LAUTERBACH

FSC
www.fsc.org
MIX
Papier | Fördert gute Waldnutzung
FSC® C083411

Zeitfracht Medien GmbH
Ferdinand-Jühlke-Straße 7
99095 Erfurt, Deutschland
produktsicherheit@kolibri360.de